U0338980

"十二五"职业教育国家规划教材
经全国职业教育教材审定委员会审定
国家精品资源共享课配套教材

第2版

CAD/CAM 工程范例系列教材
国家职业技能培训教材

UG 机械设计工程范例教程

〈CAD数字化建模课程设计篇〉

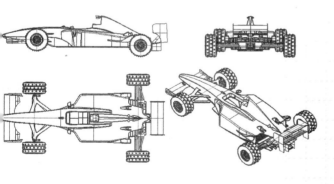

国家级数控培训基地
UGS公司授权培训中心　　袁 锋 编著

附赠1CD

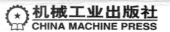

机械工业出版社
CHINA MACHINE PRESS

本书是"十二五"职业教育国家规划教材，经全国职业教育教材审定委员会审定。

课程设计作为工科学生的重要实践性环节，在人才培养过程中起着至关重要的作用。本书以机械设计教学中的几个典型的机械零件作为参数化设计对象，第2版在第1版的基础上，新增和更换了部分案例。全书共分8章，第1章为螺栓类零件参数化设计，第2章为弹簧类零件参数化设计，第3章为凸轮类零件参数化设计，第4章为齿轮类零件参数化设计，第5章为蜗杆蜗轮类零件参数化设计，第6章为滚动轴承类零件参数化设计，第7章为曲轴类零件参数化设计，第8章为箱体类零件参数化设计。

全书采用UG NX 8.5作为设计软件，以文字和图形相结合的形式，详细介绍了零件的设计过程和UG软件的操作步骤，并配有操作过程的动画演示光盘，以帮助读者更加直观地掌握UG NX 8.5的软件界面和操作步骤，易学易懂，使读者达到无师自通的目标。

本书可作为CAD/CAM/CAE专业课程教材，特别适用于UG软件的初、中级用户，各大中专院校机械、数控、模具、机电及相关专业的师生教学、培训和自学使用，也可作为企业从事产品设计、CAD应用的广大工程技术人员的参考用书。

图书在版编目（CIP）数据

UG机械设计工程范例教程．CAD数字化建模课程设计篇／袁锋编著．—2版．—北京：机械工业出版社，2015.10
"十二五"职业教育国家规划教材　国家精品资源共享课配套教材
ISBN 978-7-111-51592-0

Ⅰ．①U…　Ⅱ．①袁…　Ⅲ．①机械设计—计算机辅助设计—应用软件—高等学校—教材　Ⅳ．①TH122

中国版本图书馆CIP数据核字（2015）第216466号

机械工业出版社（北京市百万庄大街22号　邮政编码100037）
策划编辑：薛　礼　责任编辑：薛　礼
版式设计：霍永明　责任校对：樊钟英
封面设计：路恩中　责任印制：李　洋
北京玥实印刷有限公司印刷
2016年1月第2版第1次印刷
184mm×260mm·19.25印张·482千字
0001—2000册
标准书号：ISBN 978-7-111-51592-0
　　　　　ISBN 978-7-89405-828-7（光盘）
定价：46.00元（含1CD）

凡购本书，如有缺页、倒页、脱页，由本社发行部调换
电话服务　　　　　　　　网络服务
服务咨询热线：010-88379833　机工官网：www.cmpbook.com
　　　　　　　　　　　　　机工官博：weibo.com/cmp1952
读者购书热线：010-88379649　教育服务网：www.cmpedu.com
封面无防伪标均为盗版　金书网：www.golden-book.com

一、数字化设计与制造技术

1. 数字化设计与制造技术已经成为提高制造业核心竞争力的重要手段

随着技术的进步和市场竞争的日益激烈，产品的技术含量和复杂程度在不断增加，而产品的生命周期日益缩短。因此，缩短新产品的开发和上市周期就成为企业形成竞争优势的重要因素。在这种形势下，在计算机上完成产品的开发，通过对产品模型的分析，改进产品设计方案，在数字状态下进行产品的虚拟设计、试验和制造，然后再对设计进行改进或完善的数字化产品开发技术变得越来越重要。因此，数字化设计与制造技术已经成为提高制造业核心竞争力的重要手段和世界各国在科技竞争中抢占制高点的突破口。

2. UG 软件已成为数字化设计与制造技术领域首选软件

Unigraphics, 简称 UG, 是美国 UGS（后被西门子公司收购）公司推出的功能强大、闻名遐迩的 CAD/CAE/CAM 一体化软件，是全球运用最广泛、最优秀的大型 CAD/CAE/CAM 软件之一。UG 自 1990 年进入中国市场以来，发展迅速，已成为我国数字化设计与制造技术领域应用最广泛的软件之一。

3. 我国快速发展的装备制造业迫切需要大量掌握数字化设计与制造关键技术的高素质高级技能人才

我国要从制造大国向制造强国转变，真正成为"世界加工制造中心"，必须要有先进的制造技术，数字化设计与制造技术将成为"中国制造向中国创造"转变的一个重要突破口。我国快速发展的装备制造业迫切需要大量掌握数字化设计与制造关键技术的高素质高级技能型专门人才，因此编写适合高职高专培养数字化设计与制造高技能人才的教材是十分必要的。

二、CAD/CAM 工程范例系列教材

CAD/CAM 工程范例系列教材为国家精品资源共享课"使用 UG 软件的机电产品数字化设计与制造"的配套教材。目前已正式出版系列教材中的 3 本：基础篇、高级篇和课程设计篇。其中，基础篇和高级篇分别被评为普通高等教育"十一五"国家级规划教材，高级篇被评为 2007 年度普通高等教育国家精品教材。本系列教材被全国 100 余所高职高专

院校机械类专业广泛选用，覆盖面广、影响力大，使用评价好。

本系列教材包括：《UG 机械设计工程范例教程（CAD 数字化建模篇）第 3 版》《UG 机械设计工程范例教程（CAD 数字化建模实训篇）第 3 版》《UG 机械设计工程范例教程（CAD 数字化建模课程设计篇）第 2 版》《UG 机械制造工程范例教程（CAM 自动编程篇）》《UG 机械制造工程范例教程（CAM 自动编程实训篇）》《UG 机械工程范例教程（逆向工程篇）》《UG 机械工程范例教程（逆向工程实训篇）》《UG 机械工程范例教程（模具设计篇）》以及《UG 机械工程范例教程（模具设计实训篇）》。

三、系列教材的编写特点

1. 系列教材以数字化设计（三维 CAD 建模）、数字化制造（CAM 自动编程）、逆向反求、模具设计四大核心技术为重点，以工作过程为导向，将文字和形象生动的图形结合起来，详细介绍了典型机电产品的三维数字化设计与制造、逆向反求与模具设计方法，并通过基础篇、高级篇、实训篇和课程设计篇等来反映高职人才的培养全过程，具有鲜明的职业技术教育特色，长期用于高职教学，符合职业教育规律和高端技能型人才的成长规律。

2. 教材与行业、企业紧密联系，教材中的 80% 项目案例均取自于生产实际的工程案例，并将 UG 数字化设计与制造技术领域的知识点、技能点融于教学与实践技能培养的过程中，以"应用"为主旨构建了课程体系与教材体系，对学生职业能力培养和职业素质养成起到重要的支撑和促进作用。

3. "高等性"与"职业性"的融合是本系列教材的一大特色。教材依据国家职业资格标准或行业、企业标准（UGS 技能证书标准），将职业技能标准融合到教学内容中，强化学生技能训练，提高技能训练效果，使学生在获得学历证书的同时顺利获得相应职业资格证书，实现"高等性"与"职业性"的融合。

4. 教材以能力培养为主线，通过典型机电产品的数字化设计与制造将各部分教学内容有机联系、渗透和互相贯通，在课程结构上打破原有课程体系，以工作过程为导向，加强对学生三维数字化设计能力和 UG 软件操作能力的培养，激发学生的学习兴趣，提高了学生三维数字化设计与制造的工程应用能力、创新能力，提高学生理论联系实际的工作能力和就业竞争力，突出了学生对所学知识的灵活应用，做到举一反三。

5. 教材为国家精品资源共享课"使用 UG 软件的机电产品数字化设计与制造"的配套教材，教材修订及开发的同时，结合中国大学资源共享课程，提供配套的教学资料，如相关实训、学习指导、教案、作业及题解。同步开发与本系列教材配套的教学资源库和拓展资源库，如工程案例库、素材资源库、操作动画库、视频库、试题库、多媒体教学课件等拓展资源，帮助学生全面掌握三维数字化设计与制造的工程应用能力。

本系列教程可作为 CAD/CAM/CAE 专业课程教材，特别适用于 UG 软件的初、中级用户，各大中专院校机械、模具、机电及相关专业的师生教学、培训和自学使用，也可作为研究生和企业从事三维设计、数控加工、自动编程的广大工程技术人员的参考用书。

本系列教材在编写过程中得到了常州轻工职业技术学院、常州数控技术研究所及 Siemens PLM Software 的大力支持，在此一并表示衷心感谢。由于编者水平有限，缪误欠妥之处，恳请读者指正并提出宝贵意见，我的 E-Mail: YF2008@CZILI.EDU.CN。

袁　锋

CAD/CAM 工程范例系列教材为国家精品资源共享课"使用 UG 软件的机电产品数字化设计与制造"的配套教材。其中，基础篇和高级篇分别被评为普通高等教育"十一五"国家级规划教材，高级篇被评为 2007 年度普通高等教育国家精品教材。本系列教材被全国 100 余所高职高专机械类专业院校广泛选用，覆盖面广、影响力大、使用评价好。

2014 年，CAD/CAM 工程范例系列教材中的《CAD 数字化建模篇第 3 版》、《CAD 数字化建模实训篇第 3 版》和《CAD 数字化建模课程设计篇第 2 版》被评为"十二五"职业教育国家规划教材。

本书结合了作者多年从事 UG CAD/CAM/CAE 的教学和培训经验，在《UG 机械设计工程范例教程（课程设计篇）》第 1 版的基础上，又新增和更换了部分案例。全书共分 8 章，第 1 章为螺栓类零件参数化设计，第 2 章为弹簧类零件参数化设计，第 3 章为凸轮类零件参数化设计，第 4 章为齿轮类零件参数化设计，第 5 章为蜗杆蜗轮类零件参数化设计，第 6 章为滚动轴承类零件参数化设计，第 7 章为曲轴类零件参数化设计，第 8 章为箱体类零件参数化设计。

全书采用 UG NX 8.5 作为设计软件，以文字和图形相结合的形式，详细介绍了零件的设计过程和 UG 软件的操作步骤，并配有操作过程的动画演示光盘，以帮助读者更加直观地掌握 UG NX 8.5 的软件界面和操作步骤，使读者能达到无师自通、易学易懂的目标。

本书由常州轻工职业技术学院蒋新萍教授主审。全书的操作过程动画演示光盘由常州数控技术研究所袁钢先生制作。

本书在编写过程中得到了常州轻工职业技术学院、常州数控技术研究所与 Siemens PLM Software 的大力支持，在此表示衷心感谢。由于编者水平有限，谬误欠妥之处，恳请读者指正并提出宝贵意见，我的 E-Mail：YF2008@CZILI.EDU.CN。

袁　锋

第1版前言

常州轻工职业技术学院是美国 UGS PLM Software 公司的授权培训中心、国家级数控培训基地，常年从事 UG 软件和数控机床的教学培训工作，积累了丰富的教学和培训经验。本书的作者为 UGS 正式授权的 UG 教员，2002—2005 年连续四年担任全国数控培训网络"Unigraphics 师资培训班"教官。2008 年负责建设的"使用 UG 软件的机电产品数字化设计与制造"课程被评为国家精品课程。

本系列教材是作者结合多年从事 UG CAD/CAM/CAE 的教学和培训经验编著而成。课程设计作为工科学生的重要实践性环节，在人才培养过程中起着至关重要的作用。本书挑选了机械设计教学中几个典型的机械零件作为参数化设计的对象。全书共分 8 章，第 1 章为螺栓参数化设计，第 2 章为拉簧参数化设计，第 3 章为凸轮类零件参数化设计，第 4 章为减速箱盖参数化设计，第 5 章为减速箱座参数化设计，第 6 章为齿轮类零件参数化设计，第 7 章为蜗杆蜗轮类零件参数化设计，第 8 章为滚动轴承类零件参数化设计。全书采用 UG NX6 ～ NX7 作为设计软件，以文字和图形相结合的形式，详细介绍了零件的设计过程和 UG 软件的操作步骤，并配有操作过程动画演示光盘，易学易懂，帮助读者更加直观地掌握 UG NX 的软件界面和操作步骤，使读者能无师自通。

本教程可作为 CAD/CAM/CAE 专业课程教材，特别适用于 UG 软件的初、中级用户以及各大中专院校机械、模具、机电及相关专业的师生教学、培训和自学使用，也可作为研究生和各企业从事产品设计、CAD 应用的广大工程技术人员的参考用书。

本书由常州轻工职业技术学院罗广思副教授校审。全书的操作过程动画演示光盘由常州数控技术研究所袁钢先生制作。

本书在编写过程中得到了常州轻工职业技术学院、优集系统（中国）有限公司与 UGS 各授权培训中心的大力支持，还得到了国家级数控实训基地的陈朝阳、袁飞、李涛等老师的大力支持，在此表示衷心感谢。由于编者水平有限，欠妥之处恳请读者指正并指出宝贵意见。作者 E-Mail: YF2008@CZILI.EDU.CN。

袁　锋

目录

第 1 章

螺栓类零件参数化设计

📖 实例说明

  本章主要介绍参数驱动的螺栓模型的构建及部件族功能，以六角螺栓为例，介绍参数驱动螺栓模型的构建及部件族功能。其构建思路为：①采用草图曲线功能拉伸创建螺栓的六角头及螺栓杆，然后采用倒圆角、倒斜角和螺纹特征创建螺栓模型；②采用部件族功能定义部件成员的所有规格，然后在装配中调用。螺栓模型如图 1-1 所示。

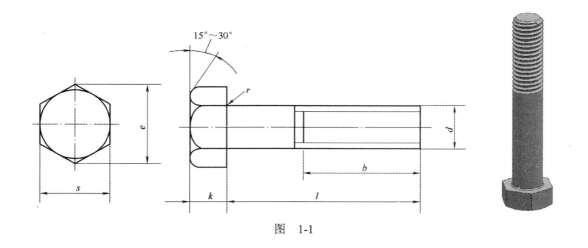

图　1-1

📖 学习目标

  通过该实例的练习，读者能熟练利用参数化的方法建立一个全相关的螺栓模型、定义特征的外形和参数公式；建立和使用 UG 部件族功能，其定义过程使用了 Microsoft Excel 电子表格来帮助完成，内容丰富且使用简单，通过选择表中不同系列的尺寸驱动模型来更新和建立标准件库；实现产品零件系列化，简化重复的基本操作方法和技巧；通过对标准件库的调用和装配试验，验证了标准件库的正确性与实用性。

1.1　建立螺栓文件

选择菜单中的【文件】/【新建】命令或单击 □（New 建立新文件）图标，弹出【新建】对话框。在【名称】栏中输入"luoshuan"，在【单位】下拉列表框中选择【毫米】选项，单击 确定 按钮，建立文件名为 luoshuan.prt、单位为毫米的文件。

1.2　螺栓参数提取

选择菜单中的【工具】/【表达式】命令，弹出【表达式】对话框，如图 1-2 所示。在【名称】和【公式】栏中依次输入"d"和"10"。注意：要在上面的单位下拉列表框中选择 恒定 ▼ 选项。完成输入后，单击 ✔（接受编辑）图标。

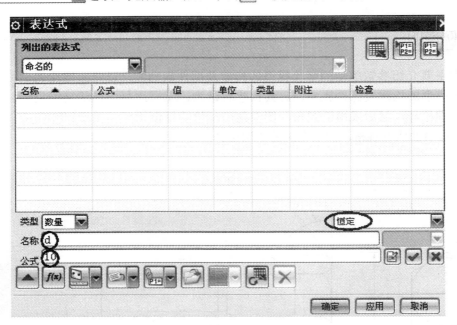

图　1-2

按照相同的方法输入以下表达式：

```
d=10                    // 螺纹的公称直径（光杆直径）
l=60                    // 螺栓长度
k=6.4                   // 螺栓六角头厚度
b=26                    // 螺栓螺纹部分长度
e=17.6                  // 六角头外接圆直径
p=1.5                   // 螺栓螺距（粗牙）
r=0.4                   // 螺栓头根部圆角半径
c=1                     // 螺纹的头部倒角
d1=d−5*sqrt(3)/8*p      // 螺纹的小径
```

完成所有表达式的输入后单击 确定 按钮。

1.3　创建螺栓头

1.显示基准平面

选择菜单中的【格式】/【图层设置】命令，弹出【图层设置】对话框，如图 1-3 所示，勾选 ☑ 61 复选框，完成基准平面的显示。

2.草绘螺栓头截面

选择菜单中的【插入】/【草图】命令，或在【直接草图】工具条中单击 （草图）图标，弹出【创建草图】对话框，如图 1-4 所示，系统默认 XC-YC 平面为草图平面，单击 <确定> 按钮，出现草图绘制区。

图　1-3

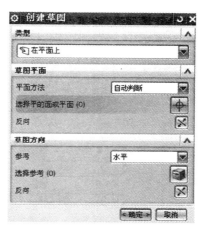

图　1-4

步骤：

1）在【直接草图】工具条中单击 （多边形）图标，出现【多边形】对话框，如图 1-5 所示。在主界面捕捉点工具条中单击 ╋（现有点）图标，选择坐标原点为多边形的中心点，如图 1-6 所示。在【多边形】对话框的【边数】栏中输入 "6"，在【大小】下拉列表框中选择 外接圆半径 选项，在【半径】和【旋转】栏中分别输入 "e/2" 和 "90"，然后分别按 <Enter> 键，创建六边形，如图 1-7 所示。

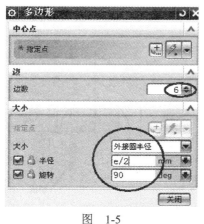

图　1-5

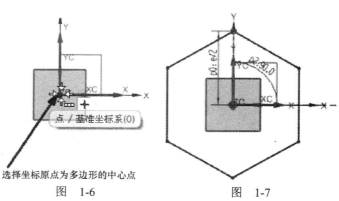

选择坐标原点为多边形的中心点

图　1-6　　　　　　　图　1-7

2）在【直接草图】工具条中单击 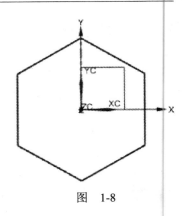 图标，返回建模界面，截面如图 1-8 所示。

3. 创建拉伸特征

选择菜单中的【插入】/【设计特征】/【拉伸】命令，或在【特征】工具条中单击 （拉伸）图标，弹出【拉伸】对话框，如图 1-9 所示。在主界面曲线规则下拉列表框中选择 自动判断曲线 选项，选择如图 1-10 所示截面线为拉伸对象。

系统出现默认拉伸矢量，在【开始】/【距离】栏和【结束】/【距离】栏中选择【值】选项并输入"0"和"k"；在【布尔】下拉列表框中选择 无选项，如图 1-9 所示，单击 确定 按钮，完成螺栓六角头拉伸特征的创建，如图 1-11 所示。

图　1-8

图　1-9

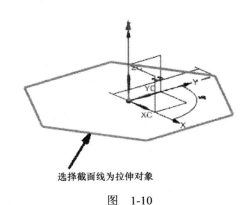

选择截面线为拉伸对象

图　1-10

4. 草绘螺栓头辅助截面

选择菜单中的【插入】/【草图】命令，或在【直接草图】工具条中单击 （草图）图标，弹出【创建草图】对话框，系统默认 XC-YC 平面为草图平面，单击 确定 按钮，出现草图绘制区。

步骤：

1）在【直接草图】工具条中单击 （圆）图标，按照图 1-12 所示绘制圆。注意：圆心为原点。

2）加上约束。在【直接草图】工具条中单击 （几何约束）图标，弹出【几何约束】对话框，单击 （相切）图标，如图 1-13 所示。在草图中选择圆与实体边线，如图 1-14 所示，约束其相切，约束的结果如图 1-15 所

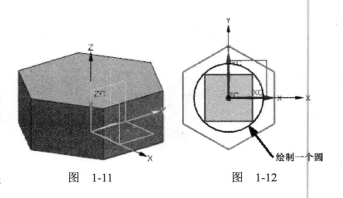

绘制一个圆

图　1-11　　　　　　　图　1-12

示。在【直接草图】工具条中单击 ▶╱（显示草图约束）图标，使图形中的约束显示出来。此时，草图曲线已经转换成绿色，表示已经完全约束。

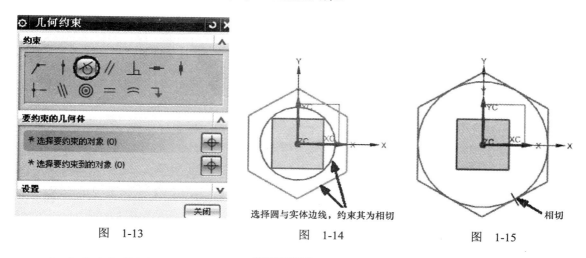

图 1-13　　　　　　　　　　图 1-14　　　　　　　　　　图 1-15

3）在【直接草图】工具条中单击 ✖完成草图 图标，返回建模界面，此时截面如图 1-16 所示。

5. 创建拉伸特征

选择菜单中的【插入】/【设计特征】/【拉伸】命令，或在【特征】工具条中单击 ▥（拉伸）图标，弹出【拉伸】对话框，如图 1-17 所示。在软件主界面的曲线规则下拉列表框中选择 自动判断曲线 选项，选择图 1-18 所示的圆为拉伸对象。

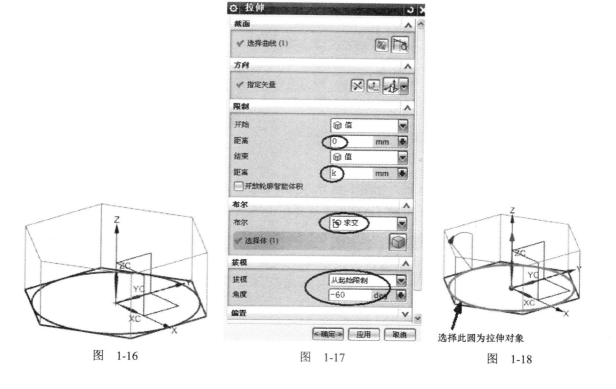

图 1-16　　　　　　　　　　图 1-17　　　　　　　　　　图 1-18

系统出现默认拉伸矢量，在
【开始】\【距离】栏和【结束】\【距
离】栏中选择【值】并输入"0"和
"k"，在【布尔】下拉列表框中选择
求交选项，在【拔模】下拉列表
框中选择 从起始限制 选
项，在【角度】栏中输入"-60"，
如图 1-17 所示。单击 确定 按钮，
完成螺栓六角头细节拉伸特征的创建，如图 1-19 所示。

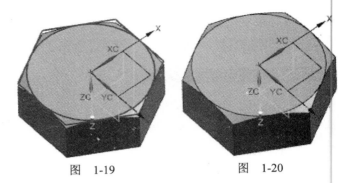

图　1-19　　　　　　图　1-20

6. 将辅助曲线移至 21 层

选择菜单中的【格式】/【移动至图层】命令，或在【实用工具】工具条中单击 （移
动至图层）图标，将草图曲线移动至 21 层（步骤略），图形更新为图 1-20 所示。

1.4　创建螺栓杆

1. 创建凸台特征

选择菜单中的【插入】/【设计特征】/【凸台】命令，或在成形【特征】工具条中单击
（凸台）图标，弹出【凸台】对话框，如图 1-21 所示。在图形中选择图 1-22 所示的放置
面，在【凸台】对话框的【直径】和【高度】栏中输入"d"和"1"，然后单击 确定 按钮。

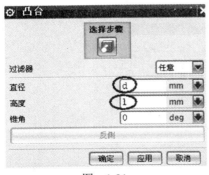

图　1-21

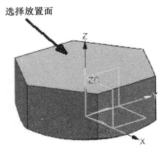

图　1-22

系统弹出【定位】对话框，如图 1-23 所示，单击 （点落在点上）图标，弹出【点落
在点上】对话框，如图 1-24 所示。在图形中选择图 1-25 所示的实体圆弧边，系统弹出【设置

图　1-23

图　1-24

圆弧的位置】对话框，如图 1-26 所示，单击 圆弧中心 按钮，完成凸台特征的创建，如图 1-27 所示。

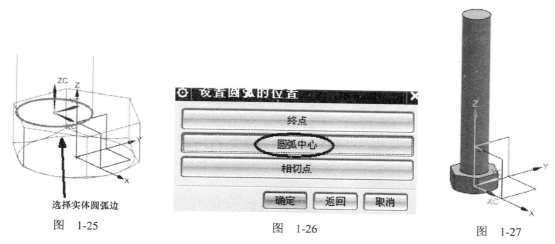

图 1-25　　　　　　　　　　图 1-26　　　　　　　　　　图 1-27

2. 创建边倒圆特征

选择菜单中的【插入】/【细节特征】/【边倒圆】命令，或在【特征】工具条中单击 （边倒圆）图标，弹出【边倒圆】对话框，在【半径 1】栏中输入 "r"，如图 1-28 所示。在图形中选择图 1-29 所示的实体边线作为倒圆角边，单击 确定 按钮，完成圆角特征的创建，如图 1-30 所示。

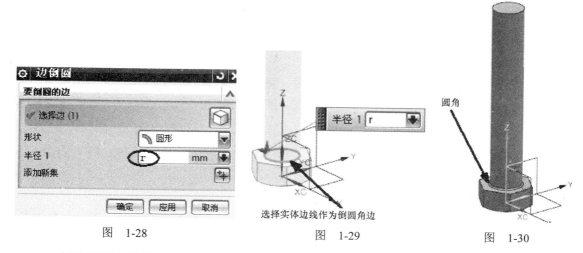

图 1-28　　　　　　　　　　图 1-29　　　　　　　　　　图 1-30

3. 创建倒斜角特征

选择菜单中的【插入】/【细节特征】/【倒斜角】命令，或在【特征】工具条中单击 （倒斜角）图标，弹出【倒斜角】对话框，如图 1-31 所示。在图形中选择实体圆弧边，如图 1-32 所示，在【倒斜角】对话框的【距离】栏中输入 "c"，单击 确定 按钮，完成倒斜角特征的创建，如图 1-33 所示。

4. 创建螺纹特征

选择菜单中的【插入】/【设计特征】/【螺纹】命令，或在成形【特征】工具条中单击

（螺纹）图标，弹出【螺纹】对话框。在【螺纹类型】中选中 ⊙详细 单选按钮，在【旋转】中选中 ⊙右手 单选按钮，如图 1-34 所示。在图形中选择图 1-35 所示的圆柱面，弹出

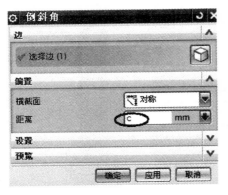

图 1-31

选择实体圆弧边

图 1-32

倒斜角

图 1-33

【螺纹】对话框，如图 1-36 所示，选择螺纹起始面。在图形中选择图 1-37 所示的实体端面为起始平面，此时图形中出现螺纹轴方向。系统弹出确认【螺纹】轴方向对话框，如图 1-38 所示，单击 螺纹轴反向 按钮，系统返回【螺纹】对话框，在【小径】、【长度】、【螺距】和【角度】栏中分别输入 "d1"、"b"、"p" 和 "60"，如图 1-34 所示。最后，单击 确定 按钮，完成螺纹特征的创建，如图 1-39 所示。

5. 关闭 61 层

选择菜单中的【格式】/【图层设置】命令，弹出【图层设置】对话框，取消勾选 □ 61 复选框，图形更新为图 1-40 所示。

6. 存盘（步骤略）

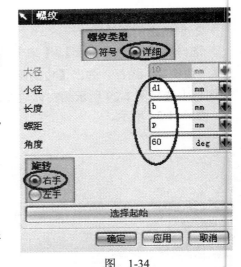

图 1-34

选择此圆柱面

图 1-35

图 1-36

螺纹轴方向

选择实体端面为起始平面

图 1-37

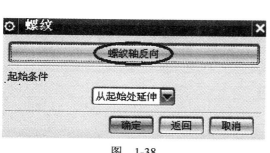

图 1-38

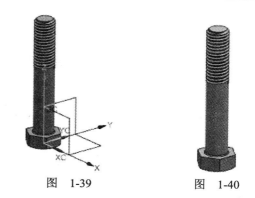

图 1-39   图 1-40

1.5 建立螺栓部件族

1. 打开文件

选择菜单中的【文件】/【打开】命令，打开前面所做的"luoshuan.prt"部件文件（螺栓的全参数化模型），并设置其为模版文件。

2. 创建部件族特征

选择菜单中的【工具】/【部件族】命令，弹出【部件族】对话框，如图 1-41 所示。在 表达式▼ 下面的列表中分别选择 d、e、k、l、b、c、r 和 p，单击 添加列 按钮，添加这些关键变量到下方列表中，单击 创建 按钮，生成部件族的电子表格对话框，如图 1-42 所示。

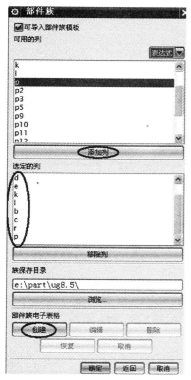

图 1-41

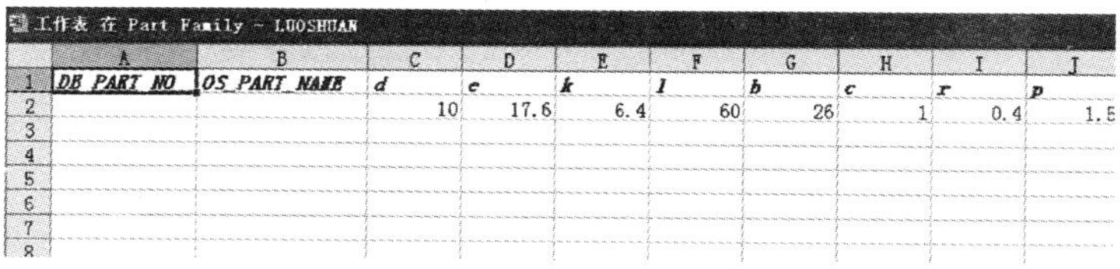

图 1-42

　　按照图 1-43 所示填写部件族成员表。在表中选择所有成员，在电子表格菜单中选择【部件族】/【保存族】命令，存储部件族成员，系统返回 UG 界面。

	A	B	C	D	E	F	G	H	I	J
	DB_PART_NO	OS_PART_NAME	d	e	k	l	b	c	r	p
1										
2	1	M10-60	10	17.6	6.4	60	26	1	0.4	1.5
3	2	M6-40	6	10.9	4	40	18	0.7	0.25	1
4	3	M16-80	16	26.2	10	80	38	1.5	0.6	2
5	4	M20-100	20	33	12.5	100	46	1.5	0.8	2.5
6	5	M30-160	30	50.9	18.7	160	72	2	1	3.5
7	6	M36-180	36	60.8	22.5	180	84	2	1	4

图 1-43

3. 检验部件

　　在【部件族】对话框中单击 编辑 按钮，如图 1-44 所示，再次出现部件族的电子表格对话框，选择成员 M16-80 行，在电子表格菜单中选择【部件族】/【确认部件】命令，如图 1-45 所示。注意：此时系统已经自动更新螺栓模型，如图 1-46 所示。

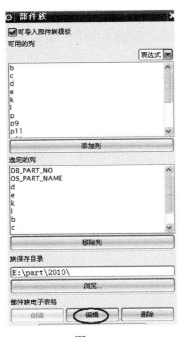

图　1-44

图　1-45

　　在【部件族】对话框中单击 恢复 按钮，返回部件族的电子表格对话框，在电子表格菜单中选择【部件族】/【保存族】命令，存储部件族成员，系统返回 UG 界面。

4. 保存部件族特征

　　系统返回【部件族】对话框，单击 确定 按钮，完成部件族特征的创建，并单击 （保存）图标，保存 luoshuan.prt 模版文件，完成部件族特征的保存。

5. 编辑螺纹参数

在【部件族】对话框中单击 编辑 按钮，如图 1-47 所示，再次出现部件族的电子表格对话框，选择成员 M16-80 行，编辑螺栓外螺纹长度为 68，在电子表格菜单中选择【部件族】/【确认部件】命令，如图 1-48 所示。注意：此时系统已经自动更新了螺栓螺纹参数，模型如图 1-49 所示。

在【部件族】对话框中单击 恢复 按钮，返回部件族的电子表格对话框，在电子表格菜单中选择【部件族】/【保存族】命令，存储部件族成员，系统返回 UG 界面。

6. 保存部件族特征

在【部件族】对话框中单击 恢复 按钮，返回部件族的电子表格对话框。在电子表格菜单中选择【部件族】/【保存族】命令，存储部件族成员。系统返回 UG【部件族】对话框，单击 确定 按钮，完成部件族特征的创建，然后单击 （保存）图标，保存 luoshuan.prt 模版文件，完成螺栓部件族的创建。

图　1-46

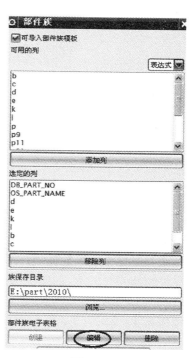

图　1-47

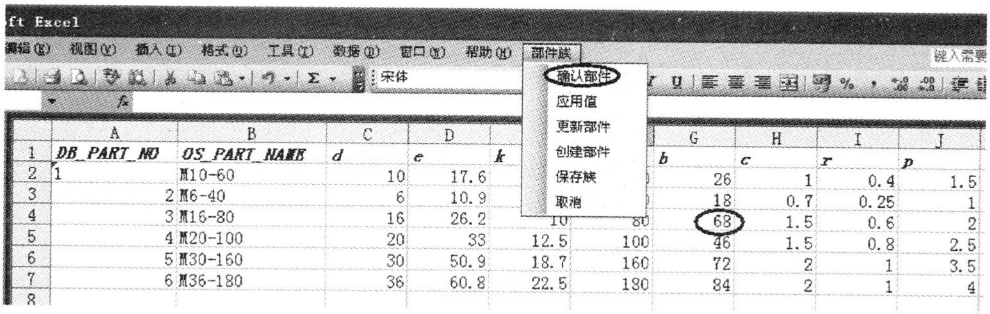

	A	B	C	D			G	H	I	J
1	DB_PART_NO	OS_PART_NAME	d	e	k		b	c	r	p
2	1	M10-60	10	17.6			26	1	0.4	1.5
3	2	M6-40	6	10.9			18	0.7	0.25	1
4	3	M16-80	16	26.2		80	68	1.5	0.6	2
5	4	M20-100	20	33	12.5	100	46	1.5	0.8	2.5
6	5	M30-160	30	50.9	18.7	160	72	2	1	3.5
7	6	M36-180	36	60.8	22.5	180	84	2	1	4
8										

图　1-48

图　1-49

1.6　使用螺栓部件族成员

1. 新建装配文件

选择菜单中的【文件】/【新建】命令或单击 ▢（New 建立新文件）图标，出现【新建】对话框，在【模板】中选择【装配】模板，在【名称】栏中输入"luoshuan_test"，在【单位】下拉列表框中选择【毫米】选项，单击 确定 按钮，建立文件名为 luoshuan_test.prt、单位为毫米的文件。

2. 添加组件

选择菜单中的【装配】/【组件】/【添加组件】命令，或在【装配】工具条中单击 ▨（添加组件）图标，弹出【添加组件】对话框，如图 1-50 所示。在对话框中单击 ▨（打开）图标，弹出【部件名】对话框，选择 luoshuan.prt 零件，在【定位】下拉列表框中选择 绝对原点 ▼ 选项，然后单击 确定 按钮，此时主窗口的右下角将出现一个组件预览小窗口。

3. 选择部件族成员

系统弹出【选择族成员】对话框，如图 1-51 所示，在对话框下方的【匹配成员】列表中选择 M36-180，单击 确定 按钮，完成组件的添加，如图 1-52 所示。

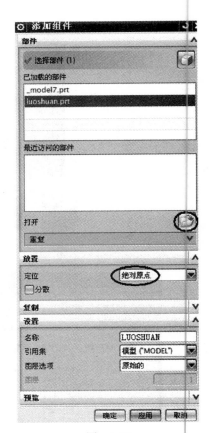

图　1-50

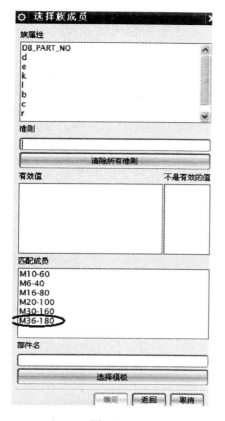

图 1-51

图 1-52

4. 保存并关闭文件（步骤略）

第 2 章

弹簧类零件参数化设计

📖 实例说明

　　本章主要介绍参数驱动的弹簧类模型的构建，以及用户定义特征功能和部件族功能。其构建思路为：①采用螺旋线、直接草图以及桥接曲线功能创建弹簧的引导线，然后采用管道特征创建弹簧模型；②采用用户定义特征向导，创建用户定义特征；③采用部件族功能定义部件成员的所有规格，然后在装配中调用。拉簧模型和压缩弹簧模型如图 2-1 所示。

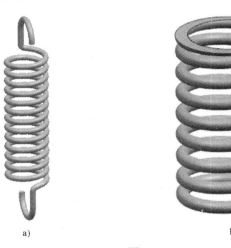

a)　　　　　　　　　　　　　　　　b)

图 2-1

📖 学习目标

　　通过该实例的练习，读者能熟练掌握利用参数化的方法建立一个全相关的弹簧模型；建立和使用 UG 用户自定义特征功能，定义特征的外形和参数公式；建立和使用 UG 部件家族功能；定义不同的材料或其他的属性；定义不同的规格和大小。其定义过程使用了 Microsoft Excel 电子表格来帮助完成，内容丰富且使用简单。同时，实现了产品零件系列化，简化了重复的基本操作方法和技巧。

2.1　建立拉簧文件

选择菜单中的【文件】/【新建】命令或单击 ▢（New 建立新文件）图标，弹出【新建】对话框，在【名称】栏中输入"lh"，在【单位】下拉列表框中选择【毫米】选项，单击 ▇确定▇ 按钮，建立文件名为 lh.prt、单位为毫米的文件。

2.2　建立拉簧模型

1. 建立表达式

选择菜单中的【工具】/【表达式】命令，弹出【表达式】对话框，如图 2-2 所示，在【名称】和【公式】栏中依次输入"x"和"0.25"。注意：要在上面的单位下拉列表框中选择 ▢恒定　　　　▢ 选项。完成输入后，单击 ✔（接受编辑）图标。

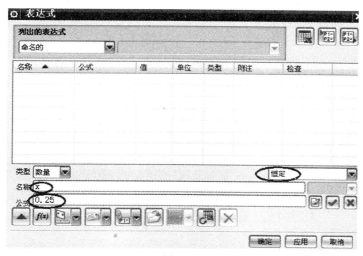

图　2-2

按照相同的方法输入以下表达式：

x=0.25　　　　　　　　// 控制拉簧在折弯处弯角大小的比例系数（和拉簧
　　　　　　　　　　　　　钢丝的材料、线径以及拉簧的半径有关，可以根
　　　　　　　　　　　　　据实际情况修改）

Number=15.5　　　　　// 拉簧有效圈数

r=4　　　　　　　　　　// 圆弧半径

w=1　　　　　　　　　　// 管道外直径，即拉簧的线径

L1=0.8*r　　　　　　　// 直线长度

n=Number−x/2　　　　　// 拉簧圈数

A1=90*x　　　　　　　　// 旋转角度

A2=−360*n−A1　　　　　// 旋转角度

L=40　　　　　　　　　　// 拉簧总长度

h=r*x　　　　　　　　　// 直线端点和螺旋线间的距离

pitch=(L−2*(r+L1+h))/Number　　// 节距（注：软件中显示为"螺距"）

完成所有表达式的输入，最后单击 确定 按钮。

2. 创建螺旋线

选择菜单中的【插入】/【曲线】/【螺旋线】命令，或在【曲线】工具条中单击 （螺旋线）图标，弹出【螺旋线】对话框，如图 2-3 所示。在 指定 CSYS 区域单击 按钮，弹出【CSYS】对话框，如图 2-4 所示。在【类型】下拉列表框中选择 动态 选项，在【参考】下拉列表框中选择 WCS （工作坐标系）选项，单击 确定 按钮，系统返回【螺旋线】对话框，在【大小】区域中选中 半径 单选按钮，在【值】栏中输入 "r"，在【螺距】区域的【值】栏中输入 "pitch"，在【长度】区域的【方法】下拉列表框中选择 圈数 选项，在【圈数】栏中输入 "n"，在【设置】区域的【旋转方向】下拉列表框中选择 右手 选项，单击 <确定> 按钮，完成螺旋线的创建，如图 2-5 所示。

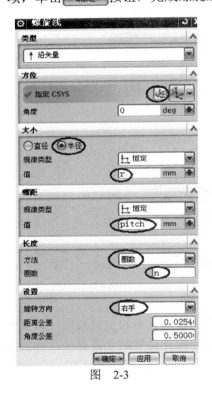

图 2-3

图 2-4

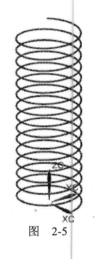

图 2-5

3. 显示基准平面

选择菜单中的【格式】/【图层设置】命令，单击【图层设置】对话框，如图 2-6 所示，勾选 61 复选框，完成基准平面的显示。

4. 创建基准平面

选择菜单中的【插入】/【基准 / 点】/【基准平面】命令，或在【特征】工具栏中单击 （基准平面）图标，弹出【基准平面】对话框，如图 2-7 所示。在【类型】下拉列表框中选择 自动判断 选项，在图形中选择图 2-8 所示的 X-Z 基准平面与 Z 轴，在【角度】栏中输入 "A1"，在【距离】栏中输入 "0"，并勾选 关联 复选框。最后，在【基准平面】对话框中单击 应用 按钮，创建基准平面，如图 2-9 所示。

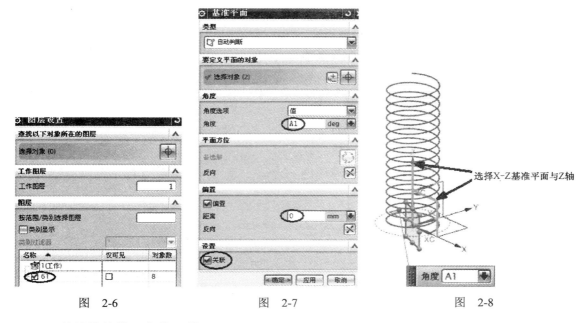

图　2-6　　　　　　　　图　2-7　　　　　　　　图　2-8

5. 草绘拉簧第一个钩子截面

　　选择菜单中的【插入】/【草图】命令，或在【直接草图】工具条中单击 （草图）图标，弹出【创建草图】对话框，如图 2-10 所示。根据系统提示选择草图平面，在图形中选择图 2-11 所示的基准平面为草图平面，在【草图方向】区域内的【参考】下拉列表框中选择水平 选项，在图形中选择图 2-11 所示的 Z 轴为参考水平方向。然后，在【创建草图】对话框的【草图平面】区域中单击 （反向）按钮，再在【草图方向】区域中单击 （反向）按钮，最后单击 确定 按钮，出现草图绘制区。

图　2-9　　　　　　　　图　2-10　　　　　　　　图　2-11

　　步骤：

　　1）在【直接草图】工具条中单击 （轮廓）图标，按照图 2-12 所示绘制截面线。

注意：直线 12 水平，且与圆弧 23 相切；直线 34 竖直，且直线 34 的端点 4 为圆心。

2）加上约束。在【直接草图】工具条中单击 ⟋（几何约束）图标，弹出【几何约束】对话框，如图 2-13 所示。单击 ⊥（点在曲线上）图标，在图中选择 Z 轴与圆心，如图 2-14 所示，约束其点在曲线上，然后在【直接草图】工具条中单击 ⟋（显示草图约束）图标，使图形中的约束显示出来。

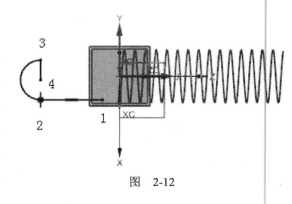

图　2-12

图　2-13

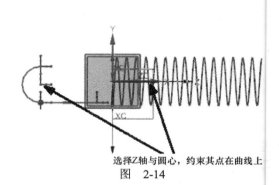

选择Z轴与圆心，约束其点在曲线上

图　2-14

3）标注尺寸。在【直接草图】工具条中单击 （自动判断尺寸）图标，按照图 2-15 所示的尺寸进行标注，即 Rp25=r，p26=L1，p27=h。此时，直接草图已经转换成绿色，表示已经完全约束。

4）在【直接草图】工具栏中单击 （转换至 / 自参考对象）图标，弹出【转换至 / 自参考对象】对话框，如图 2-16 所示。在草图中选择图 2-17 所示的辅助直线。完成选择后，在对话框中单击 确定 按钮，完成转换，如图 2-18 所示。

5）在【直接草图】工具条中单击 完成草图 图标，返回建模界面，图形更新为图 2-19 所示。

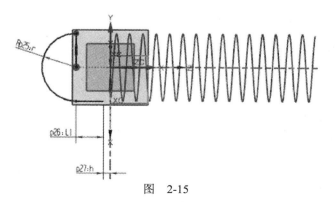

图　2-15

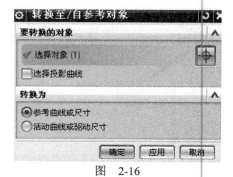

图　2-16

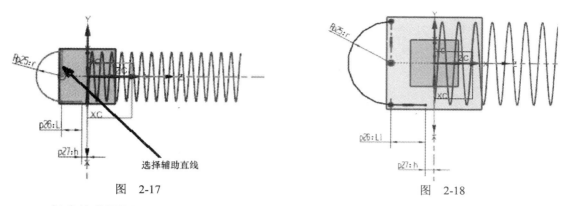

图　2-17　　　　　　　　　　　　　　　图　2-18

6. 创建基准平面

选择菜单中的【插入】/【基准/点】/【基准平面】命令，或在【特征】工具栏中单击 ▢（基准平面）图标，弹出【基准平面】对话框，如图 2-20 所示。在【类型】下拉列表框中选择 ▣ 自动判断 选项，在图形中选择图 2-21 所示的 X-Y 基准平面，在【距离】栏中输入 "pitch*n"，并勾选 ☑关联 复选框，最后在【基准平面】对话框单击 应用 按钮，创建基准平面，如图 2-22 所示。

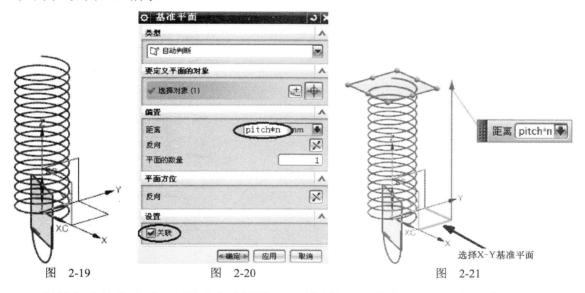

图　2-19　　　　　　　　　图　2-20　　　　　　　　　图　2-21

继续创建基准平面，在图形中选择图 2-23 所示的 X-Z 基准平面与 Z 轴，在【角度】栏中输入 "A2"，并勾选 ☑关联 复选框，在【基准平面】对话框单击 应用 按钮，创建基准平面，如图 2-24 所示。

7. 草绘拉簧第二个钩子截面

选择菜单中的【插入】/【草图】命令，或在【直接草图】工具条中单击 ◲（草图）图标，弹出【创建草图】对话框，如图 2-25 所示。根据系统提示选择草图平面，在图形中选择图 2-26 所示的基准平面为草图平面，在【草图方向】区域内的【参考】下拉列表框中选择 水平 选项，在图形中选择图 2-26 所示的 Z 轴为参考水平方向，单击 确定 按钮，出现草图绘制区。

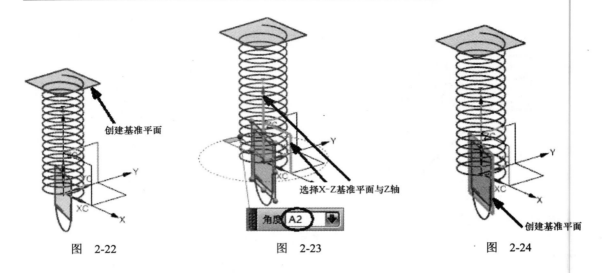

图   2-22   图   2-23   图   2-24

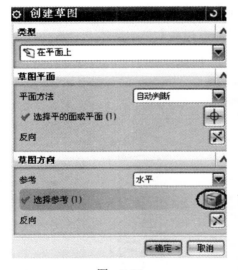

图   2-25

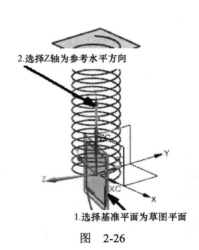

图   2-26

步骤：

1）在【直接草图】工具条中单击 ↳ （轮廓）图标，按照图 2-27 所示绘制截面线。

注意：直线 12 水平，且与圆弧 23 相切；直线 34 竖直，且直线 34 的端点 4 为圆心。

2）加上约束。在【直接草图】工具条中单击 ⊿ （几何约束）图标，弹出【几何约束】对话框，如图 2-28 所示。单击 ┿ （点在曲线上）图标，在图中选择 Z 轴与圆心，如图 2-29 所示，约束点在曲线上，约束的结果如图 2-30 所示。在【直接草图】工具条中单击 ↗↙ （显示草图约束）图标，使图形中的约束显示出来。

3）标注尺寸。在【直接草图】工具条中单击 ┝╱┥ （自动判断尺寸）图标，按照图 2-31 所示的尺寸进行标注，即 Rp42=r，p43=L1，p44=h，此时，直接草图已经转换成绿色，表示已经完全约束。

4）在【直接草图】工具条中单击 █ （转换至 / 自参考对象）图标，弹出【转换至 / 自

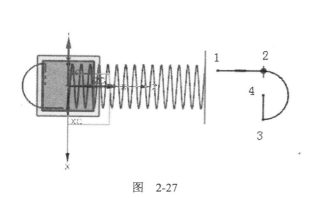

图　2-27

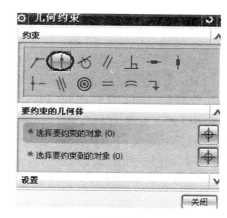

图　2-28

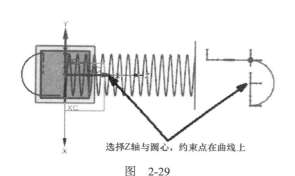

选择Z轴与圆心，约束点在曲线上

图　2-29

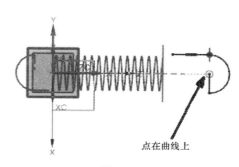

点在曲线上

图　2-30

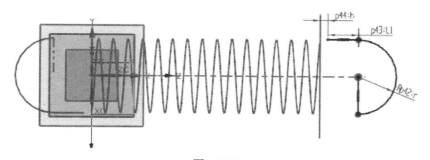

图　2-31

参考对象】对话框，在草图中选择图 2-32 所示的辅助直线。完成选择后，在对话框中单击 确定 按钮，完成转换。

5）在【直接草图】工具条中单击 完成草图 图标，返回建模界面。

8. 将基准移至 62 层

选择菜单中的【格式】/【移动至图层】命令，或在【实用工具】工具条中单击 （移

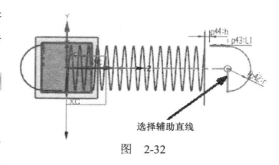

选择辅助直线

图　2-32

动至图层）图标，弹出【类选择】对话框，选择基准，将其移动至 62 层（步骤略），然后设

置 62 层为不可见。

9. 将辅助线移至 41 层

选择辅助曲线，将其移动至 41 层（步骤略），然后设置 41 层为不可见。

10. 设置坐标系在图形窗口中不可见

选择菜单中的【格式】/【WCS】/【显示】命令，或在【实用工具】工具条
中单击 ↳✓（显示 WCS）图标，设置坐标系在图形窗口中不可见，图形更新为
图 2-33 所示。

11. 创建桥接曲线

选择菜单中的【插入】/【来自曲线集的曲线】/【桥接】命令，或在【曲线】
工具条中单击 ☷（桥接曲线）图标，弹出【桥接曲线】对话框，勾选 ☑关联
复选框，如图 2-34 所示。在图形中选择图 2-35 所示的起始曲线，在【桥接曲线】对话框的
【终止对象】区域中单击 ⬚（曲线）图标，在图形中选择图 2-35 所示的终止曲线，然后在
【形状控制】区域内调节滑块，使桥接曲线尽量光顺。单击 确定 按钮，完成桥接曲线的创
建，如图 2-36 所示。

图 2-33

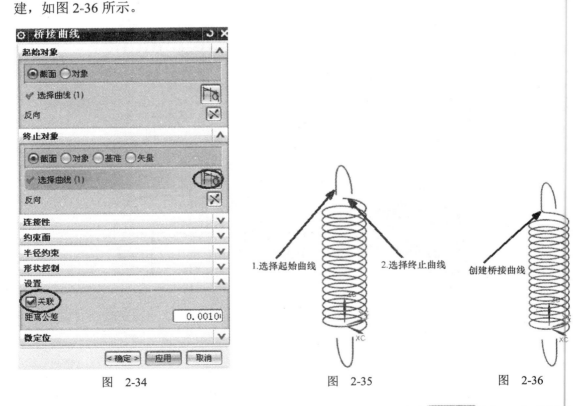

图 2-34　　　　　　　　图 2-35　　　　　　　　图 2-36

继续桥接曲线，分别选择另一端的草图直线的和螺旋线，单击 应用 按钮，完成桥接
曲线的创建，如图 2-37 所示。

12. 创建管道特征

选择菜单中的【插入】/【扫掠】/【管道】命令，或在【特征】工具条中单击 ☍（管
道）图标，弹出【管道】对话框，如图 2-38 所示。在软件主界面的曲线规则下拉列表框中
选择 相切曲线 　　　　　 ▼ 选项，在图形中选择图 2-39 所示的曲线，然后在【管道】对话

框【外径】栏中输入"w"，在【输出】下拉列表框中选择 单段 ▼ 选项。最后，单击 确定 按钮，完成管道特征的创建，如图 2-40 所示。

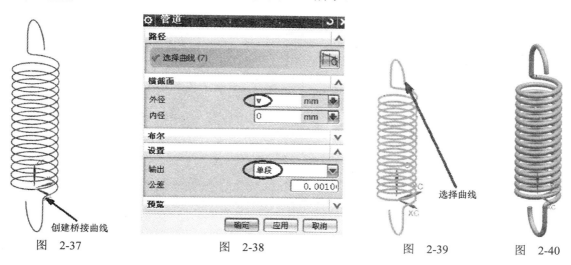

图 2-37   图 2-38   图 2-39   图 2-40

2.3 建立拉簧用户自定义特征

1. 用户定义特征库配置

选择菜单中的【工具】/【用户定义特征】/【配置库】命令，弹出【用户定义特征库配置】对话框，如图 2-41 所示，单击 重置(E) 按钮，弹出【库配置】对话框，如图 2-42 所示，单击 确定 按钮，完成用户定义特征库配置。

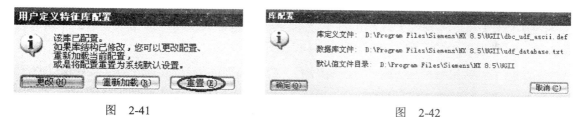

图 2-41   图 2-42

2. 创建用户定义特征

选择菜单中的【工具】/【用户定义特征】/【向导】命令，弹出【用户定义特征向导】对话框，如图 2-43 所示。

（1）定义名称 在【用户定义特征向导】对话框中单击 浏览… 按钮，弹出【库类选择】对话框，选择"公制"→"连接件"为拉簧放置库类，如图 2-44 所示。单击 确定 按钮，返回【用户定义特征向导】对话框，在【名称】和【部件名】栏中分别输入"pullspring"和"pullspring"，单击 下一步 > 按钮。

注意：如果不能浏览选择库类，则可以选择菜单中的【工具】/【用户定义特征】/【配置库】命令，弹出【用户定义特征库配置】对话框，单击 重置(E) 按钮即可。

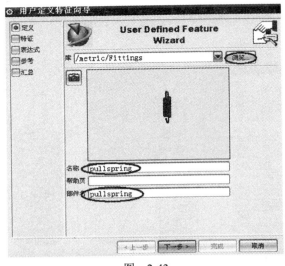

图　2-43

图　2-44

注意：如果对话框中的拉簧图片不能反映出模型的形状，则可以先在图形窗口中进行调整，然后单击 📷（捕捉图像）图标来重新捕捉预览图。

（2）选择特征　系统弹出【用户定义特征向导】对话框，用以选择特征。在对话框中将左侧列表框中的所有 Feature（特征）选中，单击 ➡（添加特征）按钮，如图 2-45 所示，将所有特征加入到右侧的列表框中，然后单击 下一步 > 按钮。

（3）设置参数　系统弹出【用户定义特征向导】对话框，在此设置参数。在对话框中将左侧列表框中的表达式 L、Number、r、x 和 w 选中，单击 ➡（添加表达式）按钮，如图 2-46 所示，将这些变量加入右侧的列表框中。

然后，分别设置表达式的取值范围，首先选择表达式 L，在右侧的列表框中选择 L -> L，在【表达式规则】区域中选中 ⊙ 按实数范围 单选按钮，在【最小值】和【最大值】栏中分别输入 "12" 和 "250"，如图 2-47 所示。

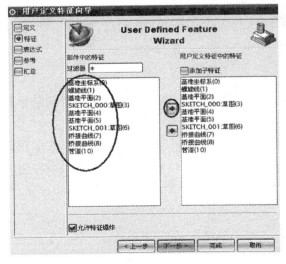

图　2-45

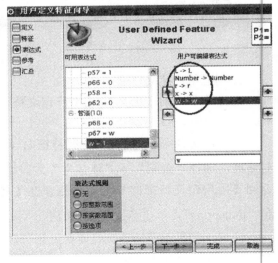

图　2-46

按照同样的方法，分别设置 Number（2.5 ～ 30.5）、r（4 ～ 20）、x（0.1 ～ 0.3）的取值范围，如图 2-48 ～图 2-50 所示。

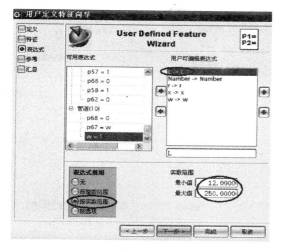

图　2-47

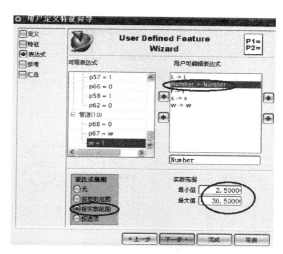

图　2-48

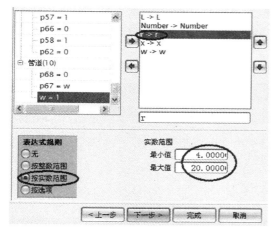

图　2-49

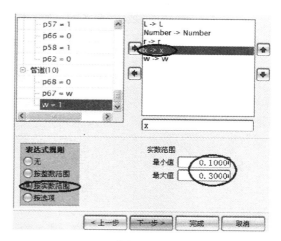

图　2-50

继续设置参数，在右侧的列表框中选择 w -> w ，在【表达式规则】区域中选中 ⊙ 按选项 单选按钮，在右侧的【值选项】栏中分别输入 "0.8" "1" "1.1" "1.4" "1.8" "2" "2.4" 和 "2.8"，定义拉簧钢丝的线径值的规格。注意：输入时不带双引号，且每输入一个值按一次 <Enter> 键，如图 2-51 所示。全部输入完成后单击 ✔ （完成）按钮，再单击 下一步 > 按钮。

（4）定义参考特征　系统弹出【用户定义特征向导】对话框，用于定义参考特征。由于是一整个拉簧，因此没有相对于其他对象的定位，选择坐标系 用于 基准坐标系(3) 用于 SKETCH_000 草图(3)，单击 移除几何体 按钮，如图 2-52 所示，然后单击 下一步 > 按钮。

（5）用户定义特征信息汇总　系统弹出【用户定义特征向导】对话框，在此定义特征信息汇总，此处列出了建立的用户定义特征的一些信息，如图 2-53 所示，单击 完成 按钮，完成拉簧用户定义特征的创建。

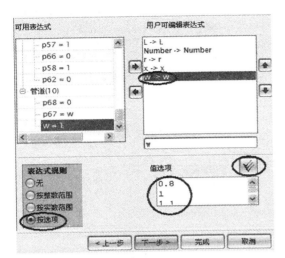

图　2-51

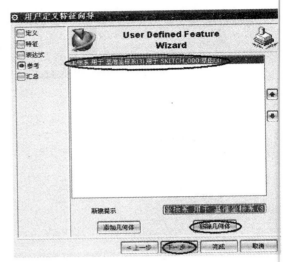

图　2-52

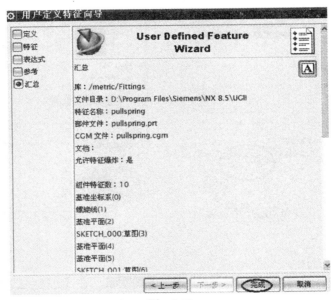

图　2-53

2.4　使用拉簧用户定义特征

1. 新建文件

选择菜单中的【文件】/【新建】命令或单击 （New 建立新文件）图标，弹出【新建】对话框，在【名称】栏中输入"spring-1"，在【单位】下拉列表框中选择【毫米】选项，单击 确定 按钮，建立文件名为 spring-1.prt、单位为毫米的文件。

2. 插入用户定义特征

选择菜单中的【工具】/【用户定义特征】/【插入】命令，弹出【用户定义特征库浏览器】对话框，如图 2-54 所示。单击 浏览… 按钮，选择 公制 / 连接件 库类，在窗口中选择"pullspring"的拉簧图形，弹出【pullspring】对话框，定义拉簧的参数如下：数量 = 16.5、r = 6、w = 2、L = 70、x = 0.2。注意：每个参数输入完毕后均要按 <Enter> 键。然后，在【图层选项】下拉列表框中选择 原始的 选项，如图 2-55 所示。单击 确定 按钮，系统生成图 2-56 所示的弹簧，最后在【用户定义特征库浏览器】对话框中单击 取消 按钮。

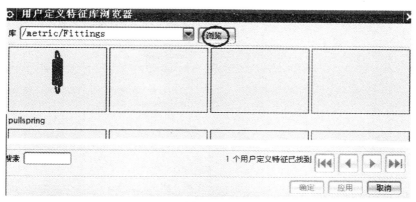

图　2-54

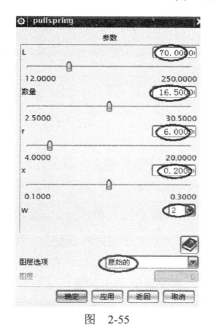

图　2-55

图　2-56

2.5　建立拉簧部件族

1. 打开文件

选择菜单中的【文件】/【打开】命令，打开前面所做的"pullspring.prt"部件文件（拉簧的全参数化模型），并设置其为模版文件。

2. 设置材料属性

在装配导航器中选择 pullspring 部件，单击鼠标右键，在弹出的快捷菜单中选择 属性 选项，如图 2-57 所示，弹出【显示部件属性】对话框，选择【属性】选项卡，在【类别（可选）】下拉列表框中选择材料选项，在【标题/别名】和【值】栏中分别输入 "MAT"（材料变量）和 "Steel"，如图 2-58 所示。按 <Enter> 键，单击 确定 按钮，完成材料属性的设置。

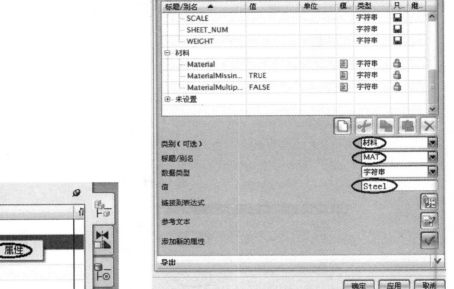

图　2-57　　　　　　　　　　　　　　　　图　2-58

3. 创建部件族特征

选择菜单中的【工具】/【部件族】命令，弹出【部件族】对话框，如图 2-59 所示。在 表达式 下面的列表中分别选择 L、Number、r、w 和 x，单击 添加列 按钮，添加这些关键变量到下方列表中；然后在 属性 下面的列表中选择 MAT，单击 添加列 按钮，添加这些关键变量到下方列表中。单击 创建 按钮，生成部件族的电子表格对话框，如图 2-60 所示。

按照图 2-61 所示填写部件族成员表，在表中选择所有成员，在电子表格菜单中选择【部件族】/【保存族】命令，存储部件族成员，系统返回 UG 界面。

4. 检验部件

在【部件族】对话框中单击 编辑 按钮，如图 2-62 所示，再次出现部件族的电子表格对话框，选择成员 P_5_45_C 行，在电子表格菜单中选择【部件族】/【确认部件】命令，如图 2-63 所示。注意：此时系统已经自动更新拉簧模型，如图 2-64 所示。

在【部件族】对话框中单击 恢复 按钮，返回部件族的电子表格对话框，在电子表格菜单中选择【部件族】/【保存族】命令，存储部件族成员，系统返回 UG 界面。

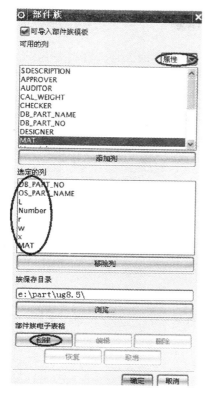

图 2-59

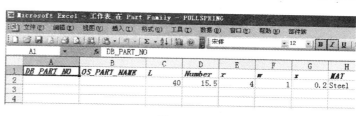

图 2-60

图 2-61

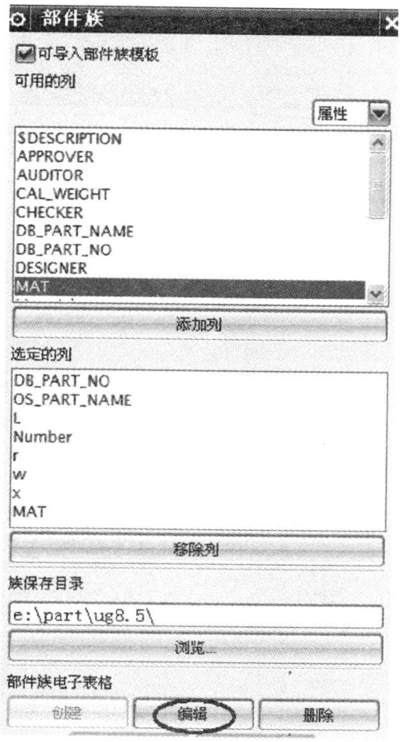

图 2-62

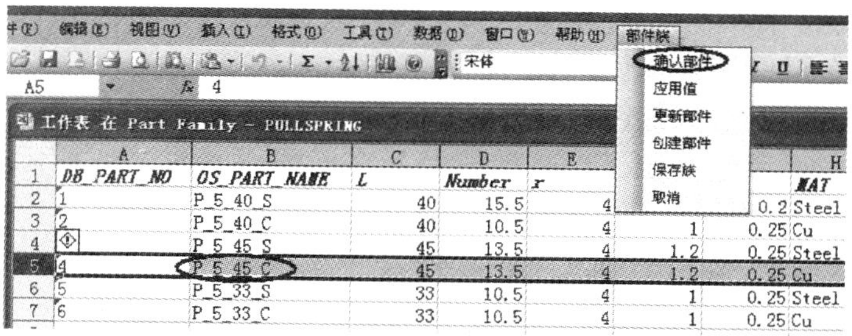

图 2-63

图　2-64

5. 保存部件族特征

系统返回【部件族】对话框，单击 确定 按钮，完成部件族特征的创建。单击 （保存）图标，保存 pullspring.prt 模版文件，完成部件族的创建。

2.6　使用拉簧部件族成员

1. 新建装配文件

选择菜单中的【文件】/【新建】命令或单击 （New 建立新文件）图标，弹出【新建】对话框，在【模板】中选择【装配】模板，在【名称】栏中输入"spring_asm1"，在【单位】下拉列表框中选择【毫米】选项，单击 确定 按钮，建立文件名为 spring_asm1.prt、单位为毫米的文件。

2. 添加组件

选择菜单中的【装配】/【组件】/【添加组件】命令，或在【装配】工具条中单击 （添加组件）图标，弹出【添加组件】对话框，如图 2-65 所示。在对话框中选择 pullspring.prt 零件，在【定位】下拉列表框中选择 绝对原点 选项，然后单击 确定 按钮，此时在主窗口的右下角将出现一个组件预览小窗口。

3. 选择部件族成员

系统弹出【选择族成员】对话框，如图 2-66 所示，在对话框中，分别选择 r=4、Number=13.5、L=45、w=1.2、x=0.25 和 MAT=Cu，下方列表出现匹配成员为 P_5_45_C，单击 确定 按钮，完成组件的添加，如图 2-67 所示。

4. 保存并关闭文件（步骤略）

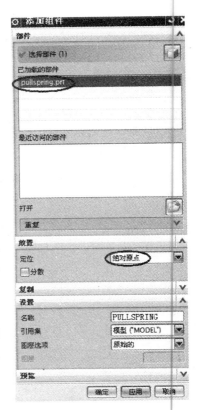

图　2-65

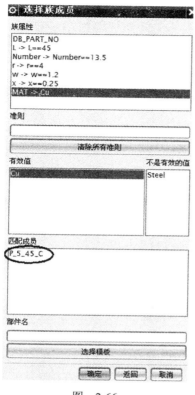

图　2-66

图　2-67

2.7　建立压缩弹簧文件

选择菜单中的【文件】/【新建】命令或单击 ▢（New 建立新文件）图标，弹出【新建】对话框，在【名称】栏中输入"yh"，在【单位】下拉列表框中选择【毫米】选项，单击 ▢▢▢ 按钮，建立文件名为 yh.prt、单位为毫米的文件。

2.8　建立压缩弹簧模型

1. 建立表达式

选择菜单中的【工具】/【表达式】命令，弹出【表达式】对话框，如图 2-68 所示。在【名称】和【公式】栏中依次输入"yh_Dia"和"36"。注意：要在单位下拉列表框中选择 长度 ▢选项，在长度下拉列表框中选择 mm ▢选项。输入完成后，单击 ✓（接受编辑）图标。

按照相同的方法输入如下表达式：

yh_Dia=36　// 弹簧中径

yh_H0=70

yh_a=10

yh_angle=360　// 定义一个计算系数，实质上是指明每 1 圈对应 360°

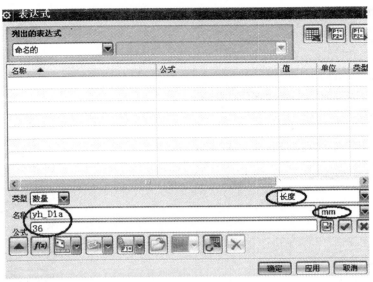

图　2-68

yh_n=7　// 定义弹簧中间的有效圈数，无量纲常数

yh_nz=2.0

yh_az=yh_a/(yh_nz/2)

yh_d=5　// 弹簧线径

yh_direct=1　// 定义一个常量，用于表达式控制螺旋旋向，无量纲

yh_ground=1

yh_t=1　// 定义一个规律常数，无量纲

yh_trimH=3*yh_d/4*2

yh_tempH=yh_H0 + yh_trimH * yh_ground　// 定义自由高度、长度，单位为 mm；

yh_height=yh_tempH–yh_d-yh_d*yh_nz　// 中间有效圈数对应的高度、长度，单位为 mm

yh_endPlane=yh_height+yh_d*yh_nz/2–3*yh_d/4*yh_ground+yh_d/2

yh_pitch=yh_height/yh_n　// 中间有效圈数对应的节距、长度，单位为 mm

yh_radius=yh_Dia/2　// 弹簧中径的半径，即扫掠螺旋线的半径、长度，单位为 mm

yh_startPlane=–yh_d*yh_nz/2+3*yh_d/4*yh_ground–yh_d/2

yh_totalCoils=yh_n+yh_nz　// 定义弹簧总圈数，无量纲常数

yh_xt=cos(yh_direct*yh_angle*yh_n*yh_t)*yh_radius　// 中间螺旋段 X 规律，单位为 mm

yh_xt1=cos(–yh_direct*(yh_angle–yh_az)*yh_nz/2*yh_t–yh_a)*yh_radius　// 下部螺旋段 X 规律，单位为 mm

yh_xt2=cos(yh_direct*(yh_angle–yh_az)*yh_nz/2*yh_t+yh_direct*yh_angle*yh_n+yh_a)*yh_radius　// 上部螺旋段 X 规律，单位为 mm

yh_yt=sin(yh_direct*yh_angle*yh_n*yh_t)*yh_radius　// 中间螺旋段 Y 规律，单位为 mm

yh_yt1=sin(–yh_direct*(yh_angle–yh_az)*yh_nz/2*yh_t–yh_a)*yh_radius　// 下部螺旋段 Y 规律，单位为 mm

yh_yt2=sin(yh_direct*(yh_angle–yh_az)*yh_nz/2*yh_t+yh_direct*yh_angle*yh_n+yh_a)*yh_radius　// 上部螺旋段 Y 规律，单位为 mm yh_zt=yh_t*yh_height　　// 中间螺旋段 Z 规律，单位为 mm

yh_zt1=−yh_d*yh_nz/2*yh_t　// 下部螺旋段 Z 规律，单位为 mm

yh_zt2=yh_d*yh_nz/2*yh_t+yh_pitch*yh_n　// 上部螺旋段 Z 规律，单位为 mm

2. 创建中间螺旋线

选择菜单中的【插入】/【曲线】/【规律曲线】命令，或在【曲线】工具栏中单击 XYZ~（规律曲线）图标，弹出【规律曲线】对话框，如图 2-69 所示。

在【规律曲线】对话框的【X 规律】区域内的【规律类型】下拉列表框中选择 根据方程 选项，在【参数】和【函数】栏中分别输入"yh_t"和"yh_xt"；在【Y 规律】区域内的【规律类型】下拉列表框中选择 根据方程选项，在【参数】和【函数】栏中分别输入"yh_t"和"yh_yt"；在【Z 规律】区域内的【规律类型】下拉列表框中选择 根据方程选项，在【参数】和【函数】栏中分别输入"yh_t"和"yh_zt"；在 指定 CSYS 区域单击 （CSYS 对话框）按钮，弹出【CSYS】对话框，如图 2-70 所示。在【类型】下拉列表框中选择 动态 选项，在【参考】下拉列表框中选择 WCS （工作坐标系）选项，单击 确定 按钮，系统返回【规律曲线】对话框，然后单击 < 确定 > 按钮，完成中间螺旋线的创建，如图 2-71 所示。

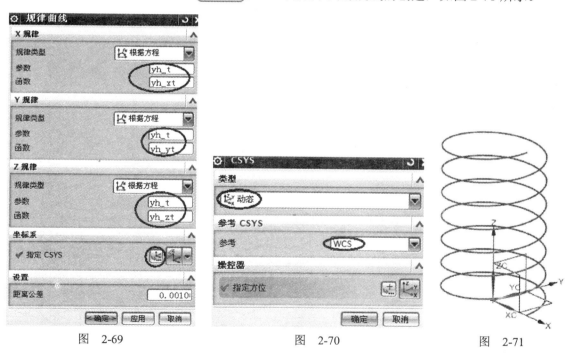

图　2-69　　　　　　　　图　2-70　　　　　　　　图　2-71

3. 创建下部螺旋线

选择菜单中的【插入】/【曲线】/【规律曲线】命令，或在【曲线】工具栏中单击 XYZ~（规律曲线）图标，弹出【规律曲线】对话框，如图 2-72 所示。在【规律曲线】对话框的【X 规律】区域内的【规律类型】下拉列表框中选择 根据方程选项，在【参数】和【函数】栏中分别输入"yh_t"和"yh_xt1"；在【Y 规律】区域内的【规律类型】下拉列表框中选择 根据方程选项，在【参数】和【函数】栏中分别输入"yh_t"和"yh_yt1"；在【Z 规律】区域内的【规律类型】下拉列表框中选择 根据方程选项，在【参数】和【函数】栏中分别输入

"yh_t"和"yh_zt1"；在 指定 CSYS 区域单击 ↳（CSYS 对话框）按钮，弹出【CSYS】对话框，在【类型】下拉列表框中选择 动态 选项，在【参考】下拉列表框中选择 WCS （工作坐标系）选项，单击 确定 按钮，系统返回【规律曲线】对话框，单击 <确定> 按钮，完成下部螺旋线的创建，如图 2-73 所示。

4. 创建上部螺旋线

选择菜单中的【插入】/【曲线】/【规律曲线】命令，或在【曲线】工具栏中单击 XYZ（规律曲线）图标，弹出【规律曲线】对话框。在【规律曲线】对话框的【X 规律】区域内的【规律类型】下拉列表框中选择 根据方程 选项，在【参数】和【函数】栏中分别输入"yh_t"和"yh_xt2"；在【Y 规律】区域内的【规律类型】下拉列表框中选择 根据方程 选项，在【参数】和【函数】栏中分别输入"yh_t"和"yh_yt2"；在【Z 规律】区域内的【规律类型】下拉列表框中选择 根据方程 选项，在【参数】和【函数】栏中分别输入"yh_t"和"yh_zt2"；在 指定 CSYS 区域单击 ↳（CSYS 对话框）按钮，弹出【CSYS】对话框，在【类型】下拉列表框中选择 动态 选项，在【参考】下拉列表框中选择 WCS （工作坐标系）选项，单击 确定 按钮，系统返回【规律曲线】对话框，单击 <确定> 按钮，完成上部螺旋线的创建，如图 2-74 所示。

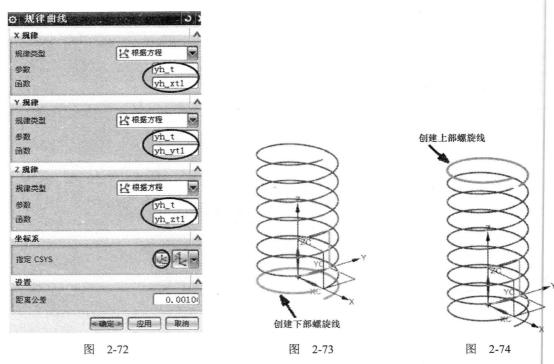

图　2-72　　　　　　　　图　2-73　　　　　　　　图　2-74

5. 显示基准平面

选择菜单中的【格式】/【图层设置】命令，弹出【图层设置】对话框，勾选 ☑ 61 复选框，完成基准平面的显示。

6. 创建桥接曲线

选择菜单中的【插入】/【来自曲线集的曲线】/【桥接】命令，或在【曲线】工具条

中单击 （桥接曲线）图标，弹出【桥接曲线】对话框，勾选 关联 复选框，如图 2-75 所示。在图形中选择图 2-76 所示的起始曲线，在【桥接曲线】对话框【终止对象】区域内单击 （曲线）图标，在图形中选择图 2-76 所示的终止曲线，然后在【形状控制】区域内调节滑块，使桥接曲线尽量光顺。单击 < 确定 > 按钮，完成桥接曲线的创建，如图 2-77 所示。

图 2-75

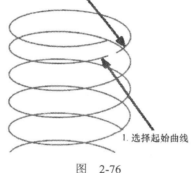

图 2-76

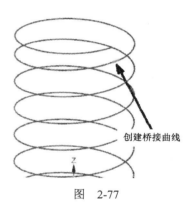

图 2-77

继续创建桥接曲线，在图形中选择图 2-78 所示的起始曲线，在【桥接曲线】对话框的【终止对象】区域内单击 （曲线）图标，在图形中选择图 2-79 所示的终止曲线，然后在【形状控制】区域内调节滑块，使桥接曲线尽量光顺。单击 < 确定 > 按钮，完成桥接曲线的创建，如图 2-79 所示。

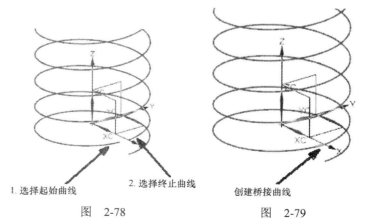

图 2-78

图 2-79

7. 草绘弹簧截面

选择菜单中的【插入】/【草图】命令，或在【直接草图】工具条中单击 （草图）图标，弹出【创建草图】对话框，如图 2-80 所示。根据系统提示选择草图平面，在图形中选择图 2-81 所示的 Y-Z 基准平面为草图平面，单击 <确定> 按钮，出现草图绘制区。

步骤：

1）绘制圆。在【直接草图】工具条中单击 ○（圆）图标，在【圆】浮动工具栏中单击 ⊙（圆心和直径定圆）图标，在主界面的捕捉点工具条中单击 ✐（端点）图标，选择坐标曲线端点为圆心，绘制如图 2-82 所示的圆。

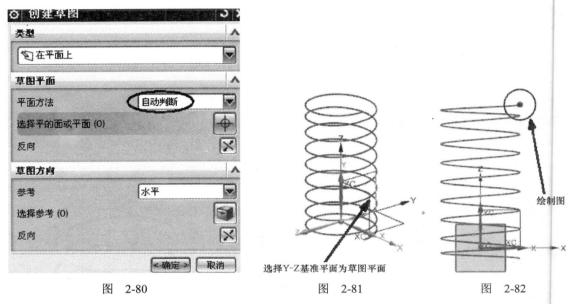

图　2-80　　　　　　　　　　图　2-81　　　　　　　　　图　2-82

2）标注尺寸。在【直接草图】工具条中单击 ⤢（自动判断尺寸）图标，按照图 2-83 所示的尺寸进行标注，即 $\phi p22=yh\_d$。此时，直接草图已经转换成绿色，表示已经完全约束。

3）在【直接草图】工具条中单击 ✦完成草图图标，返回建模界面。图形更新为图 2-84 所示。

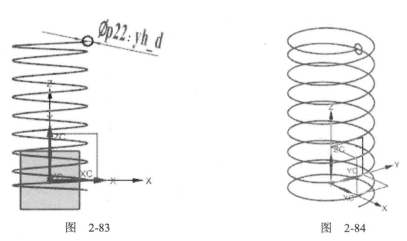

图　2-83　　　　　　　　　　　图　2-84

8. 创建扫掠特征

选择菜单中的【插入】/【扫掠】/【扫掠】命令，或在【曲面】工具条中单击 ◈（扫掠）图标，弹出【扫掠】对话框，如图 2-85 所示。系统提示选择截面曲线，在主界面的曲线规则下拉列表框中选择 相连曲线　　　　　　　　 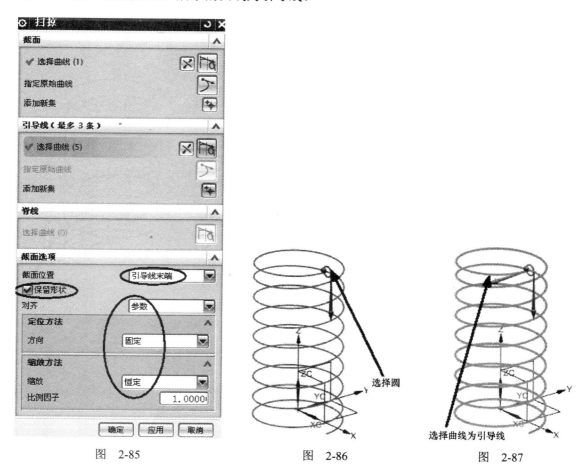 选项，在图形中选择图 2-86 所示的圆。然后在【扫掠】对话框中单击　（引导线）图标，或直接按下鼠标中键确认完成截面曲线的选择，在图形中选择图 2-87 所示的曲线为引导线。

图　2-85　　　　　　　　　　图　2-86　　　　　　　　　图　2-87

然后，在【扫掠】对话框的【截面位置】下拉列表框中选择 引导线末端　　　 选项，在【对齐】下拉列表框中选择 参数　 选项，在【定位方法】区域内的【方向】下拉列表框中选择 固定　 选项，在【缩放方法】区域内的【缩放】下拉列表框中选择 恒定　　　 选项，勾选 保留形状 复选框，最后在【扫掠】对话框中单击 确定 按钮，完成扫掠特征的创建，如图 2-88 所示。

9. 创建基准平面

选择菜单中的【插入】/【基准 / 点】/【基准平面】命令，或在【特征】工具栏中单击 □（基准平面）图标，弹击【基准平面】对话框，如图 2-89 所示。在【类型】下拉列表框中选择 自动判断 选项，在图形中选择图 2-90 所示的 X-Y 基准平面，在【反向】栏中输入 "yh_startPlane"，并勾选 关联 复选框。在【基准平面】对话框中单击 应用 按钮，创建基准平面，如图 2-91 所示。

继续创建基准平面，在图形中选择图 2-90 所示 X-Y 基准平面，在【反向】栏中输入

"yh_endPlane"，并勾选 ☑关联 复选框。在【基准平面】对话框中单击 应用 按钮，创建基准平面，如图 2-92 所示。

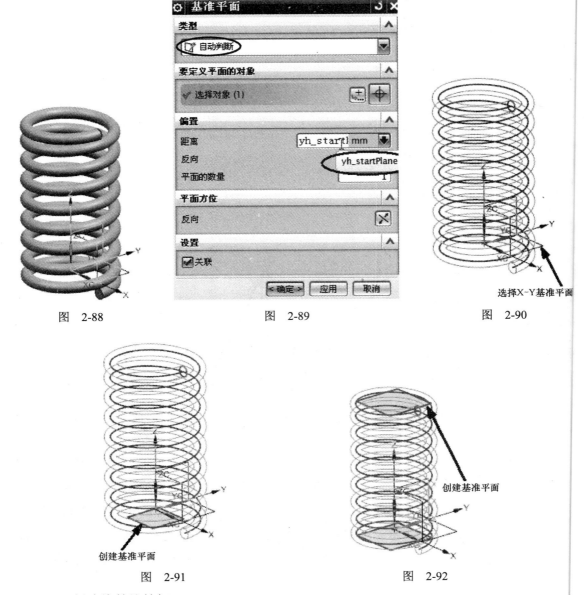

图 2-88　　　　　　　　图 2-89　　　　　　　　图 2-90

图 2-91　　　　　　　　　　　图 2-92

10. 创建修剪体特征

选择菜单中的【插入】/【修剪】/【修剪体】命令，或在【特征操作】工具栏中单击 （修剪体）图标，弹出【修剪体】对话框，如图 2-93 所示。系统提示选择目标体，在图形中选择图 2-94 所示的目标体，然后在【修剪体】对话框的【工具选项】下拉列表框中中选择 面或平面 选项，在图形中选择图 2-94 所示的基准平面，出现修剪方向，单击 确定 按钮，创建修剪体特征，如图 2-95 所示。

继续创建修剪体特征，系统提示选择目标体，在图形中选择图 2-96 所示的目标体，然后在【修剪体】对话框的【工具选项】下拉列表框中选择 面或平面 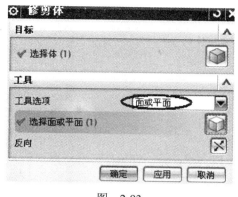 选项，在图形中选择图 2-96 所示的基准平面，在【修剪体】对话框中单击 ✖ （反向）按钮，出现图 2-96 所示的修剪方向。最后，单击 确定 按钮，创建修剪体特征，如图 2-97 所示。

图　2-93

11. 将辅助曲线及基准移至 255 层

选择菜单中的【格式】/【移动至图层】命令，弹出【类选择】对话框，选择辅助曲线及基准，将其移动至 255 层（步骤略）。然后，设置 255 层为不可见并关闭 61 层，图形更新为图 2-98 所示。

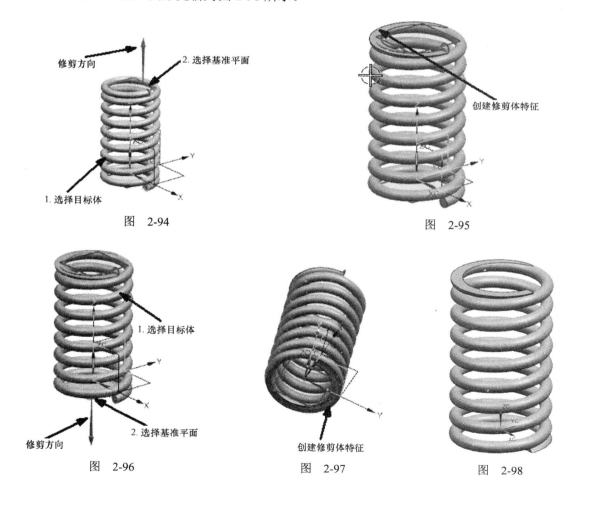

图　2-94

图　2-95

图　2-96

图　2-97

图　2-98

第 3 章
凸轮类零件参数化设计

📖 实例说明

本章主要介绍凸轮类零件参数化设计。其构建思路为：①采用建立表达式的方法输入规律曲线的设计变量及凸轮建模的几何变量，然后绘制截面线；②拉伸、回转、扫掠草绘截面，创建凸轮实体及沟槽，并在凸轮边倒斜角及槽底倒圆角。平面凸轮、圆柱凸轮和圆锥凸轮如图 3-1 所示。

图　3-1

📖 学习目标

通过该实例的练习，读者能熟练地掌握和运用草图工具；熟练掌握建立参数表达式以及拉伸、回转、扫掠等基础特征的创建方法。通过本实例还可以练习镜像操作和边倒圆等基本方法和技巧。

3.1　建立平面凸轮文件

选择菜单中的【文件】/【新建】命令或单击 ▯（New 建立新文件）图标，弹出【新建】对话框。在【名称】栏中输入"pm_tl"，在【单位】下拉列表框中选择【毫米】选项，单击 [确定] 按钮，建立文件名为 pm_tl.prt、单位为毫米的文件。

3.2 绘制平面凸轮截面

1. 建立表达式

选择菜单中的【工具】/【表达式】命令，弹出【表达式】对话框，如图 3-2 所示，在【名称】和【公式】栏中依次输入 "t" 和 "0"。注意：在单位下拉列表框中选择 恒定 选项。输入完成后，单击 ✔ (接受编辑) 图标，如图 3-2 所示。

继续输入公式，在【表达式】对话框的【名称】和【公式】栏中依次输入 "a" 和 "2*pi()/3"。注意：在单位下拉列表框中选择 恒定 选项。输入完成后，单击 ✔ (接受编辑) 图标，如图 3-3 所示。

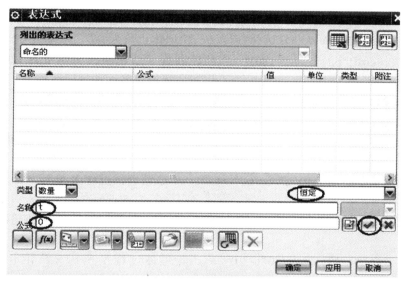

图 3-2

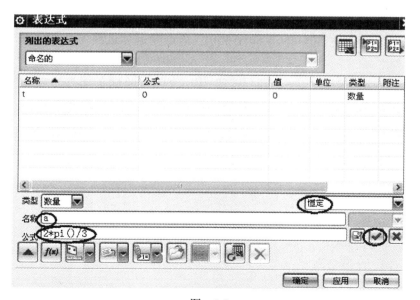

图 3-3

按照相同的方法输入规律曲线的表达式，具体如下：

t＝0 //UG 规律曲线系统变量（0 ≤ t ≤ 1）

a=2*pi()/3 //临时变量

e=30 //偏距

h=100 //从动件行程

r=80 //基圆半径

r_gun=10 //滚子半径

s0=sqrt(r*r−e*e) //临时变量

s1=0.5*h*(1−cos(0)) //凸轮近休行程（凸轮近休止角为 60°，从动件处于近休行程）

s2=0.5*h*(1−cos(t*pi()*120/a)) //凸轮推程（凸轮推程运动角为 120°，从动件推程按余弦加速度运动规律运动）

s3=0.5*h*(1−cos(180)) //凸轮远休行程（凸轮远休止角为 60°，从动件处于远休行程）

s4=0.5*h*(1−cos(t*pi()*120/a+180)) //凸轮回程（凸轮回程运动角为 120°，从动件回程按余弦加速度运动规律运动）

xt1=(s0+s1)*sin(60*t−30)+e*cos(60*t−30) //凸轮近休过程 X 坐标（凸轮近休止角为 60°（−30°～30°））

xt2=(s0+s2)*sin(120*t+30)+e*cos(120*t+30) //凸轮推程 X 坐标（凸轮推程运动角为 120°（30°～150°））

xt3=(s0+s3)*sin(60*t+150)+e*cos(60*t+150) //凸轮远休过程 X 坐标（凸轮远休止角为 60°（150°～210°））

xt4=(s0+s4)*sin(120*t+210)+e*cos(120*t+210) //凸轮回程 X 坐标（凸轮回程运动角为 120°（210°～330°））

yt1=(s0)*cos(60*t−30)−e*sin(60*t−30) //凸轮近休过程 Y 坐标（凸轮近休止角为 60°（−30°～30°））

yt2=(s0+s2)*cos(120*t+30)−e*sin(120*t+30) //凸轮推程 Y 坐标（凸轮推程运动角为 120°（30°～150°））

yt3=(s0+s3)*cos(60*t+150)−e*sin(60*t+150) //凸轮远休过程 Y 坐标（凸轮远休止角为 60°（150°～210°））

yt4=(s0+s4)*cos(120*t+210)−e*sin(120*t+210) //凸轮回程 Y 坐标（凸轮回程运动角为 120°（210°～330°））

zt=0 //凸轮规律曲线 Z 坐标

以上是规律曲线的设计变量，当凸轮旋转 120°（a 值），从动件运动 100 单位长（h 值）。

下面是凸轮建模的几何变量：

d_tutai=80 //凸台直径

h_tutai =6 //凸台高度

d_kong=30 //中心孔直径

t_tutai=30 //凸台厚度

h_jiancao=3.3 //键槽高度

w_jiancao=8 //键槽宽度

r_jiao=2 //倒角半径

完成所有表达式的输入，最后单击 <确定> 按钮。

2. 显示基准平面

选择菜单中的【格式】/【图层设置】命令，弹出【图层设置】对话框，如图 3-4 所示，勾选 ☑61 复选框，完成显示基准平面。

3. 设定工作层

在【图层设置】对话框的【工作图层】栏中输入 "21"，然后按 <Enter> 键，如图 3-4 所示，最后单击 关闭 按钮，完成工作层的设定。

4. 草绘凸轮截面

选择菜单中的【插入】/【草图】命令，或在【直接草图】工具条中单击 图 （草图）图标，弹出【创建草图】对话框，如图 3-5 所示。在【平面方法】下拉列表框中选择 自动判断 ▼ 选项，系统默认 X-Y 平面为草图平面，单击 确定 按钮，出现草图绘制区。

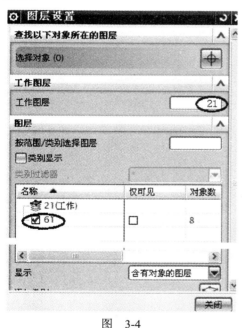

图　3-4

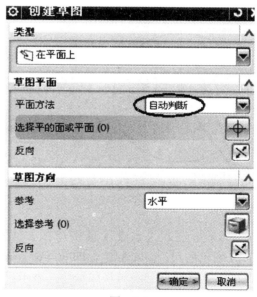

图　3-5

步骤：

1）绘制圆。在【直接草图】工具条中单击 ◯（圆）图标，在圆浮动工具栏中单击 ⊙（圆心和直径定圆）图标，在主界面捕捉点工具条中单击 ＋（现有点）图标选择坐标原点为圆心，绘制如图 3-6 所示的两个圆。

2）在【直接草图】工具条中单击 ↻（轮廓）图标，按照如图 3-7 所示绘制三条直线。

3）加上约束。在【直接草图】工具条中单击 ⊿（几何约束）图标，弹出【几何约束】对话框，单击 ⊢（中点）图标，如图 3-8 所示。在图中选择直线与坐标原点，如图 3-9 所示，约束点与曲线中点对齐，约束结果如图 3-10 所示。在【直接草图】工具条中单击 ⊿（显示草图约束）图标，使图形中的约束显示出来。

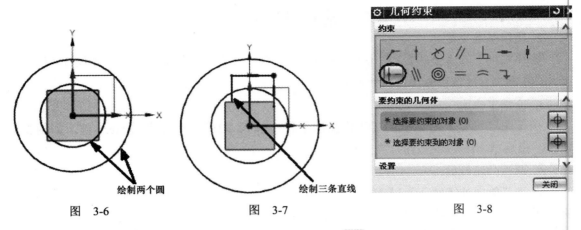

绘制两个圆

图　3-6

绘制三条直线

图　3-7

图　3-8

4）快速修剪曲线。在【直接草图】工具栏中单击 ✎ （快速修剪）图标，弹出【快速修剪】对话框，如图 3-11 所示，然后在图形中选择图 3-12 所示的曲线进行修剪，修剪结果如图 3-13 所示。

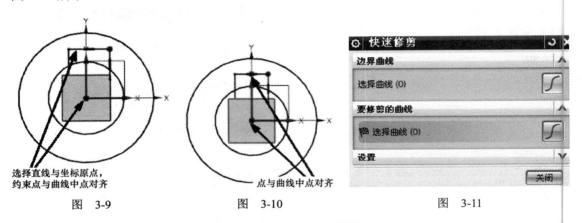

选择直线与坐标原点，约束点与曲线中点对齐

图　3-9

点与曲线中点对齐

图　3-10

图　3-11

5）标注尺寸。在【直接草图】工具条中单击 ⊢-ʒ （自动判断尺寸）图标，按照图 3-14 所示的尺寸进行标注，即 p0= w_jiancao、p1= h_jiancao、Rp2= d_kong/2、ϕp3 = d_tutai。此时，直接草图已经转换成绿色，表示已经完全约束。

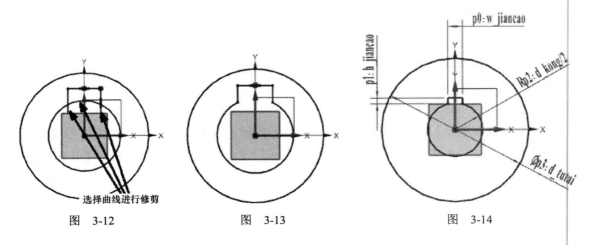

选择曲线进行修剪

图　3-12

图　3-13

图　3-14

6）在【直接草图】工具条中单击 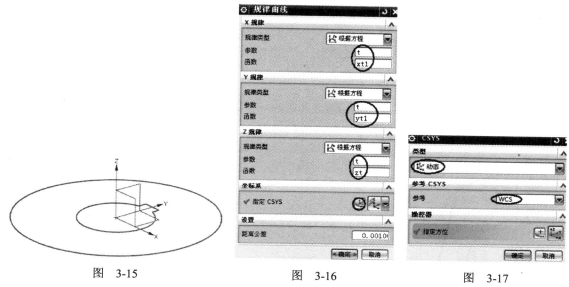 图标，返回建模界面，图形更新为图 3-15 所示。

5. 设定工作层

选择菜单中的【格式】/【图层设置】命令，弹出【图层设置】对话框，在【工作图层】栏中输入"41"，然后按 <Enter> 键，最后在【图层设置】对话框中单击 关闭 按钮，完成工作层的设定。

图　3-15　　　　　　　　图　3-16　　　　　　　　图　3-17

6. 创建凸轮近休曲线

选择菜单中的【插入】/【曲线】/【规律曲线】命令，或在【曲线】工具栏中单击 （规律曲线）图标，弹出【规律曲线】对话框，如图3-16所示。在【规律曲线】对话框的【X规律】区域内的【规律类型】下拉列表框中选择 根据方程选项，在【参数】和【函数】栏中分别输入"t"和"xt1"；在【Y规律】区域内的【规律类型】下拉列表框中选择 根据方程选项，在【参数】和【函数】栏中分别输入"t"和"yt1"；在【Z规律】区域内的【规律类型】下拉列表框中选择 根据方程选项，在【参数】和【函数】栏中分别输入"t"和"zt"；在 指定 CSYS 区域单击 （CSYS对话框）按钮，弹出【CSYS】对话框，如图3-17所示。在【类型】下拉列表框中选择 动态 选项，在【参考】下拉列表框中选择 WCS （工作坐标系）选项，单击 确定 按钮，系统返回【规律曲线】对话框，单击 < 确定 > 按钮，完成凸轮近休曲线的创建，如图3-18所示。

7. 创建凸轮推程曲线

选择菜单中的【插入】/【曲线】/【规律曲线】命令，或在【曲线】工具栏中单击 （规律曲线）图标，弹出【规律曲线】对话框，如图3-19所示，在【规律曲线】对话框的【X规律】区域内的【规律类型】下拉列表框中选择 根据方程选项，在【参数】和【函数】栏中分别输入"t"和"xt2"；在【Y规律】区域内的【规律类型】下拉列表框中选择

表框中选择 ![根据方程] 选项，在【参数】和【函数】栏中分别输入 "t" 和 "yt2"；在【Z 规律】区域内的【规律类型】下拉列表框中选择 ![根据方程] 选项，在【参数】和【函数】栏中分别输入 "t" 和 "zt"；在 [指定 CSYS] 区域单击 ![按钮]（CSYS 对话框）按钮，弹出【CSYS】对话框，在【类型】下拉列表框中选择 ![图标]动态 选项，在【参考】下拉列表框中选择 [WCS]（工作坐标系）选项，单击 [确定] 按钮，系统返回【规律曲线】对话框，单击 [<确定>] 按钮，完成凸轮推程曲线的创建，如图 3-20 所示。

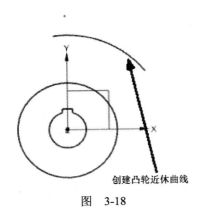

创建凸轮近休曲线

图　3-18

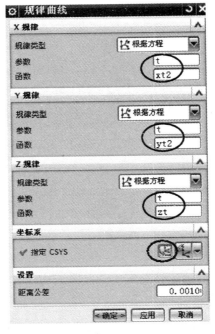

图　3-19

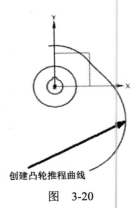

创建凸轮推程曲线

图　3-20

8. 创建凸轮远休曲线

按照步骤 6 的方法，在定义 X 的参数和 Y 的参数的表达式对话框中分别输入 xt3 和 yt3，完成凸轮远休曲线的创建，如图 3-21 所示。

9. 创建凸轮回程曲线

按照步骤 6 的方法，在定义 X 的参数和 Y 的参数的表达式对话框中分别输入 xt4 和 yt4，完成凸轮回程曲线的创建，如图 3-22 所示。

10. 创建偏置曲线

选择菜单中的【插入】/【来自曲线集的曲线】/【偏置】命令，或在【曲线】工具条中单击 ![图标]（偏置曲线）图标，弹出【偏置曲线】对话框，如图 3-23 所示。在软件主界面的曲线规则下拉列表框中选择 [相连曲线] 选项，在图形中选择图 3-24 所示的要偏置的曲线，出现偏置方向箭头，如图 3-24 所示。

然后在【偏置曲线】对话框的【距离】栏中输入 "r_gun"，勾选 [☑关联] 复选框，在【输入曲线】下拉列表框中选择 [保留] 选项，如图 3-23 所示，最后单击 [<确定>] 按钮，完成偏置曲线的创建，如图 3-25 所示。

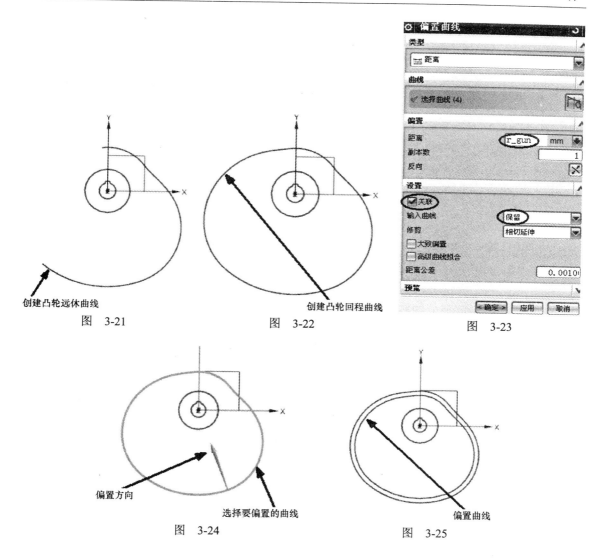

创建凸轮远休曲线

图　3-21

创建凸轮回程曲线

图　3-22

图　3-23

偏置方向

选择要偏置的曲线

图　3-24

偏置曲线

图　3-25

3.3　绘制平面凸轮实体

1. 设定工作层

选择菜单中的【格式】/【图层设置】命令，弹出【图层设置】对话框。在【工作图层】栏中输入"1"，然后按 <Enter> 键。最后在【图层设置】对话框中单击 关闭 按钮，完成工作层的设定。

2. 创建拉伸特征

选择菜单中的【插入】/【设计特征】/【拉伸】命令，或在【特征】工具条中单击 █ （拉伸）图标，弹出【拉伸】对话框，如图 3-26 所示。在软件主界面的曲线规则下拉列表框中选择 相连曲线 选项，再选择图 3-27 所示的曲线为拉伸对象，出现如图 3-27 所示的拉伸方向，然后在【拉伸】对话框的【结束】下拉列表框中选择 🎲 对称值 选项，在【距离】栏中输入"t_tutai/2"，在【布尔】下拉列表框中选择 🍩 无选项，如图 3-26 所示。单击 应用按钮，完成拉伸特征的创建，如图 3-28 所示。

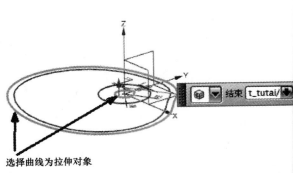

图　3-26

图　3-27

3. 创建凸轮减除部分的实体拉伸特征

选择菜单中的【插入】/【设计特征】/【拉伸】命令，或在【特征】工具条中单击 （拉伸）图标，弹出【拉伸】对话框，如图 3-29 所示。在软件主界面的曲线规则下拉列表框中选择 相连曲线 选项，选择图 3-30 所示的曲线为拉伸对象。

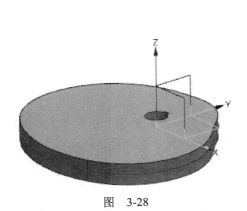

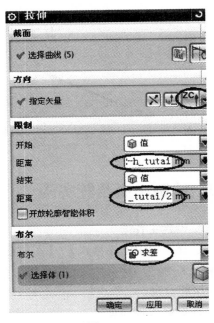

图　3-28

图　3-29

然后，在【拉伸】对话框的【指定矢量】下拉列表框中选择 ZC 选项，在【开始】\【距离】栏和【结束】\【距离】栏中分别输入 "t_tutai/2−h_tutai" 和 "t_tutai/2"，在【布尔】下拉列表框中选择 求差 选项，如图 3-29 所示。最后，单击 确定 按钮，完成凸轮减除部分实体拉伸特征的创建，如图 3-31 所示。

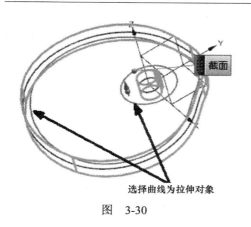

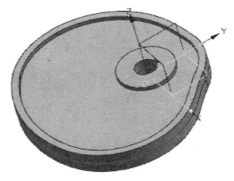

图　3-30

图　3-31

4. 创建镜像特征

选择菜单中的【插入】/【关联复制】/【镜像特征】命令，或在【特征操作】工具栏中单击 （镜像特征）图标，弹出【镜像特征】对话框，如图 3-32 所示。在部件导航器栏中勾选 ☑ 拉伸 (8) 复选框（即最后一个拉伸特征），如图 3-33 所示，然后在【镜像特征】对话框的【平面】下拉列表框中选择 现有平面 选项，在图形中选择图 3-34 所示的 X-Y 基准平面，单击 确定 按钮，完成镜像特征的创建，如图 3-35 所示。

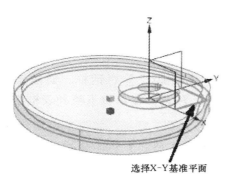

图　3-32

图　3-33

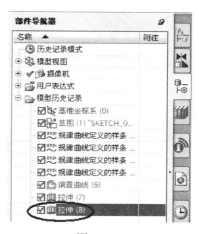

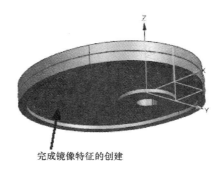

图　3-34

图　3-35

5. 将截面曲线移至 255 层

选择菜单中的【格式】/【移动至图层】命令，或在【实用工具】工具条中单击 🐟（移动至图层）图标，弹出【类选择】对话框，选择截面曲线并将其移动至 255 层（步骤略）。

6. 创建边倒圆特征

选择菜单中的【插入】/【细节特征】/【边倒圆】命令，或在【特征】工具条中单击 🥮（边倒圆）图标，弹出【边倒圆】对话框，在【'Radius1】（半径 1）栏中输入 "r_jiao"，如图 3-36 所示。在图形中选择图 3-37

图　3-36

所示的边线作为倒圆角边。最后，单击 确定 按钮，完成圆角特征的创建，如图 3-38 所示。

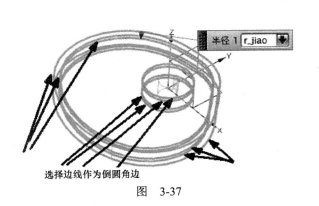

选择边线作为倒圆角边

图　3-37

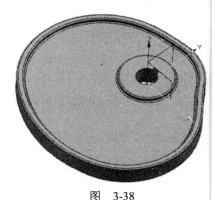

图　3-38

3.4　建立圆柱凸轮文件

选择菜单中的【文件】/【新建】命令或单击 🗋（New 建立新文件）图标，弹出【新建】对话框。在【名称】栏中输入 "yz_tl"，在【单位】下拉列表框中选择【毫米】选项，单击 确定 按钮，建立文件名为 yz_tl.prt、单位为毫米的文件。

3.5　绘制圆柱凸轮截面

1. 建立表达式

选择菜单中的【工具】/【表达式】命令，弹出【表达式】对话框，如图 3-39 所示，在【名称】和【公式】栏中依次输入 "t" 和 "0"。注意：在单位下拉列表框中选择 恒定 ▼选项。输入完成后，单击 ✅（接受编辑）图标，如图 3-39 所示。

继续输入公式，在【表达式】对话框的【名称】和【公式】栏中依次输入 "a" 和 "2*pi()/3"。注意：在单位下拉列表框中选择 恒定 ▼选项。输入完成后，单击 ✅（接受编辑）图标，如图 3-40 所示。

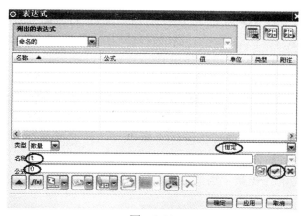

图　3-39

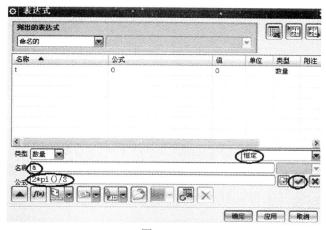

图　3-40

按照相同的方法输入规律曲线的表达式，具体如下：

t = 0 // UG 规律曲线系统变量（0 ≤ t ≤ 1）

a=2*pi()/3 　// 临时变量

w_goucao=10 　// 沟槽宽度

h=40 　// 从动件行程

r=50 　// 基圆半径

h_goucao=5 　// 沟槽高度

h_tulun=100 　// 凸轮高度

xt1=(r+2)* cos(120*t+30) 　// 凸轮推程 X 坐标（凸轮推程运动角为 120°（30° ～ 150°））

xt2=(r+2)* cos(60*t+150) 　// 凸轮远休过程 X 坐标（凸轮远休止角为 60°（150° ～ 210°））

xt3=(r+2)* cos((120*t+210) 　// 凸轮回程过程 X 坐标（凸轮回程运动角为 120°（210° ～ 330°））

xt4=(r+2)* cos(60*t+330) 　// 凸轮近休过程 X 坐标（凸轮近休止角为 60°（−30° ～ 30°））

yt1=(r+2)* sin(120*t+30) 　// 凸轮推程 Y 坐标（凸轮推程运动角为 120°（30° ～ 150°））

yt2=(r+2)* sin(60*t+150) 　// 凸轮远休过程 Y 坐标（凸轮远休止角为 60°（150° ～ 210°））

yt3=(r+2)* sin((120*t+210) 　// 凸轮回程过程 Y 坐标（凸轮回程运动角为 120°（210° ～ 330°））

yt4=(r+2)* sin(60*t+330) 　// 凸轮近休过程 Y 坐标（凸轮近休止角为 60°（−30° ～ 30°））

zt1=0.5*h*(1−cos(t*pi()*120/a))　// 凸轮推程 Z 坐标（凸轮推程运动角为 120°，从动件
推程按余弦加速度运动规律运动）

zt2=0.5*h*(1−cos(180))　// 凸轮远休过程 Z 坐标（凸轮远休止角为 60°，从动件处于远
休过程）

zt3=0.5*h*(1−cos(t*pi()*120/a+180))　// 凸轮回程过程 Z 坐标（凸轮回程运动角为
120°，从动件回程按余弦加速度运动规律运动）

zt4=0.5*h*(1−cos(0))　// 凸轮近休过程 Z 坐标（凸轮近休止角为 60°，从动件处于近休
过程）

以上是规律曲线的设计变量，当凸轮旋转 120°（a 值），从动件运动 40 单位长（h 值）。
完成所有表达式的输入后单击 <确定> 按钮。

2. 显示基准平面

选择菜单中的【格式】/【图层设置】命令，弹出【图层设置】对话框，勾选 ☑ 61
复选框，完成基准平面的显示。

3. 设定工作层

选择菜单中的【格式】/【图层设置】命令，弹出【图层设置】对话框，在【工作图层】
栏中输入"21"，然后按 <Enter> 键，最后在【图层设置】对话框中单击 关闭 按钮，完成
工作层的设定。

4. 草绘凸轮截面

选择菜单中的【插入】/【草图】命令，或在【直接草图】工具条中单击 🖼 （草图）
图标，弹出【创建草图】对话框，如图 3-41 所示。在【平面方法】下拉列表框中选择
自动判断 ▼ 选项，系统默认 X-Y 平面为草图平面，单击 <确定> 按钮，出现草图
绘制区。

步骤：

1）绘制圆。在【直接草图】工具条中单击 ◯ （圆）图标，在圆浮动工具栏中单击 ◉
（圆心和直径定圆）图标。在主界面捕捉点工具条中单击 ✛ （现有点）图标，选择坐标原点
为圆心，绘制如图 3-42 所示的圆。

图　3-41

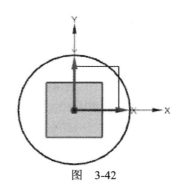

图　3-42

2）标注尺寸。在【直接草图】工具条中单击 🔧 （自动判断尺寸）图标，按照图 3-43 所示的尺寸进行标注，即 φp0= 2*r。此时，直接草图已经转换成绿色，表示已经完全约束。

3）在【草图】工具条中单击 🏁 完成草图 图标，返回建模界面，图形更新为图 3-44 所示。

5. 设定工作层

选择菜单中的【格式】/【图层设置】命令，弹出【图层设置】对话框。在【工作图层】栏中输入"41"，然后按 <Enter> 键，最后在【图层设置】对话框中单击 关闭 按钮，完成工作层的设定。

6. 创建凸轮推程曲线

选择菜单中的【插入】/【曲线】/【规律曲线】命令，或在【曲线】工具栏中单击 XYZ 🔧 （规律曲线）图标，弹出【规律曲线】对话框，如图 3-45 所示。在【规律曲线】对话框的【X 规律】区域内的【规律类型】下拉列表框中选择 📈 根据方程 选项，在【参数】和【函数】栏中分别输入"t"和"xt1"；在【Y 规律】区域内的【规律类型】下拉列表框中选择 📈 根据方程 选项，在【参数】和【函数】栏中分别输入"t"和"yt1"；在【Z 规律】区域内的【规律类型】下拉列表框中选择 📈 根据方程 选项，在【参数】和【函数】栏中分别输入"t"和"zt1"；在 指定 CSYS 区域单击 🔧 （CSYS 对话框）按钮，弹出【CSYS】对话框，如图 3-46 所示。在【类型】下拉列表框中选择 🔧 动态 选项，在【参考】下拉列表框中选择 WCS （工作坐标系）选项，单击 确定 按钮，系统返回【规律曲线】对话框，单击 < 确定 > 按钮，完成凸轮推程曲线的创建，如图 3-47 所示。

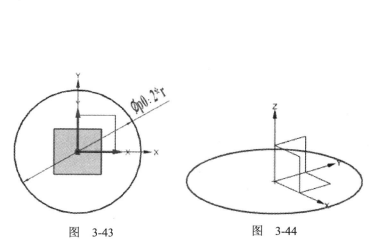

图 3-43　　　　图 3-44

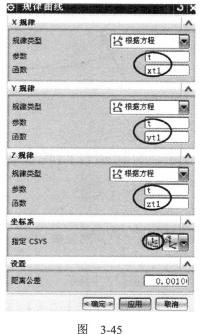

图 3-45

7. 创建凸轮远休曲线

按照步骤 6 的方法，在定义 X 的参数、Y 的参数和 Z 的参数的表达式对话框中分别输

入 "xt2" "yt2" 和 "zt2"，完成凸轮远休曲线的创建，如图 3-48 所示。

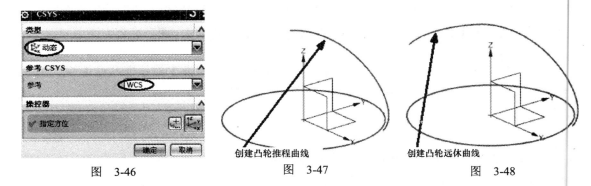

图 3-46   图 3-47   图 3-48

8. 创建凸轮回程曲线

按照步骤 6 的方法，在定义 X 的参数、Y 的参数和 Z 的参数的表达式对话框中分别输入 "xt3" "yt3" 和 "zt3"，完成凸轮回程曲线的创建，如图 3-49 所示。

9. 创建凸轮近休曲线

按照步骤 6 的方法，在定义 X 的参数、Y 的参数和 Z 的参数的表达式对话框中分别输入 "xt4" "yt4" 和 "zt4"，完成凸轮近休曲线的创建，如图 3-50 所示。

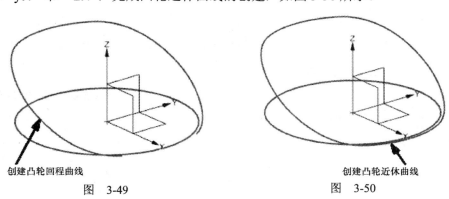

图 3-49   图 3-50

3.6 绘制圆柱凸轮实体

1. 设定工作层

选择菜单中的【格式】/【图层设置】命令，弹出【图层设置】对话框。在【工作图层】栏中输入 "1"，然后按 <Enter > 键，最后在【图层设置】对话框单击 关闭 按钮，完成工作层的设定。

2. 创建拉伸特征

选择菜单中的【插入】/【设计特征】/【拉伸】命令，或在【特征】工具条中单击 ▥ （拉伸）图标，弹出【拉伸】对话框，如图 3-51 所示，在软件主界面的曲线规则下拉列表框中选择 相连曲线 选项，选择图 3-52 所示的曲线为拉伸对象。

然后，在【拉伸】对话框中的【指定矢量】下拉列表框中选择 ⟮ZC⟯ 选项，在【开始】\

【距离】栏和【结束】\【距离】栏中分别输入"-(h_tulun-h)/2"和"(h_tulun+h)/2"，在【偏置】下拉列表框中选择 两侧　 选项，在【结束】栏中输入"-20"，在【布尔】下拉列表框中选择 无 选项，如图 3-51 所示。最后，单击 确定 按钮，完成拉伸特征的创建，如图 3-53 所示。

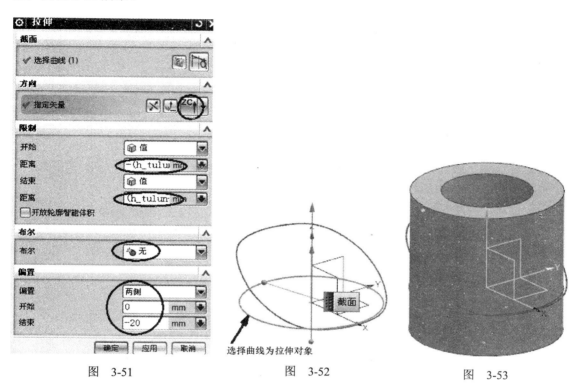

图　3-51　　　　　　　　　图　3-52　　　　　　　　　图　3-53

3. 创建凸轮沟槽实体拉伸特征

选择菜单中的【插入】/【设计特征】/【拉伸】命令，或在【特征】工具条中单击 （拉伸）图标，弹出【拉伸】对话框，如图 3-54 所示。在软件主界面的曲线规则下拉列表框中选择 相连曲线 选项，选择图 3-55 所示的曲线为拉伸对象。然后，在【拉伸】对话框的【结束】下拉列表框中选择 对称值 选项，在【距离】栏中输入"w_goucao/2"，再在【偏置】下拉列表框中选择 两侧 选项，在【结束】栏中输入"-h_goucao-5"，在【布尔】下拉列表框中选择 求差 选项，如图 3-54 所示。最后，单击 确定 按钮，完成凸轮沟槽实体拉伸特征的创建，如图 3-56 所示。

4. 将截面曲线移至 255 层

选择菜单中的【格式】/【移动至图层】命令，或在【实用工具】工具条中单击 （移动至图层）图标，弹出【类

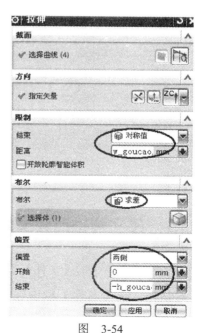

图　3-54

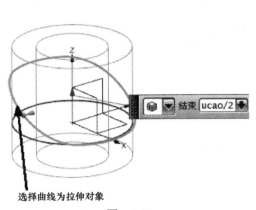

选择曲线为拉伸对象

图　3-55

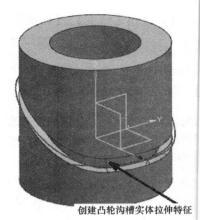

创建凸轮沟槽实体拉伸特征

图　3-56

选择】对话框，选择截面曲线并将其移动至 255 层（步骤略），并关闭 61 层，图形更新为图 3-57 所示。

5. 创建倒斜角特征

　　选择菜单中的【插入】/【细节特征】/【倒斜角】命令，或在【特征】工具条中单击 （倒斜角）图标，弹出【倒斜角】对话框，如图 3-58 所示。在图形中选择图 3-59 所示的边线作为倒斜角边。在【倒斜角】对话框的【距离】栏中输入"2"，最后单击 确定 按钮，完成倒斜角特征的创建，图形更新为图 3-60 所示。

图　3-57

图　3-58

选择边线作为倒斜角边

图　3-59

图　3-60

3.7　建立圆锥凸轮文件

　　选择菜单中的【文件】/【新建】命令或单击 （New 建立新文件）图标，弹出【新建】对话框，在【名称】栏中输入"yzhui_tl"，在【单位】下拉列表框中选择【毫米】选项，单击 确定 按钮，建立文件名为 yzhui_tl .prt、单位为毫米的文件。

3.8　绘制圆锥凸轮截面

1. 建立表达式

选择菜单中的【工具】/【表达式】命令，弹出【表达式】对话框，按照本章 3.2 节中的步骤 1 的方法，输入规律曲线的表达式，具体如下：

$t = 0$　// UG 规律曲线系统变量（$0 \le t \le 1$）

$a = 2 \ast \mathrm{pi}() / 3$　// 临时变量

$w\_goucao = 6$　// 沟槽宽度

$h\_goucao = 6$　// 沟槽深度

$h\_tulun = 60$　// 凸轮高度

$h = 40$　// 从动件行程

$r = 50$　// 凸轮大端半径

$d\_yz = 25$　// 圆锥角度

$xt1 = (zt1 \ast \tan(d\_yz) + 15) \ast \cos(30 \ast t - 15)$　// 凸轮近休过程 X 坐标（凸轮近休止角为 30°（$-15° \sim 15°$））

$xt2 = (zt2 \ast \tan(d\_yz) + 15) \ast \cos(120 \ast t + 15)$　// 凸轮推程 X 坐标（凸轮推程运动角为 120°（$15° \sim 135°$））

$xt3 = (zt3 \ast \tan(d\_yz) + 15) \ast \cos(90 \ast t + 135)$　// 凸轮远休过程 X 坐标（凸轮远休止角为 90°（$135° \sim 225°$））

$xt4 = (zt4 \ast \tan(d\_yz) + 15) \ast \cos(120 \ast t + 225)$　// 凸轮回程过程 X 坐标（凸轮回程运动角为 120°（$225° \sim 345°$））

$yt1 = (zt1 \ast \tan(d\_yz) + 15) \ast \sin(30 \ast t - 15)$　// 凸轮近休过程 Y 坐标（凸轮近休止角为 30°（$-15° \sim 15°$））

$yt2 = (zt2 \ast \tan(d\_yz) + 15) \ast \sin(120 \ast t + 15)$　// 凸轮推程 Y 坐标（凸轮推程运动角为 120°（$15° \sim 135°$））

$yt3 = (zt3 \ast \tan(d\_yz) + 15) \ast \sin(90 \ast t + 135)$　// 凸轮远休过程 Y 坐标（凸轮远休止角为 90°（$135° \sim 225°$））

$yt4 = (zt4 \ast \tan(d\_yz) + 15) \ast \sin(120 \ast t + 225)$　// 凸轮回程过程 Y 坐标（凸轮回程运动角为 120°（$225° \sim 345°$））

$zt1 = 0.5 \ast h \ast (1 - \cos(0))$　// 凸轮近休过程 Z 坐标（凸轮近休止角为 30°，从动件处于近休过程）

$zt2 = 0.5 \ast h \ast (1 - \cos(t \ast \mathrm{pi}() \ast 120 / a))$　// 凸轮推程 Z 坐标（凸轮推程运动角为 120°，从动件推程按余弦加速度运动规律运动）

$zt3 = 0.5 \ast h \ast (1 - \cos(180))$　// 凸轮远休过程 Z 坐标（凸轮远休止角为 90°，从动件处于远休过程）

$zt4 = 0.5 \ast h \ast (1 - \cos(t \ast \mathrm{pi}() \ast 120 / a + 180))$　// 凸轮回程过程 Z 坐标（凸轮回程运动角为 120°，从动件回程按余弦加速度运动规律运动）

以上是规律曲线的设计变量。当凸轮旋转 120°（a 值）时，从动件运动 40 单位长（h 值）。完成所有表达式的输入，最后单击 确定 按钮。

2. 显示基准平面

选择菜单中的【格式】/【图层设置】命令，弹出【图层设置】对话框，勾选 ☑ 61

复选框，完成基准平面的显示。

3. 设定工作层

选择菜单中的【格式】/【图层设置】命令，弹出【图层设置】对话框，在【工作图层】栏中输入"21"，然后按 <Enter> 键，最后在【图层设置】对话框中单击 关闭 按钮，完成工作层的设定。

4. 草绘凸轮截面

选择菜单中的【插入】/【草图】命令，或在【直接草图】工具条中单击 📇 （草图）图标，弹出【创建草图】对话框，如图 3-61 所示。在图形中选择图 3-62 所示的 X-Z 平面为草图平面，单击 < 确定 > 按钮，出现草图绘制区。

图　3-61

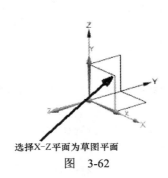

选择X-Z平面为草图平面

图　3-62

步骤：

1）在【直接草图】工具条中单击 ↺ （轮廓）图标，按照图 3-63 所示绘制截面。

2）加上约束。在【直接草图】工具条中单击 ⊿ （几何约束）图标，弹出【几何约束】对话框，单击 ⩘ （共线）图标，如图 3-64 所示。在草图中选择直线与 Y 轴，约束共线，如

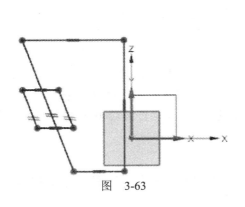

图　3-63

图　3-64

图 3-65 所示，约束结果如图 3-66 所示。在【直接草图】工具条中单击 ➤⤸（显示草图约束）图标，使图形中的约束显示出来。

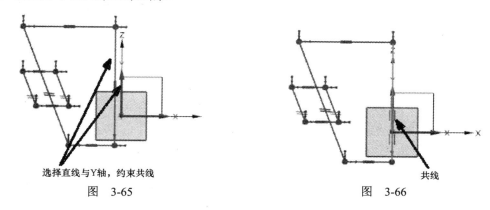

选择直线与Y轴，约束共线　　　　　　　共线

图　3-65　　　　　　　　　　　　　图　3-66

继续进行约束，在【几何约束】对话框中单击 ∥（平行）图标，在草图中选择直线 2 与直线 3，如图 3-67 所示，约束平行；在草图中选择直线 2 与直线 4，如图 3-67 所示，约束平行，约束结果如图3-68所示。在【直接草图】工具条中单击 ➤⤸（显示草图约束）图标，使图形中的约束显示出来。

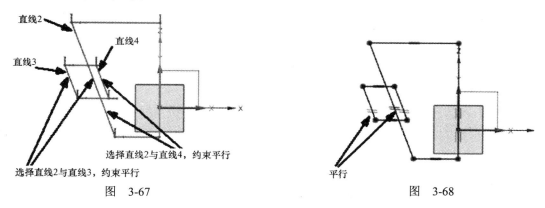

直线2
直线4
直线3
选择直线2与直线4，约束平行
选择直线2与直线3，约束平行
平行

图　3-67　　　　　　　　　　　　　图　3-68

3）标注尺寸。在【直接草图】工具条中单击 ⤹（自动判断尺寸）图标，按照图 3-69 所示的尺寸进行标注，即 p0=r、p1=（h_tulun–h）/2、p2=h_tulun、p3= d_yz、p4= h_goucao+3、p5=（h_tulun–h）/2、p6=w_goucao、p7= h_goucao*cos(d_yz)。此时，直接草图已经转换成绿色，表示已经完全约束。

4）在【草图】工具条中单击 🏁完成草图图标，返回建模界面，图形更新为图 3-70 所示。

5. 设定工作层

选择菜单中的【格式】/【图层设置】命令，弹出【图层设置】对话框，在【工作图层】栏中输入 "41"，然后按 <Enter> 键，最后在【图层设置】对话框中单击 关闭 按钮，完成工作层的设定。

6. 创建凸轮近休曲线

选择菜单中的【插入】/【曲线】/【规律曲线】命令，或在【曲线】工具栏中单击 XYZ≈（规律曲线）图标，弹出【规律曲线】对话框，如图 3-71 所示。在【规律曲线】对话框

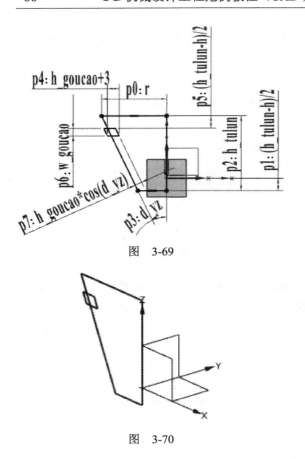

图　3-69

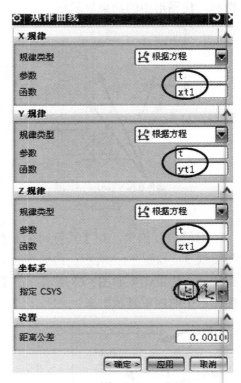

图　3-71

图　3-70

的【X 规律】区域内的【规律类型】下拉列表框中选择 ✗ **根据方程** 选项，在【参数】和【函数】栏中分别输入 "t" 和 "xt1" 在【Y 规律】区域内的【规律类型】下拉列表框中选择 ✗ **根据方程** 选项，在【参数】和【函数】栏中分别输入 "t" 和 "yt1"；在【Z 规律】区域内的【规律类型】下拉列表框中选择 ✗ **根据方程** 选项，在【参数】和【函数】栏中分别输入 "t" 和 "zt1"；在 **指定 CSYS** 区域单击 ✗（CSYS 对话框）按钮，弹出【CSYS】对话框，如图 3-72 所示。在【类型】下拉列表框中选择 ✗ **动态** 选项，在【参考】下拉列表框中选择 **WCS**（工作坐标系）选项，单击 **确定** 按钮，系统返回【规律曲线】对话框，单击 **< 确定 >** 按钮，完成凸轮近休曲线的创建，如图 3-73 所示。

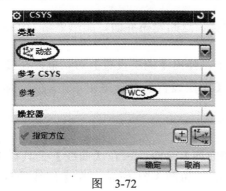

图　3-72

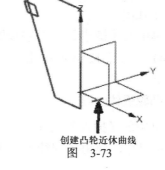

创建凸轮近休曲线
图　3-73

7. 创建凸轮推程曲线

按照步骤 6 的方法，在定义 X 的参数、Y 的参数和 Z 的参数的表达式对话框中分别输入"xt2""yt2"和"zt2"，完成凸轮推程曲线的创建，如图 3-74 所示。

8. 创建凸轮远休曲线

按照步骤 6 的方法，在定义 X 的参数、Y 的参数和 Z 的参数的表达式对话框中分别输入"xt3""yt3"和"zt3"，完成凸轮远休曲线的创建，如图 3-75 所示。

9. 创建凸轮回程曲线

按照步骤 6 的方法，在定义 X 的参数、Y 的参数和 Z 的参数的表达式对话框中分别输入"xt4""yt4"和"t4"，完成凸轮回程曲线的创建，如图 3-76 所示。

创建凸轮推程曲线　　　　　创建凸轮远休曲线　　　　　创建凸轮回程曲线
图　3-74　　　　　　　　图　3-75　　　　　　　　图　3-76

3.9　绘制圆柱凸轮实体

1. 设定工作层

选择菜单中的【格式】/【图层设置】命令，弹出【图层设置】对话框，在【工作图层】栏中输入"1"，然后按 <Enter> 键，最后在【图层设置】对话框中单击 关闭 按钮，完成工作层的设定。

2. 创建圆锥凸轮回转体特征

选择菜单中的【插入】/【设计特征】/【回转】命令，或在【特征】工具条中单击 （回转）图标，弹出【回转】对话框，如图 3-77 所示。然后，在曲线规则下拉列表框中选择 相连曲线 选项，在图形中选择图 3-78 所示的曲线为回转对象。

然后，在【回转】对话框的【指定矢量】下拉列表框中选择 （自动判断的矢量）选项，在图形中选择如图 3-79 所示的 Z 轴为回转轴，在【开始】\【角度】栏和【结束】\【角度】栏中分别输入"0"和"360"，在【布尔】下拉列表框中选择 无选项，如图 3-77 所示。最后，单击 确定 按钮，完成回转体特征的创建，如图 3-80 所示。

3. 创建凸轮沟槽实体扫掠特征

选择菜单中的【插入】/【扫掠】/【扫掠】命令，或在【曲面】工具条中单击 （扫掠）图标，弹出【扫掠】对话框，如图 3-81 所示。系统提示选择截面曲线，在软件主界面的曲线规则下拉列表框中选择 相连曲线 选项，在图形中选择图 3-82 所示的截面曲线，然后在【扫掠】对话框中单击 （引导线）图标，或直接按鼠标中键确认完成截面曲线的选取，再在图形中选择图 3-83 所示的曲线为引导线。

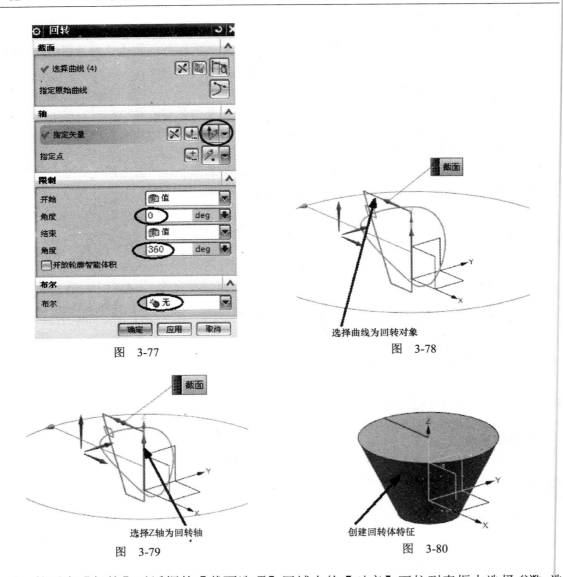

图　3-77　　　　　　　　　　　　　图　3-78

图　3-79　　　　　　　　　　　　　图　3-80

　　然后在【扫掠】对话框的【截面选项】区域内的【对齐】下拉列表框中选择 参数 选项；在【定位方法】区域内的【方向】下拉列表框中选择 矢量方向 选项、在【指定矢量】下拉列表框中选择 ZC 选项；在【缩放方法】区域内的【缩放】下拉列表框中选择 恒定 选项，最后在【扫掠】对话框中单击 确定 按钮，完成扫掠特征的创建，如图 3-84 所示。

4. 创建求差特征

　　选择菜单中的【插入】/【组合】/【求差】命令，或在【特征操作】工具条中单击 （求差）图标，弹出【求差】对话框，如图 3-85 所示。系统提示选择目标实体，按照图 3-86 所示依次选择目标实体和工具实体，完成实体求差操作，图形更新为图 3-87 所示。

5. 将截面曲线移至 255 层

　　选择菜单中的【格式】/【移动至图层】命令，或在【实用工具】工具条中单击 （移

动至图层）图标，弹出【类选择】对话框，选择截面曲线并将其移动至 255 层（步骤略），
并关闭 61 层。

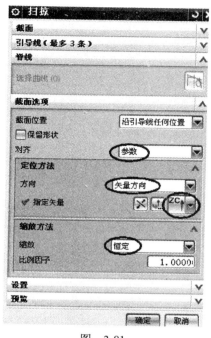

图　3-81

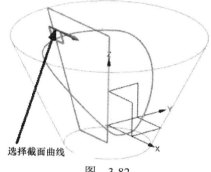

选择截面曲线

图　3-82

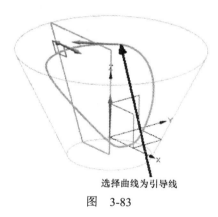

选择曲线为引导线

图　3-83

创建扫掠特征

图　3-84

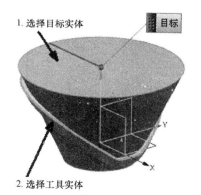

图　3-85

1. 选择目标实体

2. 选择工具实体

图　3-86

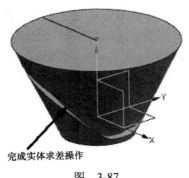

完成实体求差操作

图　3-87

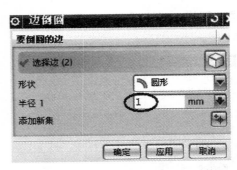

图　3-88

6. 创建边倒圆特征

选择菜单中的【插入】/【细节特征】/【边倒圆】命令，或在【特征】工具条中单击　（边倒圆）图标，弹出【边倒圆】对话框，如图 3-88 所示。在图形中选择图 3-89 所示的实体圆弧边，在【边倒圆】对话框的【半径 1】栏中输入"1"，单击　确定　按钮，完成边倒圆特征的创建，图形更新为图 3-90 所示。

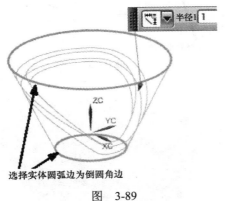
选择实体圆弧边为倒圆角边

图　3-89

图　3-90

第 4 章

齿轮类零件参数化设计

📖 实例说明

本章主要介绍齿轮类零件参数化设计。其构建思路为：①采用建立表达式的方法输入规律曲线的设计变量及齿轮建模的几何变量，然后绘制截面线；②拉伸、回转、扫掠草绘截面，创建齿轮齿形或齿廓实体及齿轮主体，并在齿轮边及槽底倒斜角或圆角。渐开线直齿轮、渐开线斜齿轮和渐开线锥齿轮如图 4-1 所示。

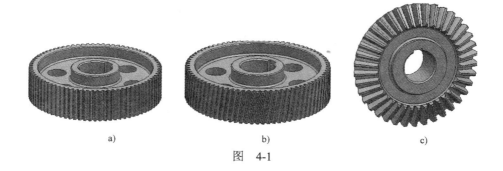

a)　　　　　　　　　　b)　　　　　　　　　　c)

图　4-1

📖 学习目标

通过该实例的练习，读者能熟练掌握和运用草图工具；熟练掌握建立参数表达式、拉伸、回转、扫掠、直纹等基础特征的创建方法。通过本实例还可以练习阵列曲线、阵列面、镜像操作、修剪体、边倒圆和实例特征等基本方法和技巧。

4.1　建立渐开线直齿轮文件

选择菜单中的【文件】/【新建】命令或单击 ▢（New 建立新文件）图标，弹出【新建】对话框，在【名称】栏中输入"zhicl"，在【单位】下拉列表框中选择【毫米】选项，单击 ▢确定 按钮，建立文件名为 zhicl.prt、单位为毫米的文件，根据图 4-2 所示的渐开线直齿轮

模数	m	3
齿数	z	79
压力角	α	20°
齿顶高系数	h_a^*	1
顶隙系数	c^*	0.25
螺旋角	β	0
变位系数	x	0
精度等级	7GB/T10095.1—2008 7GB/T10095.2—2008	
全齿高	h	6.75
中心距及其偏差	a	150±0.032
配对齿轮	图号	
	齿数	20
检验项目	代号	数值
单个齿距偏差	$\pm f_{pt}$	0.013
齿距累积总偏差	F_p	0.050
齿廓总偏差	F_α	0.018
螺旋线总偏差	F_β	0.021
径向圆跳动	F_r	0.040
公法线平均长度	w_k	$78.694^{-0.136}_{-0.165}$
跨越齿数	k	9

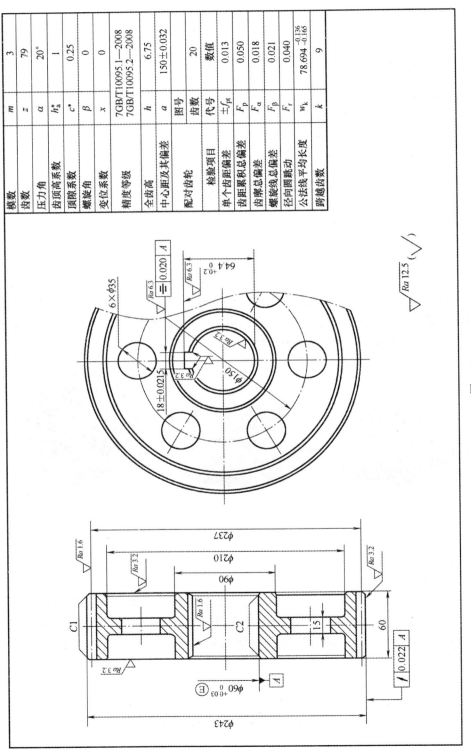

图 4-2

图样造型。

4.2 绘制渐开线直齿轮截面

1. 建立表达式

选择菜单中的【工具】/【表达式】命令，弹出【表达式】对话框，如图4-3所示。在【名称】和【公式】栏中依次输入"t"和"0"，注意：在单位下拉列表框中选择 恒定 选项。输入完成后，单击 ✔（接受编辑）图标，如图4-3所示。

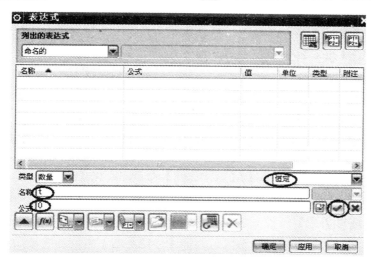

图 4-3

按照相同的方法输入规律曲线的表达式，具体如下：

t=0 //UG 规律曲线系统变量（$0 \leqslant t \leqslant 1$）

m=3 //齿轮模数

z=79 //齿轮齿数

a=20 //压力角

x=0 //变位系数

d=m*z //分度圆直径

d0=m*z*cos(a) //基圆直径

h_cg=1.25*(1+x)*m //齿根高

h_cd=(1+x)*m //齿顶高

d_cgy=d−2*h_cg //齿根圆直径

d_cdy=d+2*h_cd //齿顶圆直径

s=90*t //渐开线展角范围（0，90）

xt=(d0/2)*cos(s)+(d0/2)*rad(s)*sin(s) //渐开线方程

yt=(d0/2)*sin(s)−(d0/2)*rad(s)*cos(s) //渐开线方程

zt=0

t_c=m*pi()/2+2*m*x*tan(a) //齿厚

a_bc=t_c*180/(m*z*pi())　// 半齿厚对应的圆心角

a_jj=180*sqrt((d/2)*(d/2)–(d0/2)*(d0/2))/(pi()*(d0/2))–a　// 分度圆与渐开线的交点与坐标原点的连线与正 X 方向的夹角

a_bcj=a_bc+a_jj　// 分度圆上半齿厚处的点与坐标原点的连线与正 X 方向的夹角

以上是渐开线直齿轮的设计变量。以 a 开头的变量的单位为角度。

下面是齿轮建模的几何变量：

h_cl=60　// 齿轮高度

h_p=2　// 辅助参数

完成所有表达式的输入，最后单击 确定 按钮。

2. 显示基准平面

选择菜单中的【格式】/【图层设置】命令，弹出【图层设置】对话框，勾选 ☑ 61 复选框，完成基准平面的显示。

3. 设定工作层

在【图层设置】对话框的【工作图层】栏中输入"41"，然后按 <Enter> 键，最后在【图层设置】对话框中单击 关闭 按钮，完成工作层的设定。

4. 创建渐开线

选择菜单中的【插入】/【曲线】/【规律曲线】命令，或在【曲线】工具栏中单击 XYZ= （规律曲线）图标，弹出【规律曲线】对话框，如图 4-4 所示。在【规律曲线】对话框的【X 规律】区域内的【规律类型】下拉列表框中选择 根据方程 选项，在【参数】和【函数】栏中分别输入"t"和"xt"；在【Y 规律】区域内的【规律类型】下拉列表框中选择 根据方程 选项，在【参数】和【函数】栏中分别输入"t"和"yt"；在【Z 规律】区域内的【规律类型】下拉列表框中选择 根据方程 选项，在【参数】和【函数】栏中分别输入"t"和"zt"；在 指定 CSYS 区域单击 （CSYS 对话框）按钮，弹出【CSYS】对话框，如图 4-5 所示。在【类型】下拉列表框中选择 动态 选项，在【参考】下拉列表框中选择 WCS （工作坐标系）选项，单击 确定 按钮，系统返回【规律曲线】对话框，单击 <确定> 按钮，完成渐开线的创建，如图 4-6 所示。

5. 设定工作层

选择菜单中的【格式】/【图层设置】命令，弹出【图层设置】对话框，在【工作图层】栏中输入"21"，然后按 <Enter> 键，最后在【图层设置】对话框中单击 关闭 按钮，完成工作层的设定。

6. 草绘齿轮截面

选择菜单中的【插入】/【草图】命令，或在【直接草图】工具条中单击 （草图）图标，弹出【创建草图】对话框，如图 4-7 所示。在【平面方法】下拉列表框中选择 自动判断 选项，系统默认 X-Y 平面为草图平面，单击 <确定> 按钮，出现草图绘制区。

步骤：

1）绘制圆。在【直接草图】工具条中单击 ○ （圆）图标，在圆浮动工具栏中单击 ⊙ （圆心和直径定圆）图标，在主界面捕捉点工具条中单击 ✛ （现有点）图标，选择坐标原点

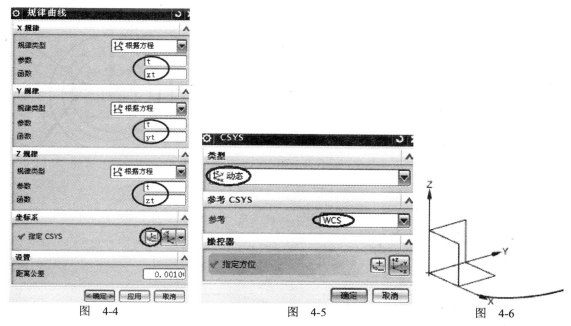

图 4-4 图 4-5 图 4-6

为圆心，绘制图 4-8 所示的四个圆。

2）绘制直线。在【直接草图】工具栏中单击 ╱ （直线）图标，按照图 4-9 所示绘制四条直线。注意：直线 12 的起点为圆心，点 2 为基圆上的点，直线 23 的端点 3 为渐开线端点；直线 14 的端点 4 在齿根圆上；直线 15 为水平直线。

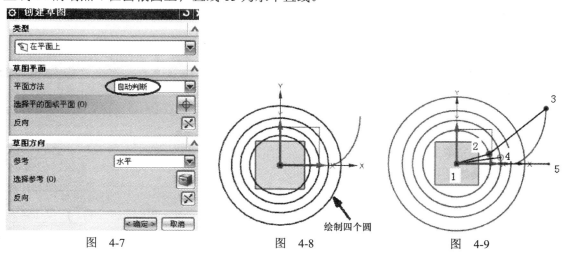

图 4-7 图 4-8 图 4-9

3）快速修剪曲线。在【直接草图】工具栏中单击 ╲ （快速修剪）图标，弹出【快速修剪】对话框，如图 4-10 所示。然后，在图形中选择图 4-11 所示的圆弧进行修剪，修剪结果如图 4-12 所示。

4）标注尺寸。在【直接草图】工具条中单击 ┣ （自动判断尺寸）图标，按照图 4-13 所示的尺寸进行标注，即 Rp0 =d0/2、ϕp1=d_cgy、ϕp2=d，ϕp3=d_cdy、p4= a_bcj、p5 = 2* a_bcj。

5）在【直接草图】工具条中单击 完成草图 图标，返回建模界面，图形更新为图 4-14 所示。

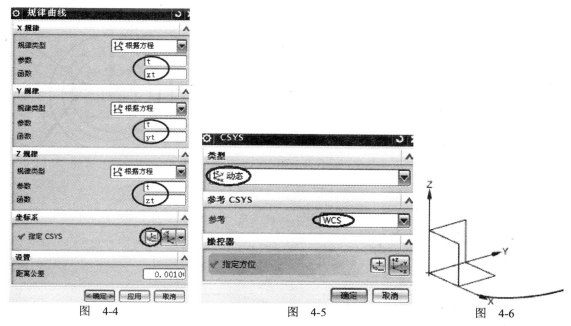内图中文字：
规律曲线
X 规律
规律类型　根据方程
参数　t
函数　xt
Y 规律
规律类型　根据方程
参数　t
函数　yt
Z 规律
规律类型　根据方程
参数　t
函数　zt
坐标系
指定 CSYS
设置
距离公差　0.0010
确定　应用　取消

CSYS
类型
动态
参考 CSYS
参考　WCS
操控器
指定方位
确定　取消

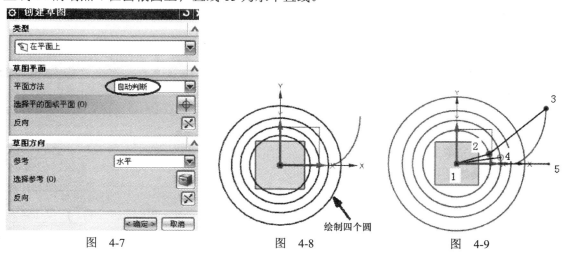内图中文字：
创建草图
类型
在平面上
草图平面
平面方法　自动判断
选择平的面或平面 (O)
反向
草图方向
参考　水平
选择参考 (O)
反向
确定　取消

绘制四个圆

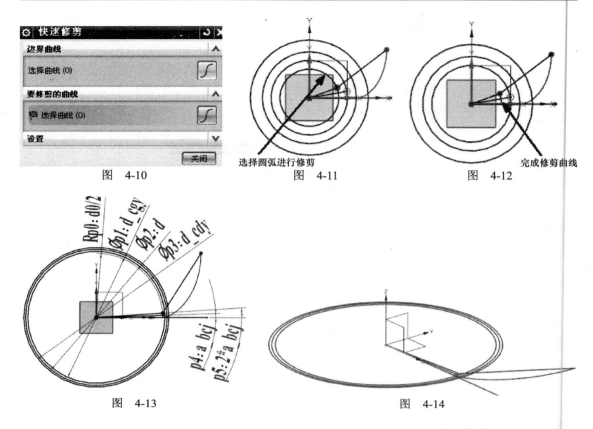

图　4-10　　　　　　　　　　选择圆弧进行修剪　图　4-11　　　　　　　　完成修剪曲线　图　4-12

图　4-13　　　　　　　　　　　　　　　　　　　图　4-14

4.3　创建直齿轮基本齿形

1. 设定工作层

选择菜单中的【格式】/【图层设置】命令，弹出【图层设置】对话框，在【工作图层】栏中输入"1"，然后按 <Enter> 键，最后在【图层设置】对话框中单击 关闭 按钮，完成工作层的设定。

2. 创建齿根圆柱拉伸特征

选择菜单中的【插入】/【设计特征】/【拉伸】命令，或在【特征】工具条中单击 （拉伸）图标，弹出【拉伸】对话框，如图 4-15 所示。在曲线规则下拉列表框中选择 相连曲线 选项，选择图 4-16 所示的齿根圆为拉伸对象。

然后在【拉伸】对话框的【指定矢量】下拉列表框中选择 ZC 选项，在【开始】\【距离】栏和【结束】\【距离】栏中分别输入"0"和"h_cl"，在【布尔】下拉列表框中选择选项，如图 4-15 所示。最后单击 确定 按钮，完成齿根圆柱拉伸特征的创建，如图 4-17 所示。

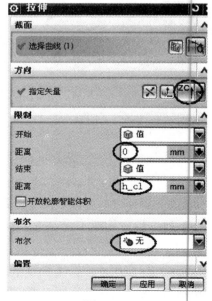

图　4-15

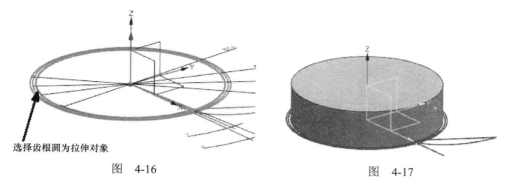

图　4-16　　　　　　　　　　　　　　　　　图　4-17

3. 设定工作层

选择菜单中的【格式】/【图层设置】命令，弹出【图层设置】对话框，在【工作图层】栏中输入 "61"，然后按 <Enter> 键，最后在【图层设置】对话框中单击 关闭 按钮，完成工作层的设定。

4. 创建基准平面

选择菜单中的【插入】/【基准 / 点】/【基准平面】命令，或在【特征】工具栏中单击 □（基准平面）图标，弹出【基准平面】对话框，如图 4-18 所示。在【类型】下拉列表框中选择 自动判断 选项，在图形中选择图 4-19 所示的 Y-Z 基准平面与 Z 基准轴，然后在【角度】栏中输入 "90-a_bcj"，单击 < 确定 > 按钮，创建基准平面，如图 4-20 所示。

图　4-18　　　　　　　　　　　　　　　选择Y-Z基准平面与Z基准轴

图　4-19

5. 设定工作层

选择菜单中的【格式】/【图层设置】命令，弹出【图层设置】对话框，在【工作图层】栏中输入 "10"，然后按 <Enter> 键，最后在【图层设置】对话框中单击 关闭 按钮，完成工作层的设定。

6. 创建齿轮基本齿形

选择菜单中的【插入】/【设计特征】/【拉伸】命令，或在【特征】工具条中单击 （拉伸）图标，弹出【拉伸】对话框。在曲线规则下拉列表框中选择 相连曲线 选项，选择图 4-21 所示的曲线为拉伸对象。

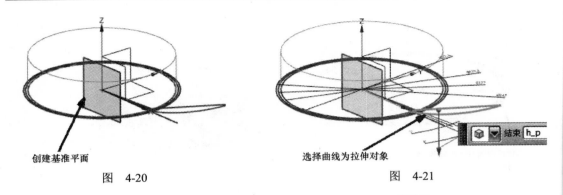

创建基准平面

图　4-20　　　　　　　　　　　　　选择曲线为拉伸对象

图　4-21

　　然后，在【拉伸】对话框的【指定矢量】下拉列表框中选择 ^{-ZC} 选项，在【开始】\【距离】栏和【结束】\【距离】栏中分别输入 "0" 和 "h_p"，在【布尔】下拉列表框中选择 无选项，如图 4-22 所示。最后，单击 确定 按钮，完成齿轮齿形实体拉伸特征的创建，如图 4-23 所示。

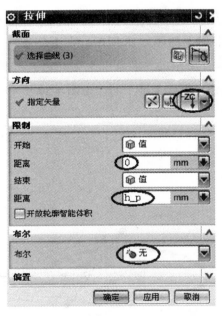

图　4-22

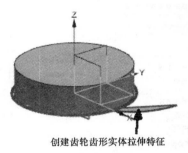

创建齿轮齿形实体拉伸特征

图　4-23

7. 创建修剪体特征

　　选择菜单中的【插入】/【修剪】/【修剪体】命令，或在【特征操作】工具栏中单击 （修剪体）图标，弹出【修剪体】对话框，如图 4-24 所示。系统提示选择目标体，在图形中选择图 4-25 所示的实体，然后在【修剪体】对话框的【工具选项】下拉列表框中选择 面或平面 选项，再在图形中选择图 4-25 所示的基准平面为修剪工具面，此时出现修剪方向，如图 4-25 所示。在【修剪体】对话框中单击 ✕ （反向）按钮，再单击 确定 按钮，创建修剪体特征，如图 4-26 所示。

8. 创建镜像特征

　　选择菜单中的【插入】/【关联复制】/【镜像特征】命令，或在【特征操作】工具栏中

单击 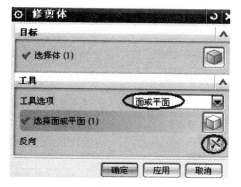（镜像特征）图标，弹出【镜像特征】对话框，如图 4-27 所示。在部件导航器栏选择 ☑Ⅲ拉伸 (6)　和☑ 修剪体 (7)　两个特征，如图 4-28 所示。然后，在【镜像特征】对话框的【平面】下拉列表框中选择 现有平面　　　　▾选项。在图形中选择图 4-29 所示的基准平面，最后单击 确定 按钮，完成镜像特征的创建，如图 4-30 所示。

图　4-24

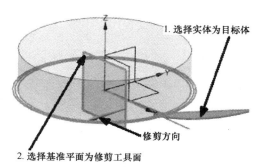

图　4-25

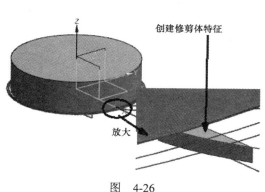

图　4-26

图　4-27

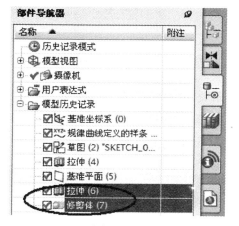

图　4-28

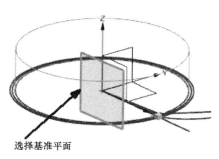

图　4-29

9. 创建求和操作

选择菜单中的【插入】/【组合】/【求和】命令，或在【特征操作】工具条中单击 （求和）图标，弹出【求和】对话框，如图 4-31 所示。系统提示选择目标实体，按照图 4-32 所示选择目标实体与工具实体，最后单击 ＜确定＞ 按钮，完成求和操作的创建，如图 4-33 所示。

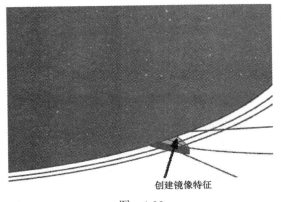

图　4-30

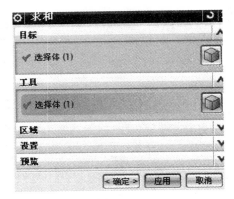

图　4-31

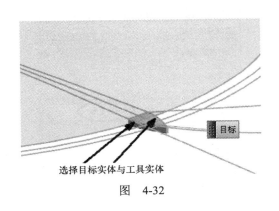

图　4-32

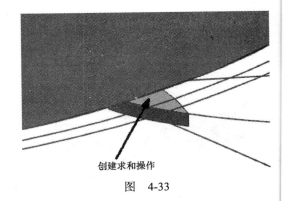

图　4-33

10. 图层设置

选择菜单中的【格式】/【图层设置】命令，弹出【图层设置】对话框，取消勾选 21、41 和 61 层，设置为不可见，最后在【图层设置】对话框中单击 关闭 按钮，完成图层的设定，图形更新为图 4-34 所示。

图　4-34

4.4　创建直齿轮整体齿形

1. 设定工作层

选择菜单中的【格式】/【图层设置】命令，弹出【图层设置】对话框，在【工作图层】栏中输入"1"，然后按 <Enter> 键，最后在【图层设置】对话框中单击 关闭 按钮，完成工作层的设定。

2. 创建齿轮齿形拉伸特征

选择菜单中的【插入】/【设计特征】/【拉伸】命令，或在【特征】工具条中单击 （拉伸）图标，弹出【拉伸】对话框，如图 4-35 所示。在软件主界面的曲线规则下拉列表框中选择 面的边 选项，然后选择图 4-36 所示的实体面为拉伸对象。

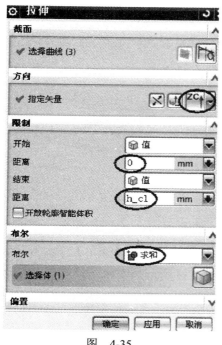

图　4-35

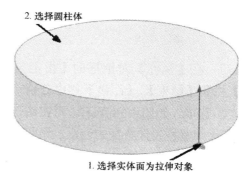

2. 选择圆柱体

1. 选择实体面为拉伸对象

图　4-36

然后，在【拉伸】对话框的【指定矢量】下拉列表框中选择 选项，在【开始】\【距离】栏和【结束】\【距离】栏中分别输入"0"和"h_cl"，在【布尔】下拉列表框中选择 求和 选项，如图 4-35 所示。然后，在图形中选择图 4-36 所示的圆柱体。最后，单击 确定 按钮，完成齿轮齿形实体拉伸特征的创建，如图 4-37 所示。

3. 图层设置

选择菜单中的【格式】/【图层设置】命令，弹出【图层设置】对话框，勾选 ☑ 21 复选框，然后在【图层设置】对话框中单击 关闭 按钮，完成设定 21 层为可见。

创建齿轮齿形实体拉伸特征

图　4-37

4. 创建齿顶圆柱拉伸特征

选择菜单中的【插入】/【设计特征】/【拉伸】命令，或在【特征】工具条中单击 （拉伸）图标，弹出【拉伸】对话框，如图 4-38 所示。在曲线规则下拉列表框中选择 相连曲线 选项，选择图 4-39 所示的齿顶圆为拉伸对象。

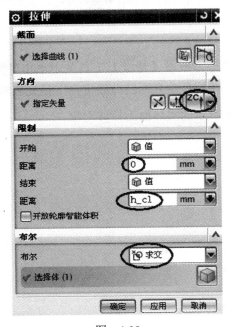

图　4-38

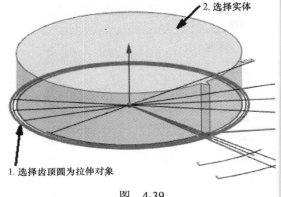

图　4-39

然后，在【拉伸】对话框的【指定矢量】下拉列表框中选择 选项，在【开始】\ 【距离】栏和【结束】\【距离】栏中分别输入 "0" 和 "h_cl"，在【布尔】下拉列表框中选择 求交 选项，如图 4-38 所示。再在图形中选择图 4-39 所示的实体。最后单击 确定 按钮，完成齿顶圆柱拉伸特征的创建，如图 4-40 所示。

5. 图层设置

选择菜单中的【格式】/【图层设置】命令，弹出【图层设置】对话框，取消勾选 □ 10 和 □ 21 复选层，然后在【图层设置】对话框中单击 关闭 按钮，完成设定 10 和 21 层为不可见，图形更新为图 4-41 所示。

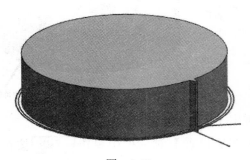

图　4-40

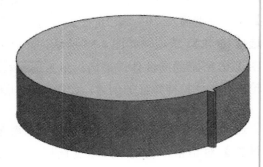

图　4-41

6. 创建倒斜角特征

选择菜单中的【插入】/【细节特征】/【倒斜角】命令，或在【特征】工具条中单击 （倒斜角）图标，弹出【倒斜角】对话框，如图 4-42 所示。在图形中选择实体边线，如图 4-43 所示，在【倒斜角】对话框的【距离】栏中输入"1"，单击 确定 按钮，完成倒斜角特征的创建，如图 4-44 所示。

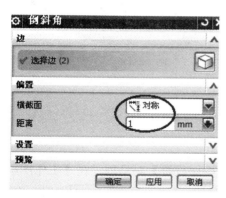

图　4-42

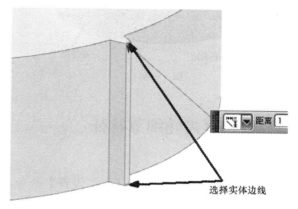

选择实体边线

图　4-43

7. 创建阵列面特征

选择菜单中的【插入】/【关联复制】/【阵列面】命令，或在【特征】工具条中单击 （阵列面）图标，弹出【阵列面】对话框，如图 4-45 所示。在【类型】下拉列表框中选择 圆形阵列选项，在软件主界面的曲线规则下拉列表框中选择 筋板面 选项；在图形中选择图 4-46 所示的齿，在【阵列面】对话框的【指定矢量】下拉列表框中选择 选项，在【指定点】下拉列表框中选择 （圆弧中心/椭圆中心/球心）选项；在图形中选择图 4-46 所示的实体圆弧边，在【阵列面】对话框的【角度】和【圆数量】栏中分别输

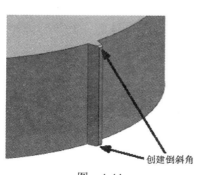

创建倒斜角

图　4-44

图　4-45

入"360/z"和"z"。最后单击 确定 按钮，完成阵列面（圆形阵列）的创建，如图 4-47 所示。

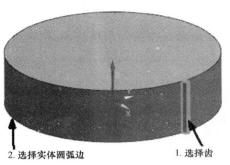

图　4-46

图　4-47

4.5　创建直齿轮细节特征

1. 设定工作层

选择菜单中的【格式】/【图层设置】命令，弹出【图层设置】对话框，在【工作图层】栏中输入"22"，然后按 <Enter> 键，最后在【图层设置】对话框中单击 关闭 按钮，完成工作层的设定。

2. 草绘齿轮中心键槽截面

选择菜单中的【插入】/【草图】命令，或在【直接草图】工具条中单击 （草图）图标，弹出【创建草图】对话框，如图 4-48 所示。在【平面方法】下拉列表框中选择 自动判断 选项，系统默认 X-Y 平面为草图平面，单击 <确定> 按钮，出现草图绘制区。

步骤：

1）绘制圆。在【直接草图】工具条中单击 （圆）图标，在圆浮动工具栏中单击 （圆心和直径定圆）图标，在主界面捕捉点工具条仅选择 （现有点）图标，选择坐标原点为圆心，绘制如图 4-49 所示的圆。

图　4-48

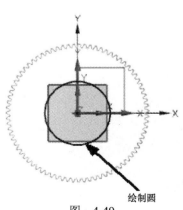

绘制圆

图　4-49

2）在【直接草图】工具条中单击 🔄 （轮廓）图标，按照图 4-50 所示绘制 3 条直线。

3）加上约束。在【直接草图】工具条中单击 🔀 （几何约束）图标，弹出【几何约束】对话框，单击 ├─ （中点）图标，如图 4-51 所示。在图中选择直线与坐标原点，如图 4-52 示，约束点与曲线中点对齐，约束结果如图 4-53 所示。在【直接草图】工具条中单击 🔀 （显示草图约束）图标，使图形中的约束显示出来。

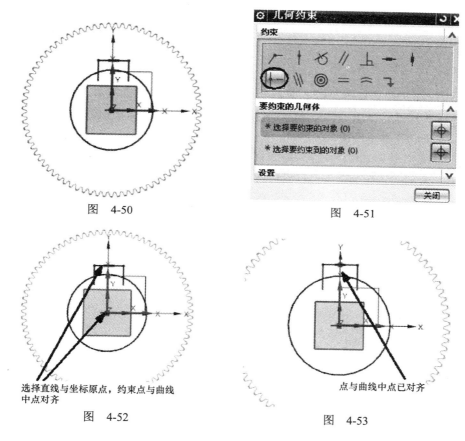

图 4-50

图 4-51

图 4-52

图 4-53

选择直线与坐标原点，约束点与曲线
中点对齐

点与曲线中点已对齐

4）快速修剪曲线。在【直接草图】工具栏中单击 ✖ （快速修剪）图标，弹出【快速修剪】对话框，如图 4-54 所示，在图形中选择图 4-55 所示的曲线进行修剪，修剪结果如图 4-56 所示。

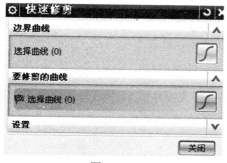

图 4-54

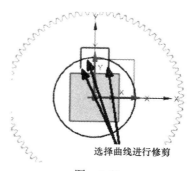

选择曲线进行修剪

图 4-55

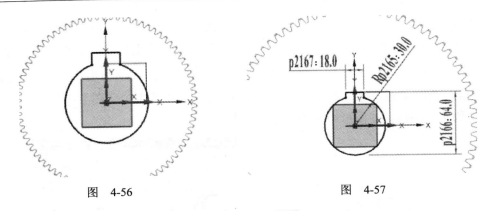

图 4-56　　　　　　　　　　　　　　　　　图 4-57

5）标注尺寸。在【直接草图】工具条中单击 ↤ᐧᢓ（自动判断尺寸）图标，按照图 4-57 所示的尺寸进行标注，即 Rp2165=30.0、p2166=64.0、p2167 =18.0。此时，直接草图已经转换成绿色，表示已经完全约束。

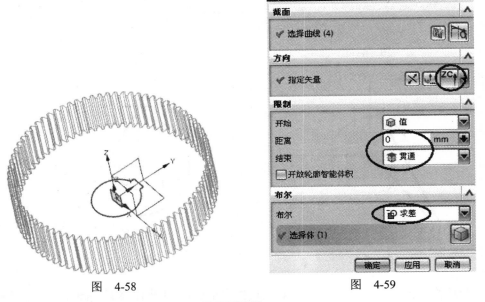

图　4-58　　　　　　　　　　　　　　　　　图　4-59

6）在【直接草图】工具条中单击 ⬛完成草图 图标，返回建模界面，图形更新为图 4-58 所示。

3. 创建齿轮减除部分实体拉伸特征

选择菜单中的【插入】/【设计特征】/【拉伸】命令，或在【特征】工具条中单击 ⬚（拉伸）图标，弹出【拉伸】对话框，如图 4-59 所示，在软件主界面的曲线规则下拉列表框中选择 相连曲线 选项，选择图 4-60 所示的曲线为拉伸对象。

然后，在【拉伸】对话框【指定矢量】下拉列表框中选择 ᶻᶜ↑▾ 选项，在【开始】\【距离】栏中输入 "0"，在【结束】下拉列表框中选择 ⬡ 贯通 选项，在【布尔】下拉列表框中选择 ⬛ 求差 选项，如图 4-59 所示。最后单击 确定 按钮，完成齿轮减除部分实体拉伸特征的创建，如图 4-61 所示。

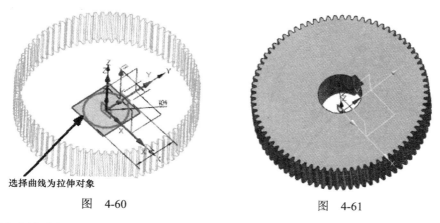

图　4-60

图　4-61

4．草绘齿轮孔截面

选择菜单中的【插入】/【草图】命令，或在【直接草图】工具条中单击 📇（草图）图标，弹出【创建草图】对话框，在【平面方法】下拉列表框中选择 自动判断 ▼ 选项，系统默认 X-Y 平面为草图平面，单击 < 确定 > 按钮，出现草图绘制区。

步骤：

1）绘制圆。在【直接草图】工具条中单击 ○（圆）图标，在圆浮动工具栏中单击 ◉（圆心和直径定圆）图标，绘制图 4-62 所示的三个圆。

注意：其中两个圆选择以坐标原点为圆心。

2）加上约束。在【直接草图】工具条中单击 ⊥（几何约束）图标，弹出【几何约束】对话框，单击 ╪（点在曲线上）图标，如图 4-63 所示。在图中选择 Y 轴与圆心，如图 4-64 所示，约束点在曲线上，约束结果如图 4-65 所示。在【直接草图】工具条中单击 ↗（显示草图约束）图标，使图形中的约束显示出来。

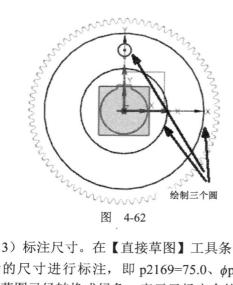

图　4-62

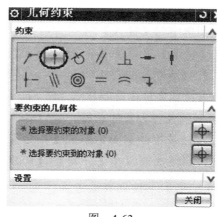

图　4-63

3）标注尺寸。在【直接草图】工具条中单击 ⊢⋏（自动判断尺寸）图标，按照图 4-66 所示的尺寸进行标注，即 p2169=75.0、ϕp2170=35.0、ϕp2171=90.0、ϕp2172=210.0。此时，直接草图已经转换成绿色，表示已经完全约束。

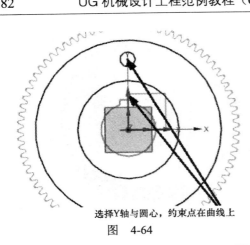
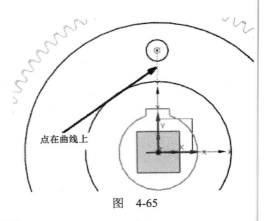

图　4-64　　　　　　　　　　　图　4-65

4）在【直接草图】工具条中单击  图标，返回建模界面，图形更新为图 4-67 所示。

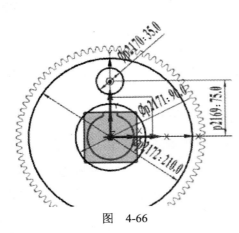
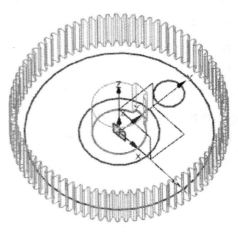

图　4-66　　　　　　　　　　　图　4-67

5. 创建齿轮减除部分实体拉伸特征

选择菜单中的【插入】/【设计特征】/【拉伸】命令，或在【特征】工具条中单击 🔲（拉伸）图标，弹出【拉伸】对话框，如图 4-68 所示，在软件主界面的曲线规则下拉列表框中选择 相连曲线 选项，然后选择图 4-69 所示的曲线为拉伸对象。

然后，在【拉伸】对话框的【指定矢量】下拉列表框中选择 ZC↑ 选项，在【开始】\【距离】栏中输入 "0"，在【结束】下拉列表框中选择 贯通 选项，在【布尔】下拉列表框中选择 求差 选项，如图 4-68 所示。最后单击 确定 按钮，完成齿轮减除部分实体拉伸特征的创建，如图 4-70 所示。

6. 创建阵列面——圆形阵列

选择菜单中的【插入】/【关联复制】/【阵列面】

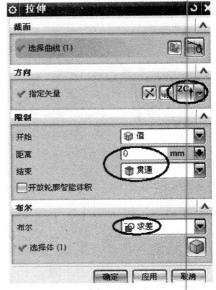

图　4-68

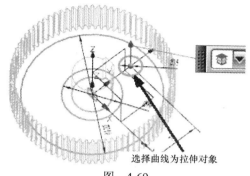

图　4-69

图　4-70

命令，或在【特征】工具条中单击 （阵列面）图标，弹出【阵列面】对话框，如图 4-71 所示。在【类型】下拉列表框中选择 **圆形阵列** 选项，在软件主界面的曲线规则下拉列表框中选择 **单个面** 选项，在图形中选择图 4-72 所示的孔壁面，在【阵列面】对话框的【指定矢量】下拉列表框中选择 **ZC** 选项，在【指定点】下拉列表框中选择 （圆弧中心 / 椭圆中心 / 球心）选项，在图形中选择图 4-72 所示的实体圆弧边，在【阵列面】对话框的【角度】和【圆数量】栏中分别输入 "60" 和 "6"，单击 **确定** 按钮，完成阵列面（圆形阵列）的创建，如图 4-73 所示。

图　4-71

7. 创建齿轮减除部分实体拉伸特征

选择菜单中的【插入】/【设计特征】/【拉伸】命令，或在【特征】工具条中单击（拉伸）图标，弹出【拉伸】对话框，如图 4-74 所示。在软件主界面的曲线规则下拉列表框中选择 **相连曲线** 选项，然后选择图 4-75 所示的曲线为拉伸对象。

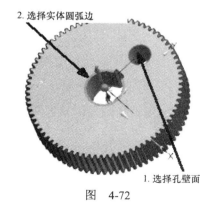

2. 选择实体圆弧边

1. 选择孔壁面

图　4-72

图　4-73

然后，在【拉伸】对话框的【指定矢量】下拉列表框中选择 **ZC** 选项，在【开始】\【距离】栏中输入 "0"，在【结束】\【距离】栏中输入 "22.5"，在【布尔】下拉列表框中选择 **求差** 选项，如图 4-74 所示。最后单击 **确定** 按钮，完成齿轮减除部分实体拉伸特征的创建，如图 4-76 所示（反转齿轮后）。

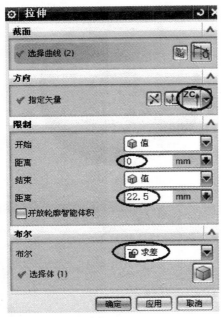

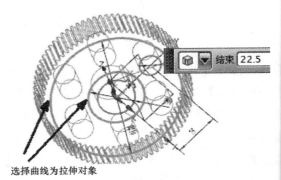

图　4-74

选择曲线为拉伸对象

图　4-75

继续创建拉伸特征，按照上述方法，在【开始】\【距离】栏和【结束】\【距离】栏中输入"37.5"和"60"，在【布尔】下拉列表框中选择 求差 选项，最后单击 确定 按钮，完成结果如图 4-77 所示。

8. 创建倒斜角特征

选择菜单中的【插入】/【细节特征】/【倒斜角】命令，或在【特征】工具条中单击
（倒斜角）图标，弹出【倒斜角】对话框，如图 4-78 所示。在图形中选择实体圆弧边，如图 4-79 所示，在【距离】栏中输入"2"，单击 确定 按钮，完成倒斜角特征的创建，如图 4-80 所示。

图　4-76　　　　　　　　　　图　4-77　　　　　　　　　　图　4-78

按照上述方法，在【距离】栏中输入"1.5"，创建如图 4-81 所示的倒斜角特征（反面同样）。

9. 创建边倒圆特征

选择菜单中的【插入】/【细节特征】/【边倒圆】命令，或在【特征】工具条中单击
（边倒圆）图标，弹出【边倒圆】对话框，在【半径 1】栏中输入"3"，如图 4-82 所示。在

图形中选择图4-83所示的边线作为倒圆角边，最后单击 确定 按钮，完成圆角特征的创建，如图 4-84 所示。

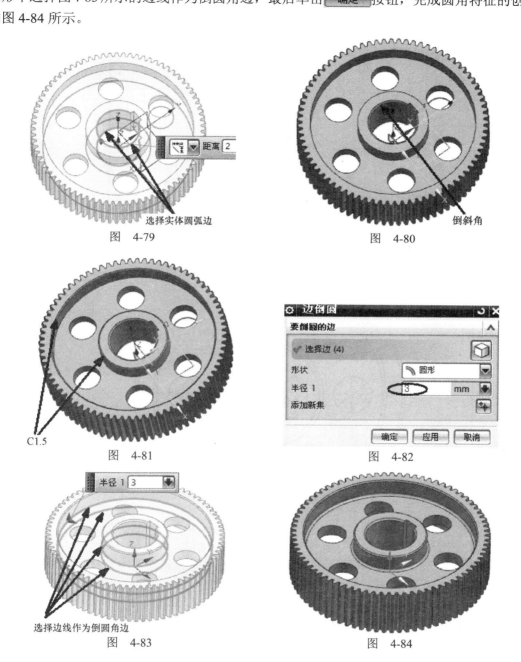

选择实体圆弧边

图　4-79

倒斜角

图　4-80

C1.5

图　4-81

边倒圆

要倒圆的边

选择边 (4)

形状　　　　　　　　　　圆形

半径 1　　　　　　　　3　　　mm

添加新集

确定　　应用　　取消

图　4-82

半径 1　3

选择边线作为倒圆角边

图　4-83

图　4-84

4.6　建立渐开线斜齿轮文件

选择菜单中的【文件】/【新建】命令或单击 （New 建立新文件）图标，弹出【新建】对话框，在【名称】栏中输入"xcl"，在【单位】下拉列表框中选择【毫米】选项，单击 确定 按钮，建立文件名为 xcl.prt、单位为毫米的文件，根据图 4-85 所示的渐开线斜齿轮图样造型。

法向模数	m_n	3
齿数	z	79
压力角	α	20°
齿顶高系数	h_a^*	1
顶隙系数	c_n^*	0.25
螺旋角	β	8°6′34″
螺旋线方向		右旋
法向变位系数	x_n	0
精度等级		7(F_β)、8(F_p、f_{pt}、F_α)GB/T10095.1—2008 8GB/T10095.2—2008
全齿高	h	6.75
中心距及其极限偏差	$a\pm f_a$	150±0.032
配对齿轮	图号	
	齿数	20
检验项目	代号	数值
单个齿距偏差	$\pm f_{pt}$	0.018
齿距累积总偏差	F_p	0.070
齿廓总偏差	F_α	0.025
螺旋线总偏差	F_β	0.021
径向跳动	F_r	0.056
公法线平均长度	w_k	$78.694_{-0.165}^{-0.136}$
跨测齿数	k	9

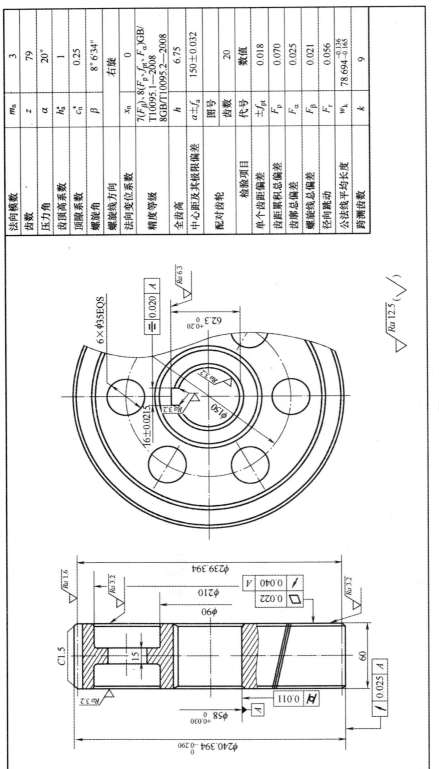

图 4-85

4.7　绘制渐开线斜齿轮齿廓截面

1. 建立表达式

选择菜单中的【工具】/【表达式】命令，弹出【表达式】对话框，如图 4-86 所示，在【名称】和【公式】栏中依次输入 "t" 和 "0"。注意：在单位下拉列表框中选择 恒定 选项。输入完成后，单击 ✔（接受编辑）图标。

继续输入公式，在【表达式】对话框的【名称】和【公式】栏中依次输入 "m" 和 "3"。注意：在单位下拉列表框中选择 恒定 选项。输入完成后，单击 ✔（接受编辑）图标。

按照相同的方法输入规律曲线的表达式，具体如下：

t=0　　//UG 规律曲线系统变量（0 ≤ t ≤ 1）

b=8.10944　//螺旋角

an=20　//法向压力角

a=arctan(tan(an)/cos(b))　//齿轮端面压力角

mn=3　//齿轮法向模数

m=mn/cos(b)　//齿轮端面模数

x=0　//变位系数

z=79　//齿轮齿数

lj= pi()*m*z/tan(b)　//螺距

d=m*z　//分度圆直径

d0=m*z*cos(a)　//基圆直径

h_cg=1.25*(1+x)*m　//齿根高

h_cd=(1+x)*m　//齿顶高

d_cgy=d-2*h_cg　//齿根圆直径

d_cdy=d+2*h_cd　//齿顶圆直径

s=90*t　//渐开线展角范围（0，90）

xt=(d0/2)*cos(s)+(d0/2)*rad(s)*sin(s)　//渐开线方程

yt=(d0/2)*sin(s)--(d0/2)*rad(s)*cos(s)　//渐开线方程

zt=0

h_cl=60　//齿轮高度

完成所有表达式的输入，最后单击 确定 按钮。

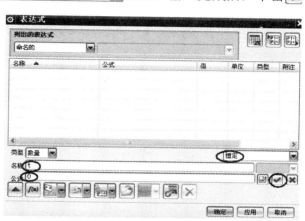

图　4-86

2. 显示基准平面

选择菜单中的【格式】/【图层设置】命令，弹出【图层设置】对话框，勾选 ☑ 61 复选框，完成基准平面的显示。

3. 设定工作层

在【图层设置】对话框的【工作图层】栏中输入 "41"，然后按 <Enter> 键，最后在【图层设置】对话框中单击 关闭 按钮，完成工作层的设定。

4. 创建渐开线

选择菜单中的【插入】/【曲线】/【规律曲线】命令，或在【曲线】工具栏中单击 ^{XYZ}～（规律曲线）图标，弹出【规律曲线】对话框，如图 4-87 所示。在【规律曲线】对话框的【X 规律】区域内的【规律类型】下拉列表框中选择 ⚡ **根据方程** 选项，在【参数】和【函数】栏中分别输入"t"和"xt"；在【Y 规律】区域内的【规律类型】下拉列表框中选择 ⚡ **根据方程** 选项，在【参数】和【函数】栏中分别输入"t"和"yt"；在【Z 规律】区域内的【规律类型】下拉列表框中选择 ⚡ **根据方程** 选项，在【参数】和【函数】栏中分别输入"t"和"zt"；在 **指定 CSYS** 区域单击 ⚡（CSYS 对话框）按钮，弹出【CSYS】对话框，如图 4-88 所示，在【类型】下拉列表框中选择 ⚡ **动态** 选项，在【参考】下拉列表框中选择 **WCS**（工作坐标系）选项，单击 **确定** 按钮，系统返回【规律曲线】对话框，单击 **<确定>** 按钮，完成渐开线的创建，如图 4-89 所示。

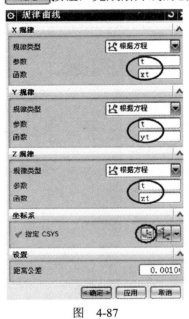

图　4-87

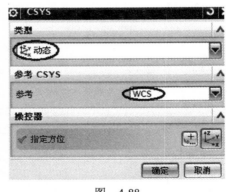

图　4-88

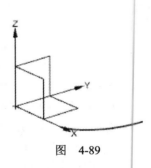

图　4-89

5. 设定工作层

在【图层设置】对话框的【工作图层】栏中输入"21"，然后按 \<Enter\> 键，最后在【图层设置】对话框中单击 **关闭** 按钮，完成工作层的设定。

6. 草绘齿轮截面

选择菜单中的【插入】/【草图】命令，或在【直接草图】工具条中单击 📇（草图）图标，弹出【创建草图】对话框，在【平面方法】下拉列表框中选择 **自动判断** 选项，系统默认 X-Y 平面为草图平面，单击 **<确定>** 按钮，出现草图绘制区。

步骤：

1）绘制圆。在【直接草图】工具条中单击 ○（圆）图标，在圆浮动工具栏中单击 ◉（圆心和直径定圆）图标，在主界面捕捉点工具条中单击 ＋（现有点）图标，选择坐标原点为圆心，绘制图 4-90 所示的 3 个圆。

2）绘制直线。在【直接草图】工具栏中单击 ╱（直线）图标，按照图 4-91 所示绘制直线。注意：直线 12 的起点为坐标原点，点 2 为分度圆与渐开线的交点。

· 3）创建阵列曲线。在【直接草图】工具栏中单击 ░（阵列曲线）图标，弹出【阵列曲线】对话框，如图 4-92 所示。在图形中选择图 4-93 所示的要阵列的直线，在【布局】下拉列表框中选择 ░ **圆形** 选项，在【指定点】下拉列表框中选择 ⊙ ▾（圆弧中心 / 椭圆中心 / 球心）选项。再在图形中选择图 4-93 所示的圆弧，在【阵列曲线】对话框的【间距】下拉列表框中选择 **数量和节距** ▾选项，在【数量】和【节距角】栏中分别输入 "2" 和 "–90/z"，最后单击 ◁ 确定 ▷ 按钮，创建阵列曲线，如图 4-94 所示。

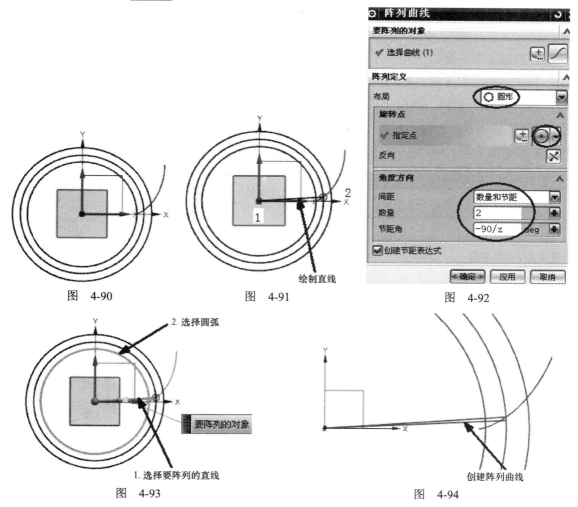

图 4-90   图 4-91   图 4-92

图 4-93   图 4-94

4）标注尺寸。在【直接草图】工具条中单击 ╲（自动判断尺寸）图标，按照图 4-95 所示的尺寸进行标注，即 $\phi p15=d\_cgy$、$\phi p16=d$、$\phi p17=d\_cdy$。

5）在【直接草图】工具条中单击 ▨ **完成草图** 图标，返回建模界面，图形更新为图 4-96 所示。

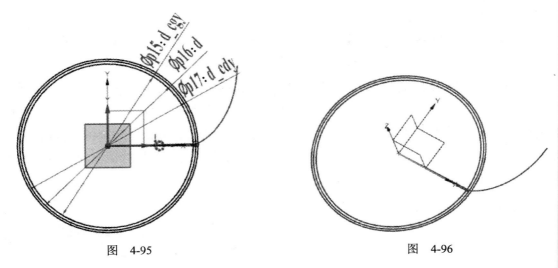

图 4-95　　　　　　　　　　　　　　　图 4-96

7. 创建基准平面

选择菜单中的【插入】/【基准 / 点】/【基准平面】命令，或在【特征】工具栏中单击

□（基准平面）图标，弹出【基准平面】对话框，如图 4-97 所示。在【类型】下拉列表框

中选择 ◻ 自动判断 选项，在图形中选择图 4-98 所示的直线与 Z 基准轴，单击 ＜确定＞ 按

钮，创建基准平面，如图 4-99 所示。

图 4-97

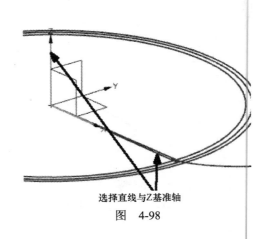

选择直线与Z基准轴

图 4-98

8. 创建镜像曲线

选择菜单中的【插入】/【来自曲线集的曲线】/【镜像】命令，或在【曲线】工具条中

单击 ⊡（镜像曲线）图标，弹出【镜像曲线】对话框，如图 4-100 所示。在图形中选择图

4-101 所示的曲线，在【镜像曲线】对话框的【平面】下拉列表框中选择 现有平面

选项，在图形中选择图 4-101 所示的基准平面，勾选 ☑关联 复选框，在【输入曲线】下拉

列表框中选项 保留 选项，单击 确定 按钮，创建镜像曲线，如图 4-102 所示。

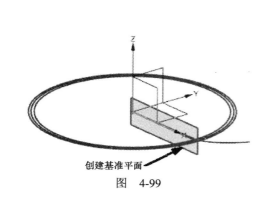

图　4-99

图　4-100

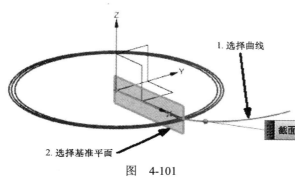

图　4-101

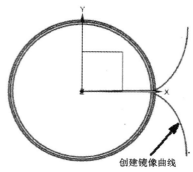

图　4-102

9. 创建螺旋线

选择菜单中的【插入】/【曲线】/【螺旋线】命令，或在【曲线】工具条中单击　（螺旋线）图标，弹出【螺旋线】对话框，如图4-103所示。在 指定 CSYS 区域单击　（CSYS对话框）按钮，弹出【CSYS】对话框，如图4-104所示，在【类型】下拉列表框中选择　动态 选项，在【参考】下拉列表框中选择 WCS （工作坐标系）选项，单击　确定 按钮，系统返回【螺旋线】对话框。

在【螺旋线】对话框的【大小】区域内的【值】栏中输入 "d_cdy/2"，在【螺距】区域内的【值】栏中输入 "lj"，在【长度】区域的【圈数】栏中输入 "0.015"，在【旋转方向】下拉列表框中选择 右手 　　　选项，单击　确定 按钮，完成螺旋线的创建，如图4-105所示。

图　4-103

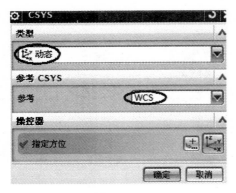

图　4-104

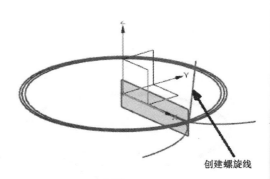

图　4-105

4.8　创建斜齿轮基本齿廓

1. 设定工作层

选择菜单中的【格式】/【图层设置】命令，弹出【图层设置】对话框，在【工作图层】栏中输入 "1"，然后按 <Enter> 键，最后在【图层设置】对话框中单击 关闭 按钮，完成工作层的设定。

2. 创建齿轮齿廓扫掠特征

选择菜单中的【插入】/【扫掠】/【扫掠】命令，或在【曲面】工具条中单击 （扫掠）图标，弹出【扫掠】对话框，如图 4-106 所示。系统提示选择截面曲线，在软件主界面的曲线规则下拉列表框中选择 相连曲线 ▼ ┼┼（在相交处停止）选项，在图形中选择图 4-107 所示的截面曲线，然后在【扫掠】对话框中单击 （引导线）图标，或直接按下鼠标中键确认完成截面曲线的选取，然后在图形中选择图 4-108 所示的曲线为引导线。

然后，在【扫掠】对话框的【截面选项】区域内的【对齐】下拉列表框中选择 参数 选项，在【定位方法】\【方向】下拉列表框中选择 矢量方向 ▼选项、在【指定矢量】下拉列表框中选择 ZC↑ ▼选项，在【缩放方法】\【缩放】下拉列表框中选择 恒定 ▼ 选项，勾选 ☑保留形状 复选框，最后在【扫掠】对话框中单击 确定 按钮，完成扫掠特征的创建，如图 4-109 所示。

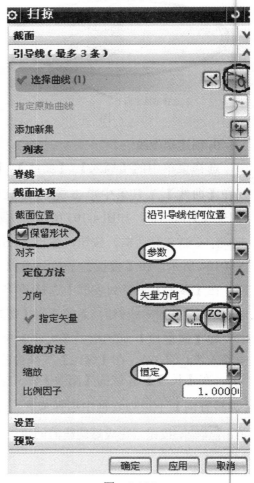

图　4-106

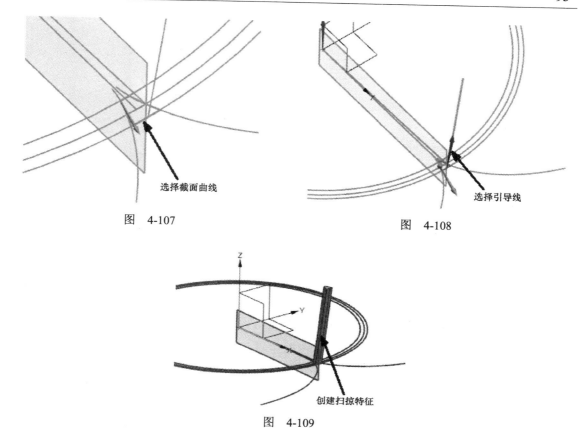

图　4-107

图　4-108

图　4-109

4.9　创建斜齿轮整体齿形

1. 设定工作层

选择菜单中的【格式】/【图层设置】命令，弹出【图层设置】对话框，在【工作图层】栏中输入"10"，然后按 <Enter> 键，最后在【图层设置】对话框中单击 关闭 按钮，完成工作层的设定。

2. 创建齿顶圆柱拉伸特征

选择菜单中的【插入】/【设计特征】/【拉伸】命令，或在【特征】工具条中单击 （拉伸）图标，弹出【拉伸】对话框，如图 4-110 所示，在曲线规则下拉列表框中选择 相连曲线 选项，选择图 4-111 所示的齿顶圆为拉伸对象。

然后，在【拉伸】对话框的【指定矢量】下拉列表框中选择 选项，在【开始】\【距离】栏和【结束】\【距离】栏中分别输入 "0" 和 "h_cl"，在【布尔】下拉列表框中选择 无 选项，如图 4-110 所示，单击

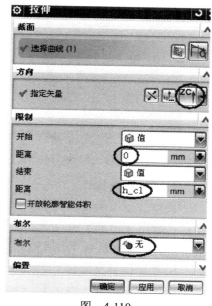

图　4-110

确定 按钮，完成齿顶圆柱拉伸特征的创建，如图 4-112 所示。

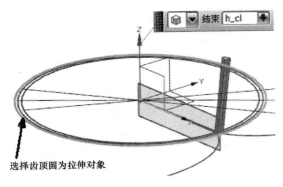

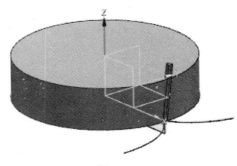

图　4-111　　　　　　　　　　　　　　　　　图　4-112

3. 创建偏置面特征

选择菜单中的【插入】/【偏置 / 缩放】/【偏置面】命令，或在【特征】工具条中单击（偏置面）图标，弹出【偏置面】对话框，如图 4-113 所示。在软件主界面的曲线规则下拉列表框中选择 单个面 选项，在图形中选择图 4-114 所示的面为要偏置的面，此时出现偏置方向，如图 4-114 所示。然后在【偏置面】对话框的【偏置】栏中输入 "2"，单击 **确定** 按钮，完成偏置面特征的创建，如图 4-115 所示。

图　4-113

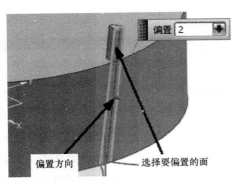

图　4-114

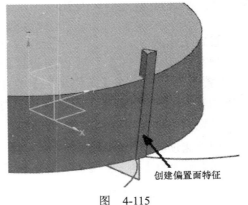

图　4-115

4. 创建求差操作

选择菜单中的【插入】/【组合】/【求差】命令，或在【特征】工具条中单击（求差）图标，弹出【求差】对话框，如图 4-116 所示。系统提示选择目标实体，按照图 4-117 所示依次选择目标实体和工具实体，完成求差操作的创建，如图 4-118 所示。

5. 创建倒斜角特征

选择菜单中的【插入】/【细节特征】/【倒斜角】命令，或在【特征】工具条中单击（倒斜角）图标，弹出【倒斜角】对话框，如图 4-119 所示。在图形中选择实体圆弧边，如

图 4-120 所示，在【倒斜角】对话框的【距离】栏中输入"1.5"，单击 确定 按钮，完成倒斜角特征的创建，如图 4-121 所示。

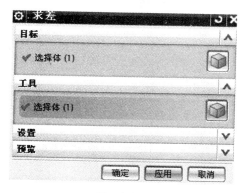

图　4-116

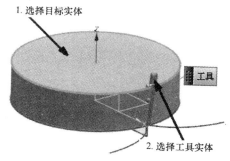

图　4-117

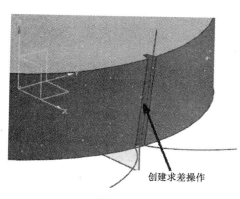

图　4-118

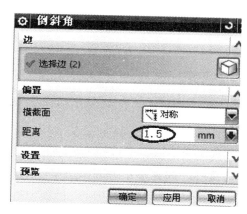

图　4-119

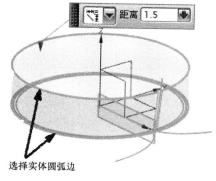

图　4-120

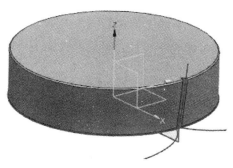

图　4-121

6. 创建阵列面特征

选择菜单中的【插入】/【关联复制】/【阵列面】命令，或在【特征】工具条中单击 （阵列面）图标，弹出【阵列面】对话框，如图 4-122 所示。在【类型】下拉列表框中选择 圆形阵列 选项，在主界面的曲线规则下拉列表框中选择 特征面 选项，

图　4-122

然后在图形中选择图 4-123 所示的齿廓面。

在【阵列面】对话框的【指定矢量】下拉列表框中选择^{ZC}选项，在【指定点】下拉列表框中选择⊕（圆弧中心 / 椭圆中心 / 球心）选项，在图形中选择图 4-123 所示的实体圆弧边。在【阵列面】对话框的【角度】和【圆数量】栏中分别输入"360/z"和"z"，最后单击　确定　按钮，完成阵列面（圆形阵列）的创建。

7. 图层设置

选择菜单中的【格式】/【图层设置】命令，弹出【图层设置】对话框，取消选中 21 和 41 层，即设置为不可见，最后在【图层设置】对话框中单击　关闭　按钮，完成图层的设定，图形更新为图 4-124 所示。

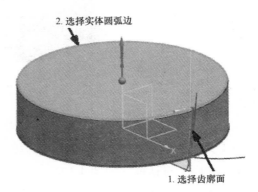

2. 选择实体圆弧边

1. 选择齿廓面

图　4-123

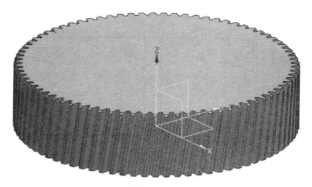

图　4-124

4.10　创建斜齿轮细节特征

1. 创建齿轮中心键槽特征

按照本章 4.5 节介绍的步骤，先草绘齿轮中心键槽截面，再拉伸创建。其截面尺寸如图 4-125 所示，即Rp45=29.0、p46=62.3、p47 =16.0。

2. 创建减轻孔，侧面凹槽，倒斜角和倒圆角特征

按照本章 4.5 节介绍的步骤，先草绘截面，再拉伸创建减轻孔和侧面凹槽，最后倒斜角、倒圆角，完成结果如图 4-126 所示。

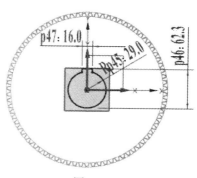

图　4-125

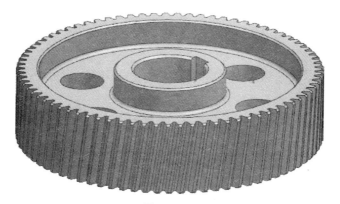

图　4-126

4.11　建立渐开线锥齿轮文件

选择菜单中的【文件】/【新建】命令或单击 ▯ （New 建立新文件）图标，弹出【新建】对话框，在【名称】栏中输入 "zhuicl"，在【单位】下拉列表框中选择【毫米】选项，单击 确定 按钮，建立文件名为 zhuicl .prt、单位为毫米的文件，根据图 4-127 所示的渐开线锥齿轮图样造型。

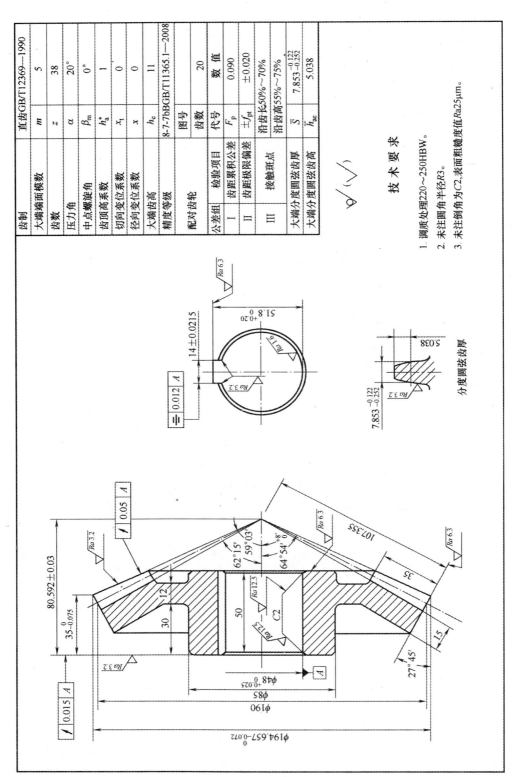

齿制		直齿GB/T12369—1990
大端端面模数	m	5
齿数	z	38
压力角	α	20°
中点螺旋角	β_m	0°
齿顶高系数	h_a^*	1
切向变位系数	x_t	0
径向变位系数	x	0
大端齿高	h_e	11
精度等级		8-7-7bBGB/T11365.1—2008
配对齿轮	图号	
	齿数	20
公差组	检验项目	代号	数　值
I	齿距累积公差	F_p	0.090
II	齿距极限偏差	$\pm f_{pt}$	±0.020
III	接触斑点	沿齿长50%~70%
		沿齿高55%~75%
大端分度圆弧齿厚	$\bar{S}$	$7.853^{-0.122}_{-0.252}$
大端分度圆弧齿高	$\bar{h}_{ae}$	5.038

技 术 要 求

1. 调质处理220~250HBW。
2. 未注圆角半径R3。
3. 未注倒角为C2。表面粗糙度值Ra25μm。

图 4.127

4.12　绘制渐开线锥齿轮齿廓截面

1. 建立表达式

选择菜单中的【工具】/【表达式】命令，弹出【表达式】对话框，在【名称】和【公式】栏中依次输入 "t" 和 "0"。注意：在单位下拉列表框中选择 恒定 选项。输入完成后，单击 ✔（接受编辑）图标。

按照相同的方法输入规律曲线的表达式，具体如下：

t=0　 // UG 规律曲线系统变量（0 ≤ t ≤ 1）

m=5　 // 齿轮大端端面模数

z=38　 // 齿轮齿数

a=20　 // 压力角

x=0　 // 变位系数

d=m*z　 // 分度圆直径

d0=m*z*cos(a)　 // 基圆直径

h_cg=1.25*(1+x)*m　 // 齿根高

h_cd=(1+x)*m　 // 齿顶高

d_cgy=d−2*h_cg　 // 齿根圆直径

d_cdy=d+2*h_cd　 // 齿顶圆直径

s=90*t　 // 渐开线展角范围（0，90）

xt=(d0/2)*cos(s)+(d0/2)*rad(s)*sin(s)　 // 渐开线方程

yt=(d0/2)*sin(s)−(d0/2)*rad(s)*cos(s)　 // 渐开线方程

zt=0

h−cl=50　 // 齿轮高度

完成所有表达式的输入，最后单击 确定 按钮。

2. 显示基准平面

选择菜单中的【格式】/【图层设置】命令，弹出【图层设置】对话框，勾选 ☑ 61 复选框，完成基准平面的显示。

3. 设定工作层

在【图层设置】对话框的【工作图层】栏中输入 "21"，然后按 <Enter> 键，最后在【图层设置】对话框中单击 关闭 按钮，完成工作层的设定。

4. 草绘截面线

选择菜单中的【插入】/【草图】命令，或在【直接草图】工具条中单击 🗒（草图）图标，弹出【创建草图】对话框。在图形中选择图 4-128 所示的 X-Z 平面为草图平面，单击 确定 按钮，出现草图绘制区。

步骤：

1）在【直接草图】工具条中单击 ↰（轮廓）图标，在主界面捕捉点工具条中单击 ＋（现有点）图标，选择坐标原点为起点，绘制如图 4-129 所示的三角形。

注意：直线端点 1 为坐标原点，直线 12 与直线 23 共线，直线 41 水平。如果一次绘制不成功，则可以后续加上约束。

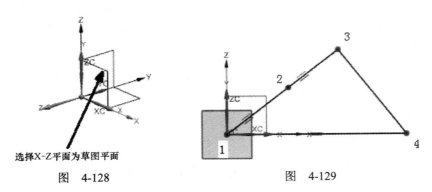

图　4-128　　　　　　　　　图　4-129

2）绘制直线。在【直接草图】工具栏中单击 ⁄ （直线）图标，按照图 4-130 所示绘制直线。注意：直线 45、直线 46 的端点 5、端点 6 在直线 23 上。

3）修改尺寸精度。选择菜单中的【首选项】/【注释】命令，弹出【注释首选项】对话框，选择 尺寸 选项卡，在【精度和公差】区域内的精度下拉列表框中选择 2 ▼ 选项，如图 4-131 所示，单击 确定 按钮，完成尺寸精度的设置。

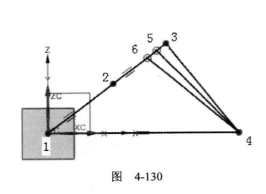

图　4-130

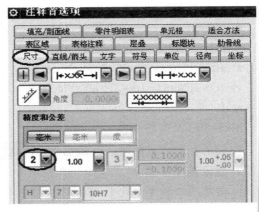

图　4-131

4）标注尺寸。在【直接草图】工具条中单击 ⊬ （自动判断尺寸）图标，按照图 4-132 所示的尺寸进行标注，即 p0=59.05、p1=62.25、p2=64.90、p3=27.75、p4= d/2、p5=d/2。此时，直接草图已经转换成绿色，表示已经完全约束。

5）在【直接草图】工具条中单击 完成草图 图标，返回建模界面，图形更新为图 4-133 所示。

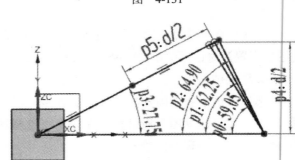

图　4-132

5. 创建基准坐标系 CSYS

选择菜单中的【插入】/【基准 / 点】/【基准】命令，或在【特征】工具栏中单击 ⛳ （基

准 CSYS）图标，弹出【基准 CSYS】对话框，如图 4-134 所示，在【类型】下拉列表框中
选择 Z 轴，X 轴，原点 选项，然后依次选择直线端点为坐标原点、Z 轴的方向和 X 轴的方向，
如图 4-135 所示，最后单击 <确定> 按钮，完成基准坐标系 CSYS 的创建，如图 4-136 所示。

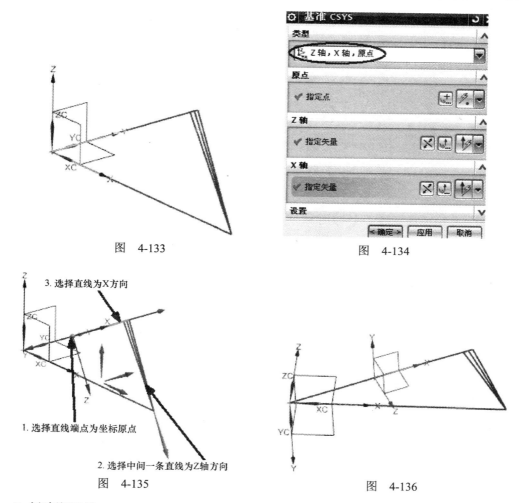

图 4-133

图 4-134

图 4-135

图 4-136

6. 创建渐开线

选择菜单中的【插入】/【曲线】/【规律曲线】命令，或在【曲线】工具栏中单击
（规律曲线）图标，弹出【规律曲线】对话框，如图 4-137 所示。在【规律曲线】对话框的
【X 规律】区域内的【规律类型】下拉列表框中选择 根据方程 选项，在【参数】和【函
数】栏中分别输入 "t" 和 "xt"；在【Y 规律】区域内的【规律类型】下拉列表框中选择
根据方程 选项，在【参数】和【函数】栏中分别输入 "t" 和 "yt"；在【Z 规律】区域内
的【规律类型】下拉列表框中选择 根据方程 选项，在【参数】和【函数】栏中分别输入
"t" 和 "zt"；在 指定 CSYS 区域单击 （CSYS 对话框）按钮，弹出【CSYS】对话框，如
图 4-138 所示，在【类型】下拉列表框中选择 动态 选项，在图形中选择图 4-139 所示的
基准坐标系，单击 确定 按钮，系统返回【规律曲线】对话框，单击 <确定> 按钮，完成

渐开线的创建，如图 4-140 所示。

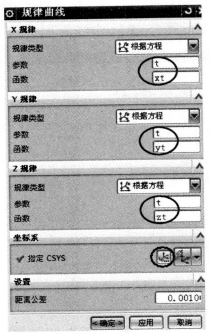

图　4-137

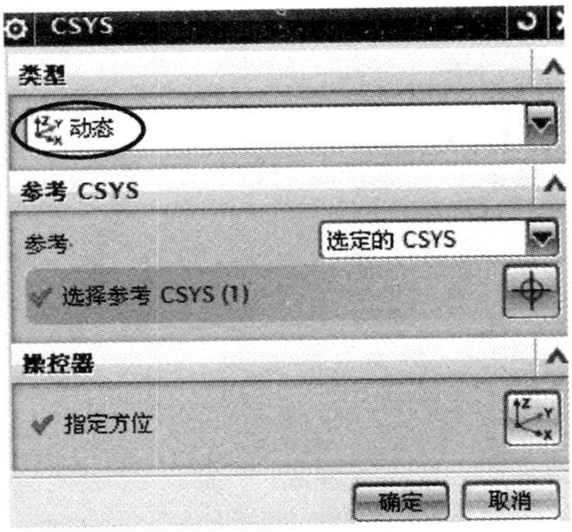

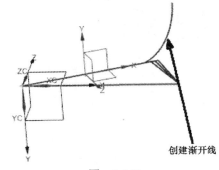

图　4-138

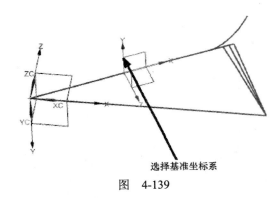

选择基准坐标系

图　4-139

创建渐开线

图　4-140

7. 草绘齿轮截面

选择菜单中的【插入】/【草图】命令，或在【直接草图】工具条中单击 （草图）图标，弹出【创建草图】对话框，在【平面方法】下拉列表框中选择 自动判断 选项，在图形中选择图 4-141 所示的基准平面为草图平面，单击 确定 按钮，出现草图绘制区。

步骤：

1）绘制圆。在【直接草图】工具条中单击 （圆）图标，在圆浮动工具栏中单击 （圆心和直径

选择基准平面为草图平面

图　4-141

定圆）图标，在主界面捕捉点工具条中单击 ✎（端点）图标，选择直线端点为圆心，绘制图 4-142 所示的三个圆。

2）绘制直线。在【直接草图】工具栏中单击 ✎（直线）图标，按照图 4-143 所示绘制直线，注意：直线 12 的起点为直线端点，点 2 为渐开线的端点，直线 13 的端点 3 为分度圆与渐开线的交点。

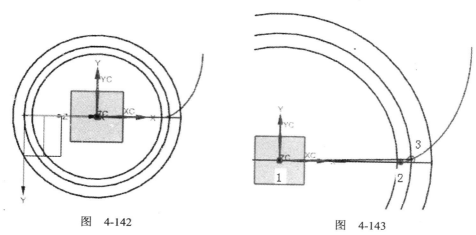

图　4-142　　　　　　　　　　　　　　图　4-143

3）绘制阵列曲线。在【直接草图】工具栏中单击 ⚄（阵列曲线）图标，弹出【阵列曲线】对话框，如图 4-144 所示。在图形中选择图 4-145 所示的要阵列的直线，在【布局】下拉列表框中选择 ⚪ 圆形 选项，在【指定点】下拉列表框中选择 ⊕ ▾（圆弧中心 / 椭圆中心 / 球心）选项，在图形中选择图 4-145 所示的圆弧，在【阵列曲线】对话框的【间距】下拉列表框中选择 数量和节距 ▾ 选项，在【数量】和【节距角】栏中分别输入"2"和"–90/z"，单击 ◄ 确定 ► 按钮，创建阵列曲线，如图 4-146 所示。

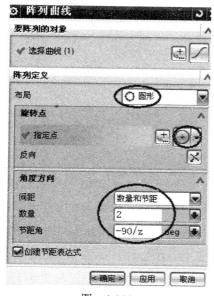

图　4-144

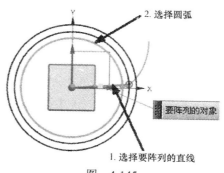

图　4-145

继续创建阵列曲线，在图形中选择图 4-147 所示的要阵列的直线，在【布局】下拉列表框中选择 ⚙ 圆形 选项，在【指定点】下拉列表框中选择 ╱▪▼（端点）选项，在图形中选择图 4-147 所示的渐开线的端点，在【阵列曲线】对话框的【间距】下拉列表框中选择 **数量和节距** ▼选项，在【数量】和【节距角】栏中分别是输入 "2" 和 "90/z"，单击 ◀ 确定 ▶ 按钮，创建阵列曲线，如图 4-148 所示。

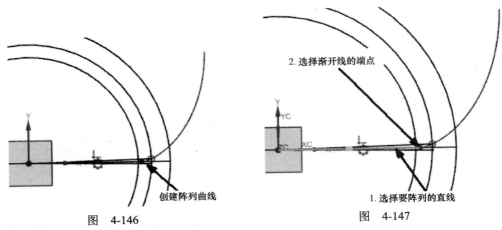

图 4-146　　　　　　　　　图 4-147

4）标注尺寸。在【直接草图】工具条中单击 ⊢⊿（自动判断尺寸）图标，按照图 4-149 所示的尺寸进行标注，即 $\phi p36 = d\_cgy$、$\phi p37 = d$、$\phi p38 = d\_cdy$。

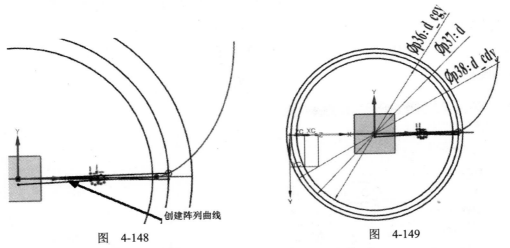

图 4-148　　　　　　　　　图 4-149

5）创建镜像曲线。在【直接草图】工具栏中单击 ⅃（镜像曲线）图标，弹出【镜像曲线】对话框，如图 4-150 所示。在软件主界面的曲线规则下拉列表框中选择 相连曲线 ▼选项，在图形中选择图 4-151 所示的要镜像的曲线，然后在【镜像曲线】对话框的【选择中心线】区域内单击 ✛（中心线）图标，再选择图 4-151 所示的直线为镜像中心线，最后单击 ◀ 确定 ▶ 按钮，完成镜像曲线的创建，如图 4-152 所示。

6）在【直接草图】工具条中单击 ▨ 完成草图 图标，返回建模界面，图形更新为图 4-153 所示。

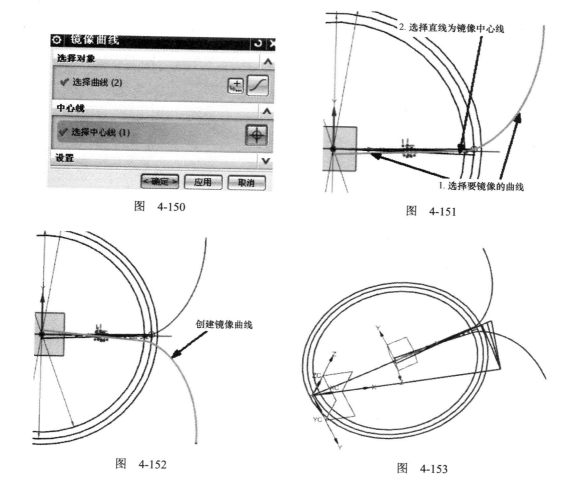

图　4-150

图　4-151

图　4-152

图　4-153

4.13　创建锥齿轮基本齿廓

1.创建齿轮齿廓直纹特征

选择菜单中的【插入】/【网格曲面】/【直纹】命令，或在【曲面】工具栏中单击  （直纹）图标，弹出【直纹】对话框，如图 4-154 所示，单击  （点构造器）图标，弹出【点】对话框，在【类型】下拉列表框中选择 ✗ 终点 选项，如图 4-155 所示，然后在图形中选择图 4-156 所示的直线端点为截面线 1，单击 确定 按钮。

系统返回【直纹】对话框，在【截面线串 2】/【选择曲线】区域内单击  （截面 2）图标，然后在软件主界面的曲线规则下拉列表框中选择 相切曲线 ✗ |††|（在相交处停止）选项，在

图　4-154

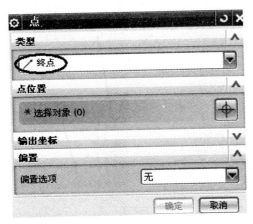

图　4-155

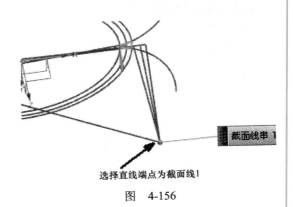

图　4-156

图形中选择图 4-157 所示的截面线为截面线串 2，在【直纹】对话框中勾选 ☑ 保留形状 复选框，单击 确定 按钮，完成直纹特征的创建，如图 4-158 所示。

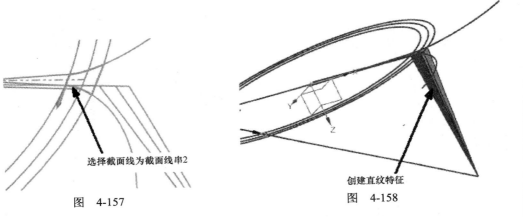

图　4-157

图　4-158

2. 创建修剪体特征

选择菜单中的【插入】/【修剪】/【修剪体】命令，或在【特征操作】工具栏中单击 （修剪体）图标，弹出【修剪体】对话框，如图 4-159 所示。系统提示选择目标体，在图形中选择图 4-160 所示的实体，然后在【修剪体】对话框的【工具选项】下拉列表框中

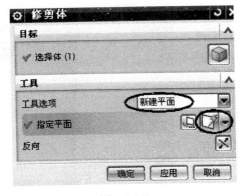

图　4-159

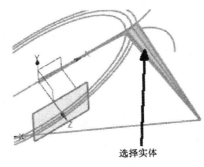

图　4-160

选择|新建平面　　　　　选项，在【指定平面】下拉列表框中选择（自动判断）选项，在图形中选择图 4-161 所示的基准平面，并在【距离】栏中输入"35"，此时出现修剪方向，单击　确定　按钮，创建修剪体特征，如图 4-162 所示。

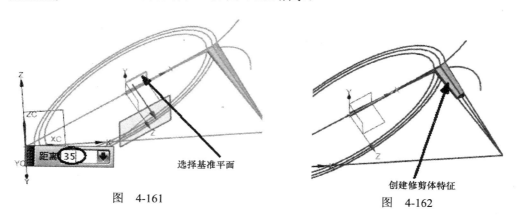

图　4-161　　　　　　　　　　　　　　　　　图　4-162

4.14　创建锥齿轮整体齿形

1. 将辅助曲线移至 255 层

选择菜单中的【格式】/【移动至图层】命令，弹出【类选择】对话框，选择辅助曲线并将其移动至 255 层（步骤略）。然后，设置 255 层为不可见，图形更新为图 4-163 所示。

2. 草绘锥齿轮轮廓截面线

选择菜单中的【插入】/【草图】命令，或在【直接草图】工具条中单击（草图）图标，弹出【创建草图】对话框，在图形中选择图 4-164 所示的 X-Z 平面为草图平面，单击＜确定＞按钮，出现草图绘制区。

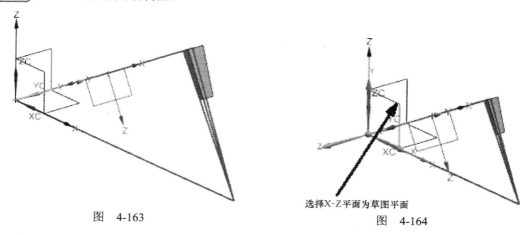

图　4-163　　　　　　　　　　　　　　　　　图　4-164

步骤：

1）投影曲线。在【直接草图】工具条中单击（投影曲线）图标，弹出【投影曲线】对话框，如图 4-165 所示。在图形中选择图 4-166 所示的实体边线进行投影。最后单击　确定　按钮，完成投影曲线的创建，如图 4-167 所示。

2）在【直接草图】工具条中单击 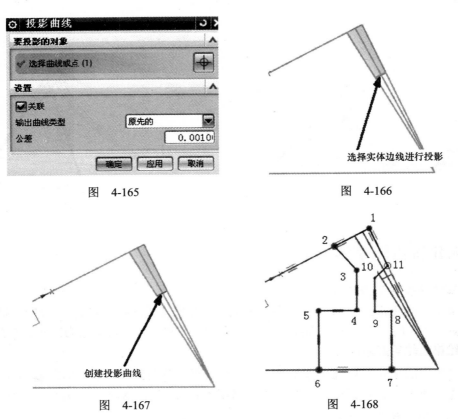 （轮廓）图标，按照图 4-168 所示的顺序绘制截面。

注意：点 1 为端点，点 2、6、7、11 为线上点；直线 45 和直线 89 水平；直线 34、直线 56、直线 78 和直线 910 竖直。

图　4-165

图　4-166

图　4-167

图　4-168

3）加上约束，在【直接草图】工具条中单击 （几何约束）图标，弹出【几何约束】对话框，单击 （平行）图标，如图 4-169 所示。在图中选择直线 23 与齿廓轮廓线，如图 4-170 所示，约束其平行，约束结果如图 4-171 所示。在【直接草图】工具条中单击 （显示草图约束）图标，使图形中的约束显示出来。

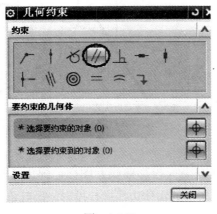

图　4-169

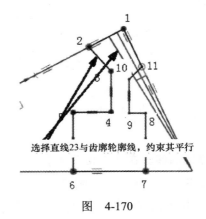

图　4-170

继续进行约束，在【几何约束】对话框中单击 ⫴（共线）图标，分别选择三组轮廓边与原先的曲线共线，约束结果如图 4-172 所示。在【直接草图】工具条中单击 ⫰（显示所有约束）图标，使图形中的约束显示出来。

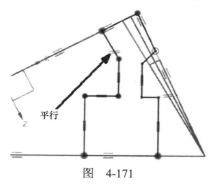

图 4-171

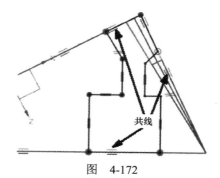

图 4-172

继续进行约束，选择图 4-173 所示的两条直线，约束其共线，在【直接草图】工具条中单击 ⫰（显示所有约束）图标，使图形中的约束显示出来。

继续进行约束，选择图 4-174 所示的直线与投影曲线，约束其共线，约束结果如图 4-175 所示。在【直接草图】工具条中单击 ⫰（显示所有约束）图标，使图形中的约束显示出来。

4）标注尺寸。在【直接草图】工具条中单击 📐（自动判断尺寸）图标，按照图 4-176 所示的尺寸进行标注，即 p44=35.00、p45= 42.50、p46=30.00、p47 = 12.00、p48=50.00、p49 =15.00。此时，直接草图已经转换成绿色，表示已经完全约束。

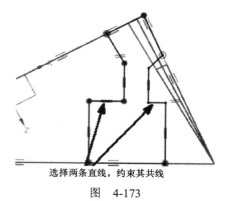

选择两条直线，约束其共线

图 4-173

选择直线与投影曲线，约束其共线

图 4-174

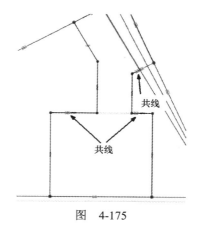

共线

图 4-175

5）在【直接草图】工具条中单击 🏁 完成草图 图标，返回建模界面。

3. 创建回转特征

选择菜单中的【插入】/【设计特征】/【回转】命令，或在【特征】工具条中单击 🛢（回转）图标，弹出【回转】对话框，如图 4-177 所示。然后，在软件主界面的曲线规则下拉列

表框中选择 相连曲线 选项，在图形中选择图 4-178 所示的曲线为回转对象。

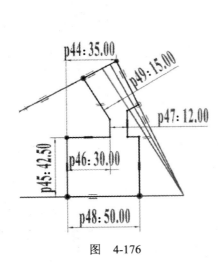

图　4-176

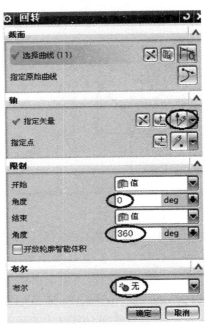

图　4-177

然后，在【回转】对话框的【指定矢量】下拉列表框中选择 （自动判断的矢量）选项，然后在图形中选择图 4-178 所示的直线为回转轴，在【开始】\【角度】栏和【结束】\【角度】栏中分别输入"0"和"360"，在【布尔】下拉列表框中选择 无选项，如图 4-177 所示，单击 确定 按钮，完成回转体特征的创建，如图 4-179 所示。

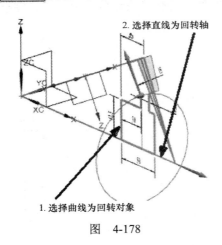

图　4-178

图　4-179

4. 创建偏置面特征

选择菜单中的【插入】/【偏置/缩放】/【偏置面】命令，或在【特征】工具条中单击 （偏置面）图标，弹出【偏置面】对话框，如图 4-180 所示。在软件主界面的曲线规则下拉列表框中选择 单个面 选项，在图形中选择图 4-181 所示的齿廓面为要

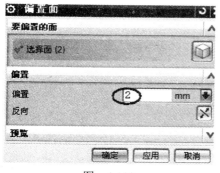

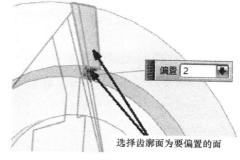

图　4-180　　　　　　　　　　　　　　　　图　4-181

偏置的面，此时出现偏置方向。然后，在【偏置面】对话框的【偏置】栏中输入"2"，单击 **确定** 按钮，完成偏置面特征的创建，如图 4-182 所示。

5. 创建倒斜角特征

选择菜单中的【插入】/【细节特征】/【倒斜角】命令，或在【特征】工具条中单击 （倒斜角）图标，弹出【倒斜角】对话框，如图 4-183 所示。在图形中选择实体圆弧边，如图 4-184 所示，并在【距离】栏中输入"2"，单击 **确定** 按钮，完成倒斜角特征的创建，如图 4-185 所示。

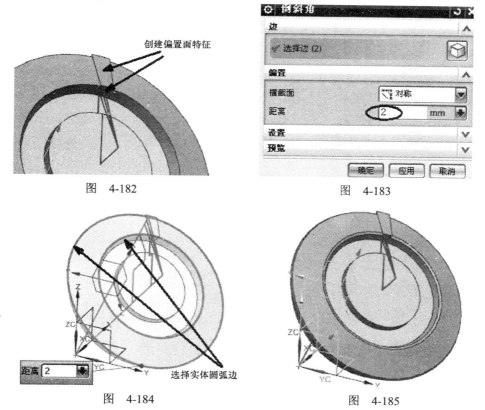

图　4-182　　　　　　　　　　　　　　　　图　4-183

图　4-184　　　　　　　　　　　　　　　　图　4-185

6. 创建实体减操作

选择菜单中的【插入】/【组合】/【求差】命令，或在【特征】工具条中单击 （求差）

图标，弹出【求差】对话框，如图 4-186 所示。系统提示选择目标实体，按照图 4-187 所示依次选择目标实体和工具实体，完成求差操作的创建，如图 4-188 所示。

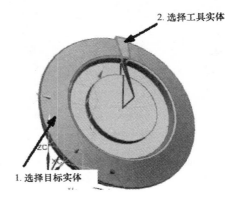

图　4-186　　　　　　　　　　　　　　　图　4-187

7. 创建阵列面特征

选择菜单中的【插入】/【关联复制】/【阵列面】命令，或在【特征】工具条中单击 (阵列面) 图标，弹出【阵列面】对话框，如图 4-189 所示。在【类型】下拉列表框中选择 圆形阵列 选项，在软件主界面的曲线规则下拉列表框中选择 特征面 选项，在图形中选择图 4-190 所示的齿廓面。

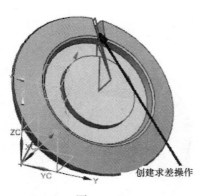

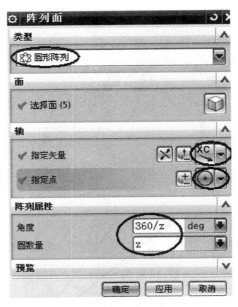

图　4-188　　　　　　　　　　　　　　　图　4-189

在【阵列面】对话框的【指定矢量】下拉列表框中选择 XC 选项，在【指定点】下拉列表框中选择 (圆弧中心 / 椭圆中心 / 球心) 选项，在图形中选择图 4-190 所示的实体圆弧边，在【阵列面】对话框的【角度】和【圆数量】栏中分别输入 "360/z" 和 "z"，单击 确定 按钮，完成阵列面（圆形阵列）的创建，如图 4-191 所示。

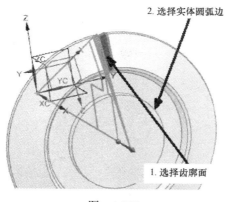

图 4-190

图 4-191

8. 将辅助曲线移至 255 层

选择菜单中的【格式】/【移动至图层】命令，弹出【类选择】对话框，选择辅助曲线并将其移动至 255 层（步骤略），图形更新为图 4-192 所示。

图 4-192

4.15 创建锥齿轮细节特征

1. 草绘齿轮中心键槽截面

选择菜单中的【插入】/【草图】命令，或在【直接草图】工具条中单击 ⊞ （草图）图标，弹出【创建草图】对话框，在【平面方法】下拉列表框中选择 自动判断 ▼ 选项，如图 4-193 所示。在图形中选择图 4-194 所示的实体面为草图平面，单击 < 确定 > 按钮，出现草图绘制区。

步骤：

1）绘制圆。在【直接草图】工具条中单击 ◯ （圆）图标，在圆浮动工具栏中单击 ⊙ （圆心和直径定圆）图标，在主界面捕捉点工具条中单击 ＋（现有点）图标，选择坐标原点为圆心，绘制如图 4-195 所示的圆。

2）在【直接草图】工具条中单击 ∽ （轮廓）图标，按照图 4-196 所示绘制三条直线。

图 4-193

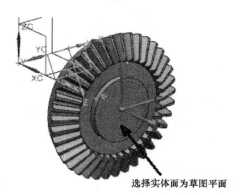

选择实体面为草图平面

图 4-194

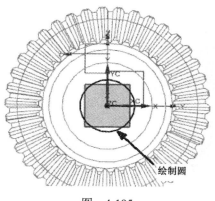

绘制圆

图 4-195

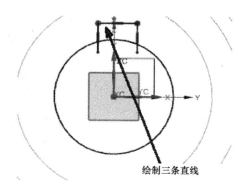

绘制三条直线

图 4-196

3）加上约束。在【直接草图】工具条中单击 ╱⊥（几何约束）图标，弹出【几何约束】对话框，单击 ▬（中点）图标，如图 4-197 所示。在图中选择直线与坐标原点，如图 4-198

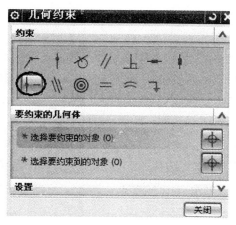

图 4-197

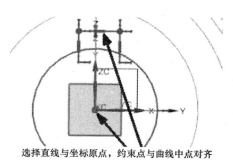

选择直线与坐标原点，约束点与曲线中点对齐

图 4-198

所示，约束点与曲线中点对齐，约束结果如图 4-199 所示。在【直接草图】工具条中单击
⚹ （显示草图约束）图标，使图形中的约束显示出来。

4）快速修剪曲线。在【直接草图】工具栏中单击 ⚹ （快速修剪）图标，弹出【快速修
剪】对话框，如图 4-200 所示。在图形中选择图 4-201 所示的曲线进行修剪，修剪结果如图
4-202 所示。

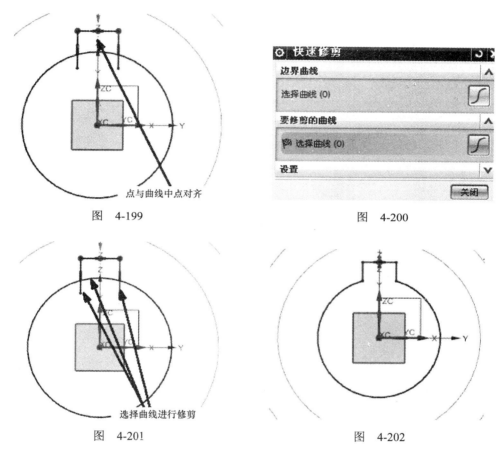

图　4-199　　　　　　　　　　　　　　　　　图　4-200

图　4-201　　　　　　　　　　　　　　　　　图　4-202

5）标注尺寸。在【直接草图】工具条中单击
⚹ （自动判断尺寸）图标，按照图 4-203 所示的尺
寸进行标注，即 Rp61=24.00、p62=14.00、p63=51.80。
此时，直接草图已经转换成绿色，表示已经完全约束。

6）在【直接草图】工具条中单击 ⚹ 完成草图 图
标，返回建模界面，图形更新为图 4-204 所示。

2. 创建齿轮减除部分实体拉伸特征

选择菜单中的【插入】/【设计特征】/【拉伸】
命令，或在【特征】工具条中单击 ⚹ （拉伸）图

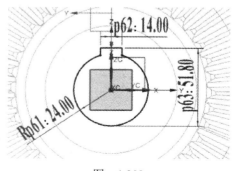

图　4-203

标，弹出【拉伸】对话框，如图 4-205 所示。在软件主界面的曲线规则下拉列表框中选择
相连曲线 选项，选择如图 4-206 所示的曲线为拉伸对象。

然后，在【拉伸】对话框的【方向】区域内单击 （反向）按钮，出现如图 4-206 所示的拉伸方向，在【开始】\【距离】栏中输入"0"，在【结束】下拉列表框中选择 🏢 贯通 选项，在【布尔】下拉列表框中选择 求差 选项，如图 4-205 所示。最后单击 确定 按钮，完成齿轮减除部分实体拉伸特征的创建，如图 4-207 所示。

3. 创建倒斜角和倒圆角特征

按照本章 4.5 节介绍的步骤，创建倒斜角和倒圆角特征，完成结果如图 4-208 所示。

图   4-204

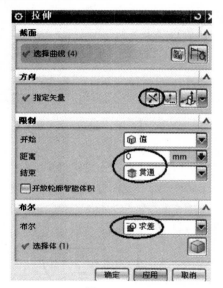

图   4-205

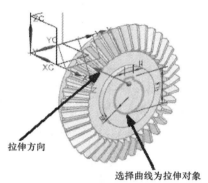

图   4-206

图   4-207

图   4-208

4. 将辅助曲线移至 255 层

选择菜单中的【格式】/【移动至图层】命令，弹出【类选择】对话框，选择辅助曲线并将其移动至 255 层（步骤略）。

5. 关闭 61 基准层（步骤略）

第 5 章

蜗杆蜗轮类零件参数化设计

📖 实例说明

本章主要介绍蜗杆、蜗轮类零件的参数化设计。其构建思路为：①采用建立表达式的方法输入规律曲线的设计变量及蜗杆、蜗轮建模的几何变量，然后绘制截面线；②回转、扫掠草绘截面创建蜗杆、蜗轮齿形或齿廓实体及蜗杆、蜗轮主体，并在轮边及槽底倒斜角或圆角。蜗杆和蜗轮如图 5-1 所示。

图　5-1

📖 学习目标

通过该实例的练习，读者能熟练地掌握和运用草图工具；熟练掌握建立参数表达式、拉伸、回转、扫掠等基础特征的创建方法。通过本实例还可以学习阵列曲线、阵列面、镜像操作、修剪体、边倒圆、实例特征等基本方法和技巧。

轴向模数	m	4	蜗轮图号		ZA
头数	z_1	4	蜗杆类型		
轴向压力角	α	20°	中心距及其偏差	a	125±0.050
齿顶高系数	h_a^*	1	蜗杆齿距极限偏差	f_{px}	±0.014
顶隙系数	c^*	0.2	蜗杆齿距累积偏差	f_{pxL}	0.024
导程角	γ	21°48′05″	蜗杆齿形公差	f_1	0.022
螺旋方向		右旋	蜗杆齿槽径向跳动公差	f_r	0.017
精度等级		7dGB/T 10089—1988			
分度圆直径	d_1	40			
全齿高	h_1	8.8			

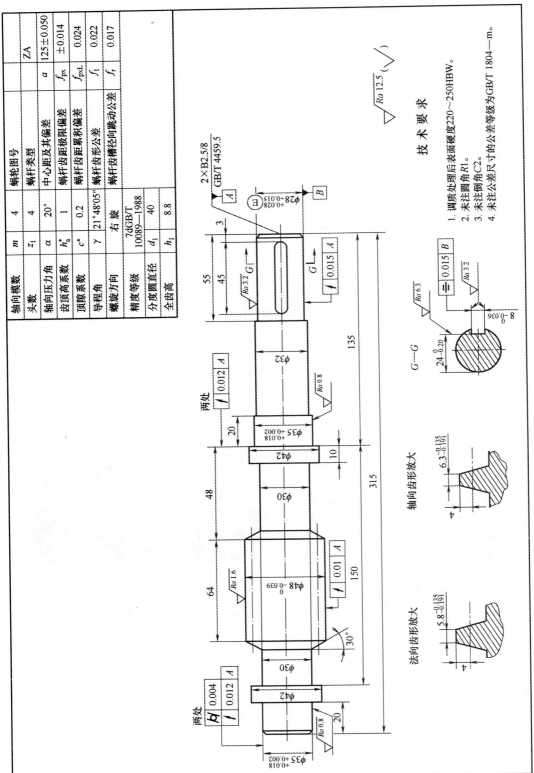

技　术　要　求

1. 调质处理后表面硬度220～250HBW。
2. 未注圆角R1。
3. 未注倒角C2。
4. 未注公差尺寸的公差等级为GB/T 1804—m。

图 5-2

5.1　建立阿基米德蜗杆文件

选择菜单中的【文件】/【新建】命令或单击 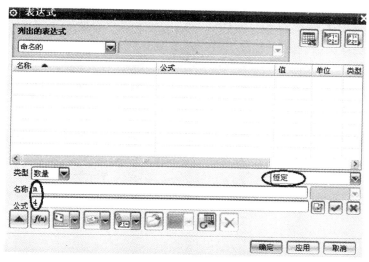（New 建立新文件）图标，弹出【新建】对话框，在【名称】栏中输入"wg"，在【单位】下拉列表框中选择【毫米】选项，单击 确定 按钮，建立文件名为 wg.prt、单位为毫米的文件，根据图 5-2 所示的阿基米德蜗杆图样进行造型。

5.2　绘制蜗杆主体

1. 建立表达式

选择菜单中的【工具】/【表达式】命令，弹出【表达式】对话框，如图 5-3 所示。在【名称】和【公式】栏中依次输入"m"和"4"。注意：在单位下拉列表框中选择 恒定 选项。输入完成后，单击 ✓（接受编辑）图标。

图　5-3

按照相同的方法输入规律曲线的表达式，具体如下：

m=4　// 蜗杆模数

z=4　// 蜗杆头数

a=20　// 压力角

ha=1　// 齿顶高系数

c=0.2　// 顶隙系数

b=21.8　// 导程角

d=40　// 分度圆直径

h_cg=(ha+c)*m　// 齿根高

h_cd=ha*m // 齿顶高

d_cgy=d−2*h_cg　// 齿根圆直径

d_cdy=d+2*h_cd　// 齿顶圆直径

px=pi()*m　// 齿距

lj=px*z　// 蜗杆导程

完成所有表达式的输入，最后单击 确定 按钮。

2. 显示基准平面

选择菜单中的【格式】/【图层设置】命令，弹出【图层设置】对话框，勾选 ☑61 复选框，完成基准平面的显示。

3. 设定工作层

选择菜单中的【格式】/【图层设置】命令，弹出【图层设置】对话框，在【工作图层】栏中输入"21"，然后按 <Enter> 键，最后在【图层设置】对话框中单击 关闭 按钮，完成工作层的设定。

4. 草绘蜗杆截面

选择菜单中的【插入】/【草图】命令，或在【直接草图】工具条中单击 （草图）图标，弹出【创建草图】对话框。根据系统提示选择草图平面，在图形中选择图 5-4 所示的 Y-Z 平面为草图平面，单击 <确定> 按钮，出现草图绘制区。

选择Y-Z平面为草图平面

图　5-4

步骤：

1）在【直接草图】工具条中单击 （轮廓）图标，在主界面捕捉点工具条中单击 ＋（现有点）图标，选择坐标原点为起点，按照图 5-5 所示绘制截面线。

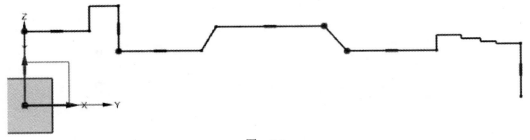

图　5-5

2）加上约束。在【直接草图】工具条中单击 （几何约束）图标，弹出【几何约束】对话框，单击 （点在曲线上）图标，如图 5-6 所示。在图中选择 X 轴与直线端点，如图 5-7 所示，约束其点在曲线上，约束结果如图 5-8 所示。在【直接草图】工具条中单击 （显示草图约束）图标，使图形中的约束显示出来。

3）标注尺寸。在【直接草图】工具条中单击 （自动判断尺寸）图标，按照图 5-9 所示的尺寸进行标注，即 p0=17.5、p1=21.0、p2=15.0、p3=24.0、p4=15.0、p5=21.0、p6=17.5、p7=16.0、p8=14.0、p9=20.0、p10=10.0、p11=64.0、p12=48.0、p13=120.0、p14=120.0、p15=10.0、p16=20.0、p17=60.0、p18=55.0、p20=150.0。此时，直接草图已经转换成绿色，表示已经完全约束。

4）在【直接草图】工具条中单击 完成草图 图标，返回建模界面，图形更新为图 5-10 所示。

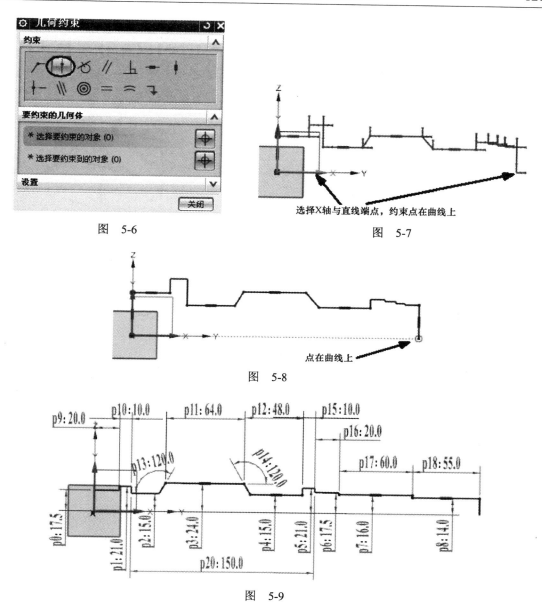

图　5-6

图　5-7

图　5-8

图　5-9

5. 设定工作层

选择菜单中的【格式】/【图层设置】命令，设置【图层设置】对话框，在【工作图层】栏中输入"10"，然后按 <Enter> 键，最后在【图层设置】对话框中单击 关闭 按钮，完成工作层的设定。

6. 创建回转特征

选择菜单中的【插入】/【设计特征】/【回转】命令，或在【特征】工具条中单击 （回转）图标，弹

图　5-10

出【回转】对话框，如图 5-11 所示。然后，在软件主界面的曲线规则下拉列表框中选择 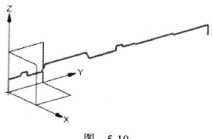 选项，在图形中选择图 5-12 所示的曲线为回转对象。

　　然后，在【回转】对话框的【指定矢量】下拉列表框中选择 ↙⁻ （自动判断的矢量）选项，再在图形中选择图 5-12 所示的 Y 轴为回转轴，在【开始】\【角度】和【结束】\【角度】栏中分别输入"0"和"360"，在【布尔】下拉列表框中选择 ⊘ 无选项，如图 5-11 所示。最后单击 确定 按钮，完成回转体特征的创建，如图 5-13 所示。

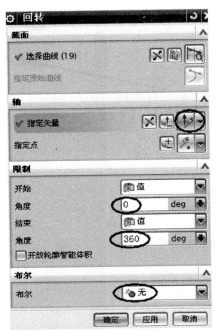

图　5-11

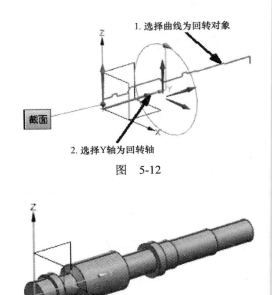

1. 选择曲线为回转对象

截面

2. 选择Y轴为回转轴

图　5-12

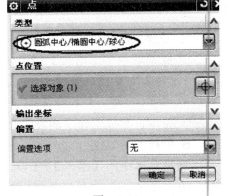

图　5-13

5.3　创建蜗杆齿槽截面线

1. 关闭 21、61 层
步骤略。

2. 移动工作坐标系
选择菜单中的【格式】/【WCS】/【原点】命令，或在【实用工具】工具条中单击 ↙ （WCS 原点）图标，弹出【点】对话框，在【类型】下拉列表框中选择 ⊙ 圆弧中心/椭圆中心/球心 选项，如图 5-14 所示。在图形中选择图 5-15 所示的实体圆弧边，单击 确定 按钮，将坐标系移至指定点，完成效果如图 5-16 所示。

3. 旋转工作坐标系
选择菜单中的【格式】/【WCS】/【旋转】命令，或在【实用工具】工具条中单击 ↙° （旋转 WCS）图标，弹出【旋转 WCS】对话框，如图

图　5-14

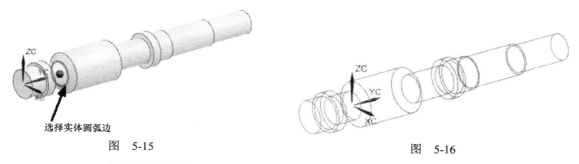

选择实体圆弧边

图　5-15　　　　　　　　　　　　　　　　　　图　5-16

5-17 所示，选中 ⊙+XC 轴：YC --> ZC 单选按钮，在【角度】栏中输入"b"，单击 确定 按钮，将坐标系旋转成如图 5-18 所示。

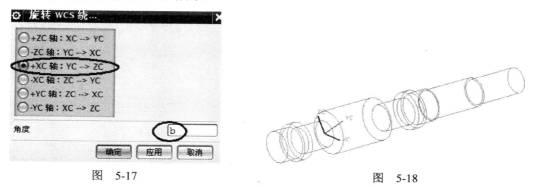

图　5-17　　　　　　　　　　　　　　　　　　图　5-18

4. 草绘齿槽截面线

选择菜单中的【插入】/【草图】命令，或在【直接草图】工具条中单击 🔲（草图）图标，弹出【创建草图】对话框，如图 5-19 所示，在【平面方法】下拉列表框中选择 自动判断 ▼选项，系统默认 X-Y 平面为草图平面，单击 <确定> 按钮，出现草图绘制区。

步骤：

1）在【直接草图】工具条中单击 ↻（轮廓）图标，按照图 5-20 所示绘制截面线。

图　5-19

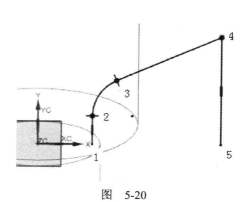

图　5-20

注意：直线 12、直线 45 竖直；圆弧 23 与相邻直线相切。

2）在【直接草图】工具栏中单击 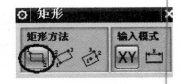（矩形）图标，弹出

【矩形】对话框，如图 5-21 所示。单击（按 2 点）图标，在

主界面捕捉点工具条中单击（端点）图标，选择图 5-23

所示的直线端点 5 为对角点 1，在主界面捕捉点工具条中单击

图　5-21

（点在曲线上）图标，选择图 5-23 所示的直线 34 上的点为对角点 2，绘制矩形如图 5-23 所示。

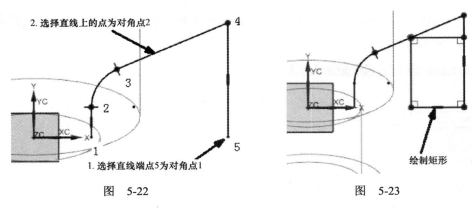

图　5-22　　　　　　　　　　　　　　图　5-23

3）加上约束。在【直接草图】工具条中单击（几何约束）图标，弹出【几何约束】

对话框，单击（点在曲线上）图标，如图 5-24 所示。在图中选择 X 轴与直线端点，如

图 5-25 所示，约束其点在曲线上，在图中选择 X 轴与直线端点，如图 5-25 所示，约束其点

在曲线上，约束结果如图 5-26 所示。在【直接草图】工具条中单击（显示草图约束）图

标，使图形中的约束显示出来。

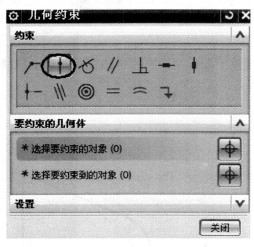

图　5-24

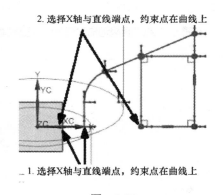

图　5-25

4）标注尺寸。在【直接草图】工具条中单击（自动判断尺寸）图标，按照图 5-27

所示的尺寸进行标注，即 Rp23=1.0、p24=d_cgy/2、p25=d/2、p26= d_cdy/2+0.2、p27= a、

p28 =px/4。此时，直接草图已经转换成绿色，表示已经完全约束。

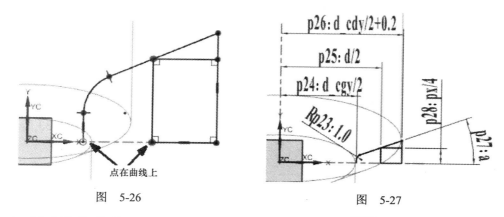

图　5-26　　　　　　　　　　　　图　5-27

5）创建镜像曲线。在【直接草图】工具栏中单击 （镜像曲线）图标，弹出【镜像曲线】对话框，如图 5-28 所示。在软件主界面的曲线规则下拉列表框中选择相连曲线选项，在图形中选择图 5-29 所示的要镜像的曲线，然后在【镜像曲线】对话框的【选择中心线】区域内单击 （中心线）图标，再选择图 5-29 所示的 X 轴为镜像中心线，最后单击 <确定> 按钮，完成镜像曲线的创建，如图 5-30 所示。

6）在【直接草图】工具条中单击 完成草图 图标，返回建模界面，图形更新为图 5-31 所示。

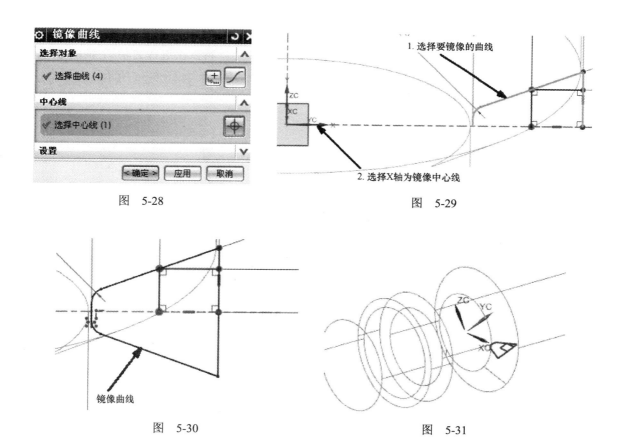

图　5-28　　　　　　　　　　　　图　5-29

图　5-30　　　　　　　　　　　　图　5-31

5.4 创建蜗杆螺旋线

1. 旋转工作坐标系

选择菜单中的【格式】/【WCS】/【旋转】命令，或在【实用工具】工具条中单击 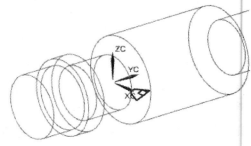（旋转 WCS）图标，弹出【旋转 WCS】对话框，如图 5-32 所示，选中 ⊙ -XC 轴：ZC --> YC 单选按钮，在【角度】栏中输入"b"，单击 确定 按钮，将坐标系旋转成图 5-33 所示。

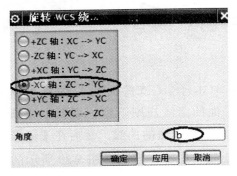

图　5-32

图　5-33

2. 构造工作坐标系 CSYS

选择菜单中的【格式】/【WCS】/【定向】命令，或在【实用工具】工具条中单击（WCS 定向）图标，弹出【CSYS】构造器对话框，如图 5-34 所示，在【类型】下拉列表框中选择 Z 轴，Y 轴，原点 选项，然后在【指定点】下拉列表框中选择 ⊙（圆弧中心 / 椭圆中心 / 球心）选项，在图形中选择图 5-35 所示的实体圆弧边，再依次选择 Z 轴、Y 轴的方向，如图 5-35 所示。最后单击 确定 按钮，完成工作坐标系的构造，如图 5-36 所示。

图　5-34

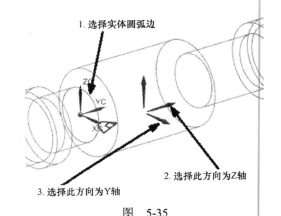

1. 选择实体圆弧边
2. 选择此方向为 Z 轴
3. 选择此方向为 Y 轴

图　5-35

3. 创建蜗杆螺旋线

选择菜单中的【插入】/【曲线】/【螺旋线】命令，或在【曲线】工具条中单击（螺旋线）图标，弹出【螺旋线】对话框，如图 5-37 所示。在 指定 CSYS 区域内单击（CSYS 对话框）按钮，弹出【CSYS】对话框，如图 5-38 所示，在【类型】下拉列表框中选择

动态 选项，在【参考】下拉列表框中选择 WCS （工作坐标系）选项，单击 确定 按钮，系统返回【螺旋线】对话框。

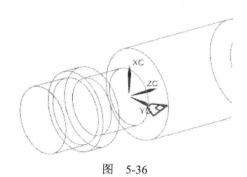

图　5-36

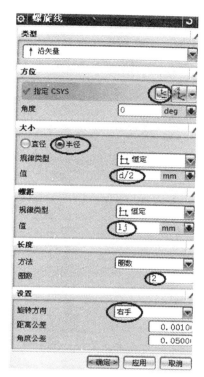

图　5-37

在【螺旋线】对话框的【大小】区域内的【值】栏中输入"d/2"，在【螺距】区域内的【值】栏中输入"lj"，在【长度】区域的【圈数】栏中输入"2"，在【旋转方向】下拉列表框中选择 右手 选项，单击 确定 按钮，完成螺旋线的创建，如图 5-39 所示。

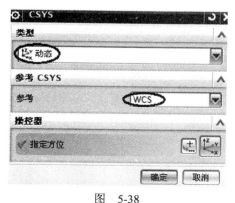

图　5-38

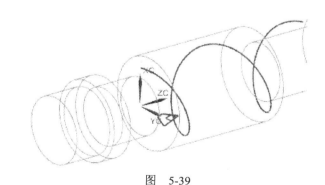

图　5-39

5.5　创建蜗杆齿形

1. 创建蜗杆齿槽扫掠特征

选择菜单中的【插入】/【扫掠】/【扫掠】命令，或在【曲面】工具条中单击 （扫掠）

图标，弹出【扫掠】对话框，如图 5-40 所示。系统提示选择截面曲线，在软件主界面的曲线规则下拉列表框中选择 相连曲线 ▼选项，在图形中选择图 5-41 所示的截面曲线，然后在【扫掠】对话框中单击 ▼（引导线）图标，或直接按下鼠标中键确认完成截面曲线选取，再在图形中选择图 5-42 所示的曲线为引导线。

图　5-40

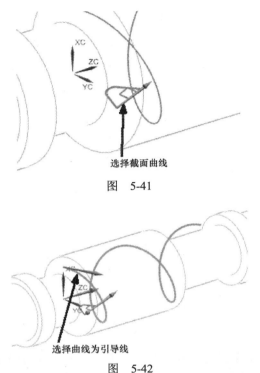

选择截面曲线

图　5-41

选择曲线为引导线

图　5-42

然后，在【扫掠】对话框的【截面选项】区域内的【对齐】下拉列表框中选择 参数 选项，在【定位方法】/【方向】下拉列表框中选择 矢量方向 ▼选项，在【指定矢量】下拉列表框中选择 ZC▼ 选项，勾选 ☑保留形状 复选框，最后在【扫掠】对话框中单击 确定 按钮，完成扫掠特征的创建，如图 5-43 所示。

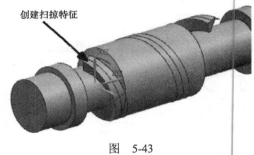

创建扫掠特征

图　5-43

2. 创建阵列特征—圆形阵列

选择菜单中的【插入】/【关联复制】/【阵列特征】命令，或在【特征】工具条中单击 （阵列特征）图标，弹出【阵列特征】对话框，如图 5-44 所示。在图形中选择图 5-45 所示的特征，在【布局】下拉列表框中选择 ⚙ 圆形 选项，在【指定矢量】下拉列表框中选择 ZC▼ 选项，在【指定点】下拉列表框中选择 ⊕▼（圆弧中心 / 椭圆中心 / 球心）选项，在图形中选择图 5-45 所示的实体圆弧边，在【间距】下拉列表框中选择 数量和节距 ▼选项，在【数量】和【节距角】栏中分别输入 "z" 和 "360/z"，最后单击 确定 按钮，完成阵列特征（圆形阵列）的创建，如图 5-46 所示。

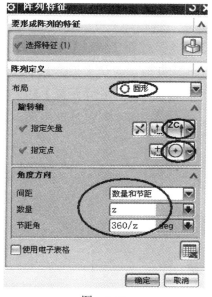

图 5-44

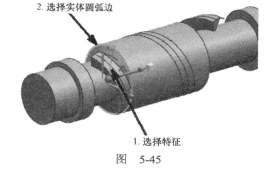

图 5-45

3. 创建求差操作

选择菜单中的【插入】/【组合】/【求差】命令，或在【特征】工具条中单击 图标，弹出【求差】对话框，如图 5-47 所示。系统提示选择目标实体，按照图 5-48 所示依次选择目标实体和工具实体，最后单击 确定 按钮，完成求差操作的创建，如图 5-49 所示。

图 5-46

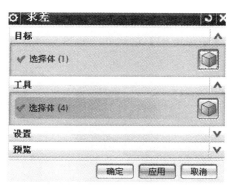

图 5-47

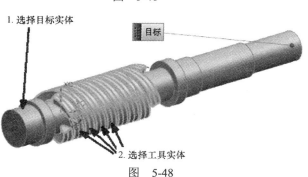

图 5-48

图 5-49

5.6　创建蜗杆细节特征

1. 创建基准平面

选择菜单中的【插入】/【基准 / 点】/【基准平面】命令，或在【特征】工具栏中单击 □（基准平面）图标，弹出【基准平面】对话框，如图 5-50 所示。在【类型】下拉列表框中选择 ↳xc YC-ZC 平面 选项，图形中出现预览基准平面和偏置方向，在【距离】栏中输入"14"，如图 5-51 所示。在【基准平面】对话框中单击 < 确定 > 按钮，创建基准平面，如图 5-52 所示。

图　5-50

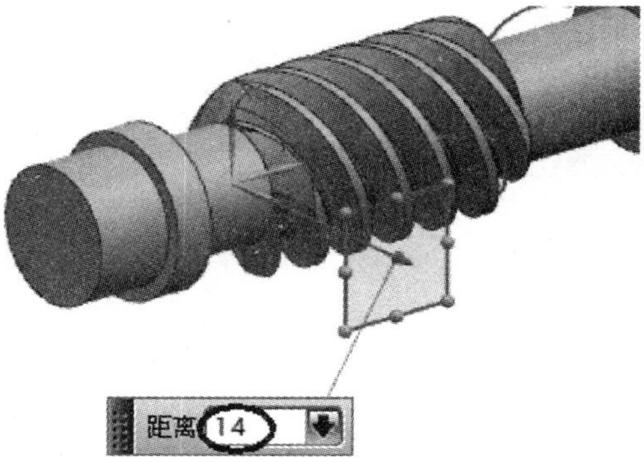

图　5-51

2. 创建键槽特征

选择菜单中的【插入】/【设计特征】/【键槽】命令，或在【特征】工具条中单击 ▤（键槽）图标，弹出【键槽】对话框，选中 ⊙矩形槽 复选框，如图 5-53 所示，单击 确定 按钮后，弹出【矩形键槽】对话框，如图 5-54 所示，在图形中选择图 5-55 所示的基准平面为放置面。

图　5-52

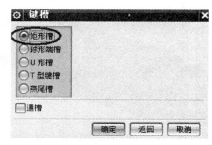

图　5-53

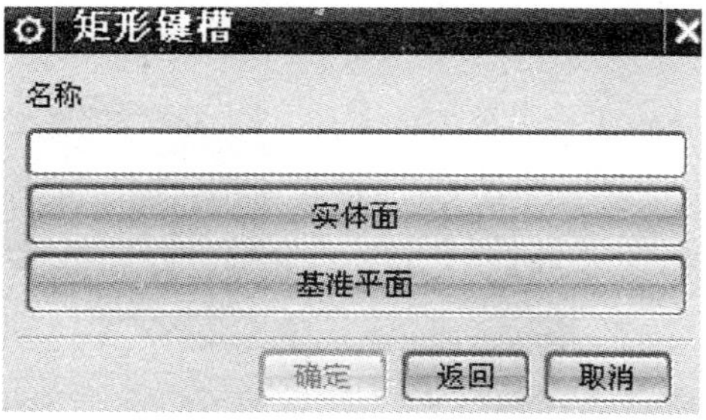

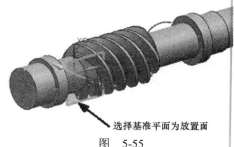

图　5-54

图　5-55

系统出现如图 5-56 所示的选择特征边对话框，单击 接受默认边 按钮，系统弹出【水平参考】对话框，如图 5-57 所示。

图　5-56　　　　　　　　　　　　　　　　　图　5-57

在图形中选择图 5-58 所示的圆柱面为水平参考，系统弹出【矩形键槽】对话框，如图 5-59 所示，在【长度】、【宽度】、【深度】栏中分别输入"45""8""4"，单击 确定 按钮。

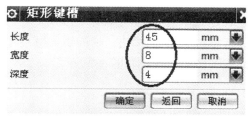

图　5-58　　　　　　　　　　　　　　　　　图　5-59

系统弹出矩形键槽【定位】对话框，如图 5-60 所示，单击 （水平）图标，弹出【水平】对话框，如图 5-61 所示。在图形中选择图 5-62 所示的实体圆弧边，系统弹出【设置圆弧的位置】对话框，如图 5-63 所示，单击 圆弧中心 按钮。

系统弹出【水平】对话框，如图 5-64 所示，在图形中选择图 5-65 所示的键槽竖直中心线。系统弹出【创建表达式】对话框，如图 5-66 所示，在 p61 变量中（读者的变量名可

图　5-60

图　5-61

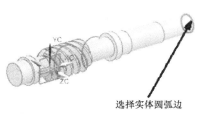

图　5-62

图　5-63

能不同）输入"27.5"，然后单击 确定 按钮。

图　5-64

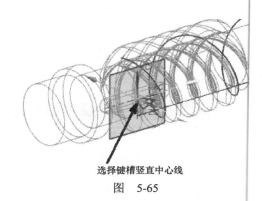

选择键槽竖直中心线

图　5-65

　　系统返回矩形键槽【定位】对话框，如图 5-67 所示，单击 ⬚（竖直）图标，系统弹出【竖直】对话框，如图 5-68 所示，在图形中选择图 5-69 所示的实体圆弧边为竖直参考目标对象。系统弹出【设置圆弧的位置】对话框，如图 5-70 所示，单击 圆弧中心 按钮，弹出【竖直】对话框，如图 5-71 所示。在图形中选择图 5-72 所示的键槽水平中心线，弹出【创建表达式】对话框，如图 5-73 所示，在 p62 变量中（读者的变量名可能不同）输入"0"，然后单击 确定 按钮。返回矩形键槽【定位】对话框，如图 5-74 所示，单击 确定 按钮，完成键槽的创建，如图 5-75 所示。

图　5-66

图　5-67

图　5-68

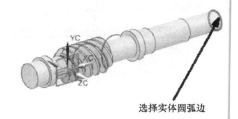

选择实体圆弧边

图　5-69

图　5-70

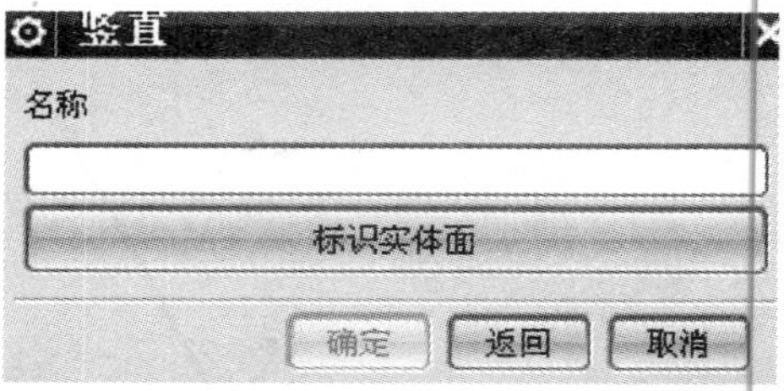

图　5-71

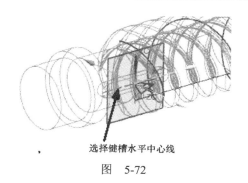

选择键槽水平中心线

图　5-72

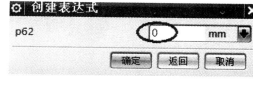

图　5-73

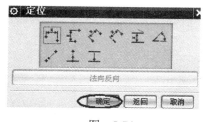

图　5-74

键槽

图　5-75

3. 将辅助曲线、基准移至 255 层

选择菜单中的【格式】/【移动至图层】命令，弹出【类选择】对话框，选择辅助曲线、基准并将其移动至 255 层（步骤略），然后设置 255 层为不可见。

4. 创建倒斜角特征

选择菜单中的【插入】/【细节特征】/【倒斜角】命令，或在【特征】工具条中单击 （倒斜角）图标，弹出【倒斜角】对话框，如图 5-76 所示。在图形中选择实体圆弧边，如图 5-77 所示，在【距离】栏中输入"2"，单击 确定 按钮，完成倒斜角特征的创建，如图 5-78 所示。

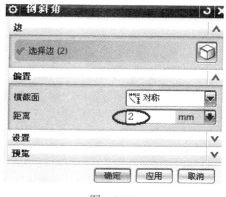

图　5-76

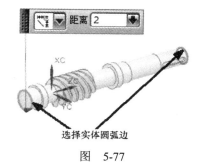

选择实体圆弧边

图　5-77

5. 创建边倒圆特征

选择菜单中的【插入】/【细节特征】/【边倒圆】命令，或在【特征】工具条中单击 （边倒圆）图标，弹出【边倒圆】对话框。在【半径1】栏中输入"1"，如图 5-79 所示，在图形中选择图 5-80 所示的边线作为倒圆角边，最后单击 确定 按钮，完成圆角特征的创建，如图 5-81 所示。

图   5-78

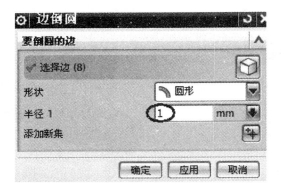

图   5-79

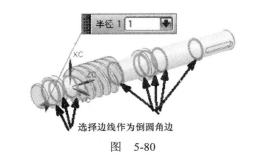

选择边线作为倒圆角边

图   5-80

图   5-81

5.7   建立蜗轮文件

选择菜单中的【文件】/【新建】命令或单击 ☐（New 建立新文件）图标，弹出【新建】对话框。在【名称】栏中输入"wl"，在【单位】下拉列表框中选择【毫米】选项，单击 确定 按钮，建立文件名为 wl.prt、单位为毫米的文件，根据图 5-82 所示的蜗轮图样造型。

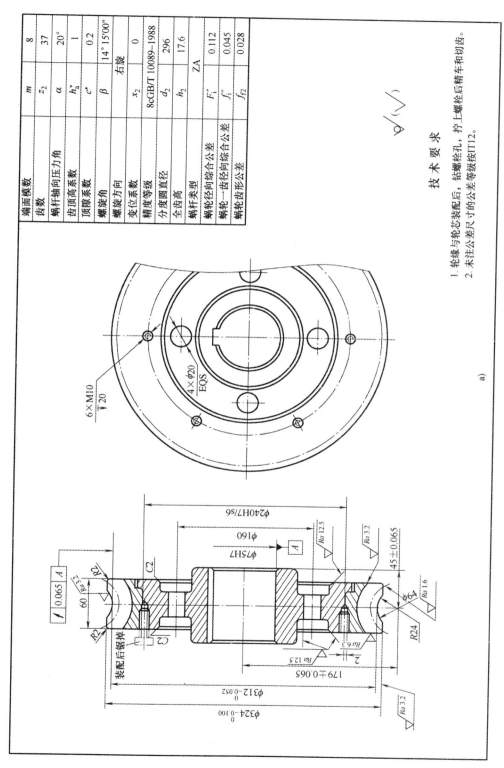

端面模数	m	8
齿数	z_2	37
蜗杆轴向压力角	α	20°
齿顶高系数	h_a^*	1
顶隙系数	c^*	0.2
螺旋角	β	14°15'00"
螺旋方向		右旋
变位系数	x_2	0
精度等级		8cGB/T 10089—1988
分度圆直径	d_2	296
全齿高	h_2	17.6
蜗杆类型		ZA
蜗轮径向综合公差	F_i''	0.112
蜗轮一齿径向综合公差	f_i''	0.045
蜗轮齿形公差	f_{f2}	0.028

技　术　要　求

1. 轮缘与轮芯装配后，钻螺栓孔，拧上螺栓后精车和切齿。
2. 未注公差尺寸的公差等级按IT12。

a)

图 5-82

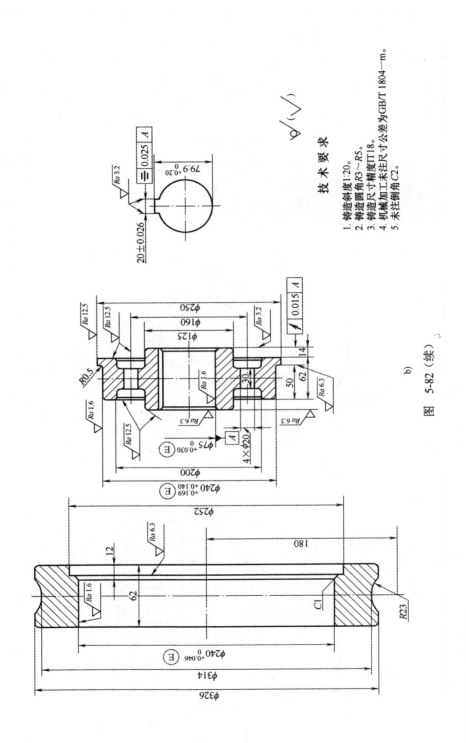

技术要求

1. 铸造斜度1:20。
2. 铸造圆角R3~R5。
3. 铸造尺寸精度IT18。
4. 机械加工未注尺寸公差为GB/T 1804—m。
5. 未注倒角C2。

图 5-82（续）

5.8 绘制蜗轮主体

1. 建立表达式

选择菜单中的【工具】/【表达式】命令，弹出【表达式】对话框，如图 5-83 所示。在【名称】和【公式】栏中依次输入 "m" 和 "8"。注意：在单位下拉列表框中选择

恒定 选项。输入完成后，单击 ✅（接受编辑）图标，如图 5-83 所示。

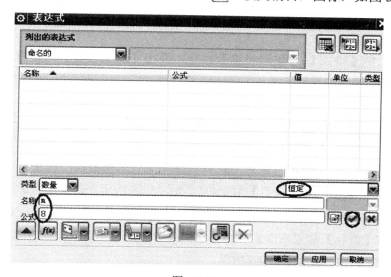

图　5-83

按照相同的方法输入规律曲线的表达式，具体如下：

m=8　// 蜗轮模数

z=37　// 蜗轮齿数

a=0　// 渐开线起始角度

b=45　// 渐开线终止角度

cc=20　// 压力角

e=14.25　// 导程角

r=m*z*cos(cc)/2　// 渐开线向径

t=0.001　// 精度控制参数

s=a+t*(b−a)　// 角度增量

xt=r*cos(s)+r*rad(s)*sin(s)　// 渐开线上点的 X 坐标

yt=r*sin(s)−r*rad(s)*cos(s)　// 渐开线上点的 Y 坐标

zt=0　// 渐开线上点的 Z 坐标

d=m*z　// 分度圆直径

ha=1　// 齿顶高系数

c=0.2　// 顶隙系数

h_cg=(ha+c)*m　// 齿根高

h_cd=ha*m　// 齿顶高

d_cgy=d−2*h_cg　// 齿根圆直径

d_cdy=d+2*h_cd　// 齿顶圆（喉圆）直径

px=pi()*m　// 齿距

lj=px*2　// 蜗杆导程

aa=180　// 蜗轮蜗杆中心距

d_wj=324　// 蜗轮顶圆直径

h_wl=62　// 蜗轮宽度

完成所有表达式的输入，最后单击 确定 按钮。

2. 显示基准平面

选择菜单中的【格式】/【图层设置】命令，弹出【图层设置】对话框，勾选 ☑ 61 复选框，完成基准平面的显示。

3. 创建圆柱特征

选择菜单中的【插入】/【设计特征】/【圆柱体】命令，或在【特征】工具条中单击 (圆柱) 图标，弹出【圆柱】对话框。在【类型】下拉列表框中选择 轴、直径和高度 选项，如图 5-84 所示，在【指定矢量】下拉列表框中选择 ZC 选项，在【指定点】区域内单击 (点对话框) 按钮，弹出【点】对话框，如图 5-85 所示。在【参考】下拉列表框中选择 WCS 选项，在【ZC】栏中输入 "-h_wl/2"，单击 确定 按钮，返回【圆柱】对话框，在【直径】和【高度】栏中分别输入 "d_wj" 和 "h_wl"，然后单击 确定 按钮，完成圆柱特征的创建，如图 5-86 所示。

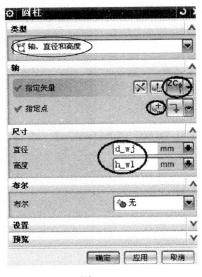

图　5-84

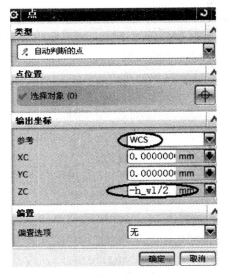

图　5-85

4. 创建沟槽特征

选择菜单中的【插入】/【设计特征】/【槽】命令，或在【特征】工具条中单击 (槽) 图标，弹出【槽】对话框，如图 5-87 所示。在对话框中单击 球形端槽 按钮，弹出【球形端槽】对话框，如图 5-88 所示。

接着，在图形中选择图 5-89 所示的圆柱面为放置面。选择完放置面后，弹出【球形端

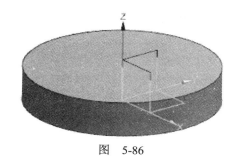

图　5-86

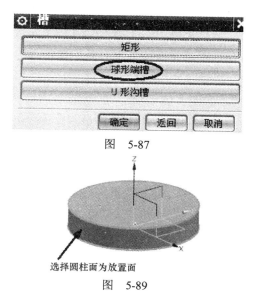

图　5-87

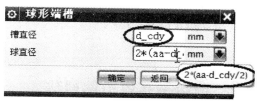

图　5-88

选择圆柱面为放置面

图　5-89

槽】对话框，如图 5-90 所示，在【槽直径】和
【球直径】栏中分别输入"d_cdy"和"2*(aa-
d_cdy/2)"，然后单击 确定 按钮。

注意：槽直径为喉圆直径，球直径 = 蜗轮
咽喉母圆直径 =2×（蜗轮蜗杆中心距 - 喉圆直
径 /2）。

图　5-90

系统弹出【定位槽】对话框，如图 5-91 所示。系统提示选择目标边，在图形中选择图
5-92 所示的实体边为目标边，再选择图 5-92 所示的刀具边，弹出【创建表达式】对话框，
如图 5-93 所示。在【p10】栏中输入"h_wl/2-(aa-d_cdy/2)"（读者的参数序数可能与此不一
致），然后单击 确定 按钮，完成沟槽特征的创建，如图 5-94 所示。

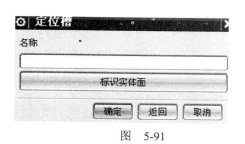

图　5-91

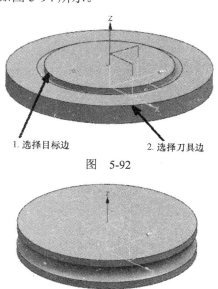

1. 选择目标边　　　　2. 选择刀具边

图　5-92

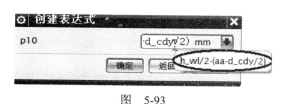

图　5-93

图　5-94

5. 创建边倒圆特征

选择菜单中的【插入】/【细节特征】/【边倒圆】命令，或在【特征】工具条中单击 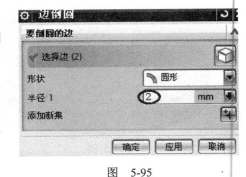（边倒圆）图标，弹出【边倒圆】对话框，在【半径 1】栏中输入"2"，如图 5-95 所示。在图形中选择图 5-96 所示的边线作为倒圆角边，最后单击 确定 按钮，完成边倒圆特征的创建，如图 5-97 所示。

图　5-95

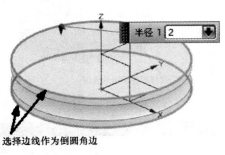

选择边线作为倒圆角边

图　5-96

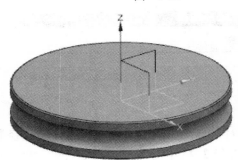

图　5-97

5.9　创建蜗轮齿槽截面线

1. 创建渐开线

选择菜单中的【插入】/【曲线】/【规律曲线】命令，或在【曲线】工具栏中单击 XYZ（规律曲线）图标，弹出【规律曲线】对话框，如图 5-98 所示。

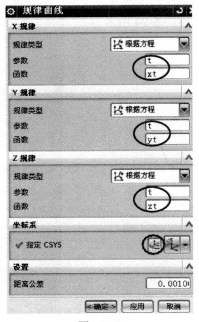

图　5-98

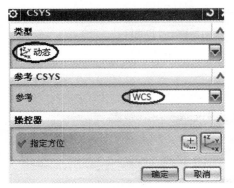

图　5-99

在【规律曲线】对话框的【X 规律】区域内的【规律类型】下拉列表框中选择 ![]根据方程 选项，在【参数】和【函数】栏中分别输入 "t" 和 "xt"；在【Y 规律】区域内的【规律类型】下拉列表框中选择 ![]根据方程 选项，在【参数】和【函数】栏中分别输入 "t" 和 "yt"；在【Z 规律】区域内的【规律类型】下拉列表框中选择 ![]根据方程 选项，在【参数】和【函数】栏中分别输入 "t" 和 "zt"；在 指定 CSYS 区域内单击 ![]（CSYS 对话框）按钮，弹出【CSYS】对话框，如图 5-99 所示，在【类型】下拉列表框中选择 ![]动态 选项，在【参考】下拉列表框中选择 WCS （工作坐标系）选项，单击 确定 按钮，系统返回【规律曲线】对话框，单击 <确定> 按钮，完成渐开线的创建，如图 5-100 所示。

2. 草绘蜗轮齿槽截面线

选择菜单中的【插入】/【草图】命令，或在【直接草图】工具条中单击 ![]（草图）图标，弹出【创建草图】对话框，在【平面方法】下拉列表框中选择 自动判断 选项，系统默认 X-Y 平面为草图平面，单击 <确定> 按钮，出现草图绘制区。

步骤：

1）绘制圆。在【直接草图】工具条中单击 ![]（圆）图标，在圆浮动工具栏中单击 ![]（圆心和直径定圆）图标，在主界面捕捉点工具条中单击 ✛（现有点）图标，选择坐标原点为圆心，绘制如图 5-101 所示的三个圆。

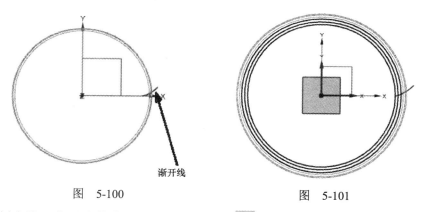

图　5-100　　　　　　　　　　　　　图　5-101

2）绘制直线。在【直接草图】工具栏中单击 ![]（直线）图标，按照图 5-102 所示绘制直线。注意：直线 12 的起点为坐标原点，点 2 为分度圆与渐开线的交点。

3）创建阵列曲线。在【直接草图】工具栏中单击 ![]（阵列曲线）图标，弹出【阵列曲线】对话框，如图 5-103 所示。在图形中选择图 5-104 所示的要阵列的直线，在【布局】下拉列表框中选择 ![]圆形 选项，在【指定点】下拉列表框中选择 ![]（圆弧中心 / 椭圆中心 / 球心）选项，在图形中选择图 5-104 所示的圆弧，在【阵列曲线】对话框的【间距】下拉列表框中选择 数量和节距 选项，在【数量】和【节距角】栏中输入 "2" 和 "–90/z"，单击 <确定> 按钮，完成阵列曲线的创建，如图 5-105 所示。

4）创建镜像曲线。在【直接草图】工具栏中单击 ![]（镜像曲线）图标，弹出【镜像曲线】对话框，如图 5-106 所示，在软件主界面的曲线规则下拉列表框中选择

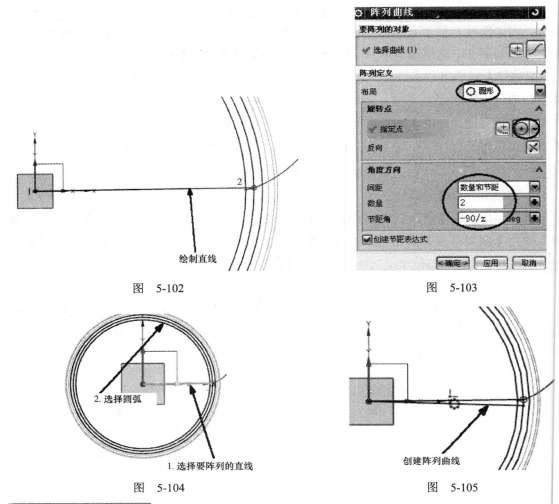

图　5-102

图　5-103

图　5-104

图　5-105

相连曲线 选项，在图形中选择图 5-107 所示的要镜像的曲线，然后在【镜像曲线】对话框的【选择中心线】区域内单击 ⊕（中心线）图标，再选择图 5-107 所示的直线为镜像中心线，最后单击 < 确定 > 按钮，完成镜像曲线的创建，如图 5-108 所示。

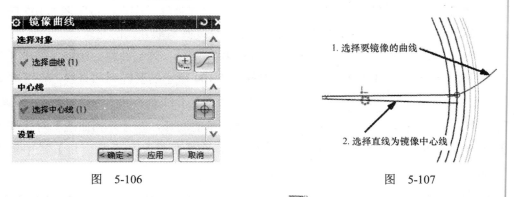

图　5-106

图　5-107

5）创建倒圆角。在【直接草图】工具栏中单击 ⌐（圆角）图标，弹出【圆角】对话框，如图 5-109 所示。在【圆角方法】区域内单击 ⌐（取消修剪）图标，在图形中依次选择图 5-110 所示的两条曲线，在圆心所处位置单击鼠标左键，创建圆角，如图 5-111 所示。

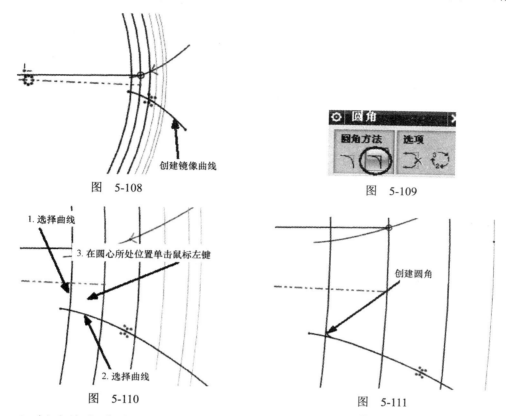

图　5-108

图　5-109

图　5-110

图　5-111

6）创建镜像曲线。在【直接草图】工具栏中单击 （镜像曲线）图标，弹出【镜像曲线】对话框，如图 5-112 所示。在软件主界面的曲线规则下拉列表框中选择 `相连曲线` 选项，在图形中选择图 5-113 所示的要镜像的圆角曲线，然后在【镜像曲线】对话框的【选择中心线】区域内单击 （中心线）图标，再选择图 5-113 所示的直线为镜像中心线，最后单击 `<确定>` 按钮，完成镜像曲线的创建，如图 5-114 所示。

7）标注尺寸。在【直接草图】工具条中单击 （自动判断尺寸）图标，按照图 5-115 所示的尺寸进行标注，即 $\phi p34=d\_cgy$、$\phi p35=d$、$\phi p36=d\_cdy$、$Rp37=1.0$。

图　5-112

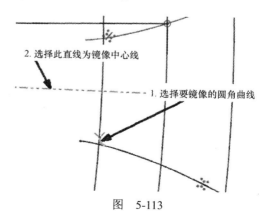

图　5-113

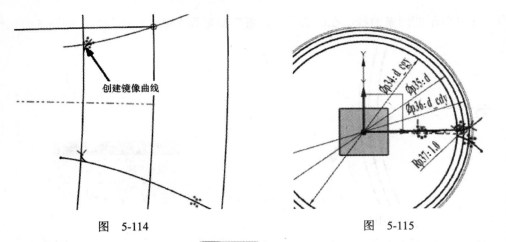

图　5-114　　　　　　　　　　　　　图　5-115

8）在【直接草图】工具条中单击 完成草图 图标，返回建模界面，图形更新为图 5-116 所示。

3. 旋转齿槽截面线

选择菜单中的【插入】/【关联复制】/【生成实例几何特征】命令，或在【特征】工具条中单击 （实例几何体特征）图标，弹出【实例几何体】对话框，在【类型】下拉列表框中选择 旋转 选项，如图 5-117 所示。在图形中选择图 5-118 所示的曲线，在【指定矢量】下拉列表框中选择 （自动判断的矢量）选项，在图形中选择图 5-119 所示的直线为旋转轴，然后在【实例几何体】对话框【角度】、【距离】和【副本数】栏中分别输入 "–e" "0" 和 "1"，勾选 关联 复选框，单击 确定 按钮，完成旋转齿槽截面线。

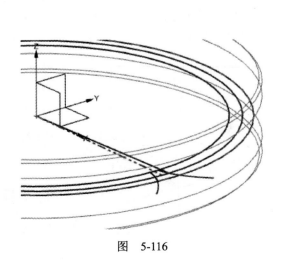

图　5-116　　　　　　　　　　　　　图　5-117

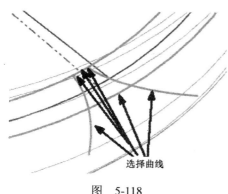

图　5-118

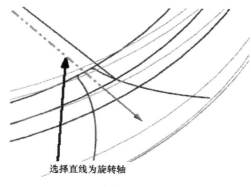

图　5-119

4. 将辅助曲线移至 255 层

选择菜单中的【格式】/【移动至图层】命令，弹出【类选择】对话框，选择辅助曲线并将其移动至 255 层（步骤略），然后设置 255 层为不可见，图形更新为图 5-120 所示。

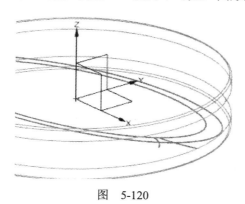

图　5-120

5.10　创建蜗轮螺旋线

1. 创建基准坐标系 CSYS

选择菜单中的【插入】/【基准 / 点】/【基准 CSYS】命令，或在【特征】工具栏中单击 ⊭ （基准 CSYS）图标，弹出【基准 CSYS】对话框，如图 5-121 所示。在对话框的【类型】下拉列表框中选择 ⊭ 偏置 CSYS 选项，在【参考】下拉列表框中选择 选定的 CSYS ▾ 选项，在图形中选择图 5-122 所示的基准坐标系，选中 ◉先平移 单选按钮，在【平移】/【X】栏中输入 "aa"，在【旋转】/【角度 X】栏中输入 "–90"，勾选 ☑关联 复选框。最后单击 确定 按钮，完成基准坐标系 CSYS 的创建，如图 5-123 所示。

2. 创建螺旋线

选择菜单中的【插入】/【曲线】/【螺旋线】命令，或在【曲线】工具条中单击 ⊜ （螺旋线）图标，弹出【螺旋线】对话框，如图 5-124 所示。在 指定 CSYS 区域内单击 ⊭ （CSYS 对话框）按钮，弹出【CSYS】对话框，如图 5-125 所示，在【类型】下拉列表框中选择 ⊭ 动态 选项，在【参考】下拉列表框中选择 选定的 CSYS 选项，在图形中选择图

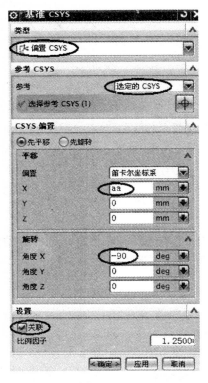

图　5-121

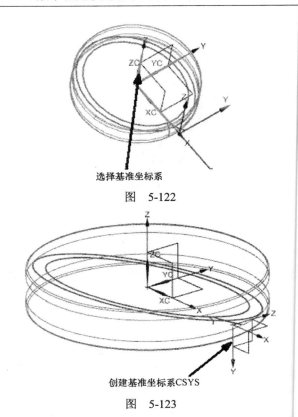

选择基准坐标系

图　5-122

创建基准坐标系CSYS

图　5-123

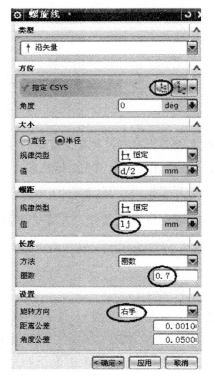

图　5-124

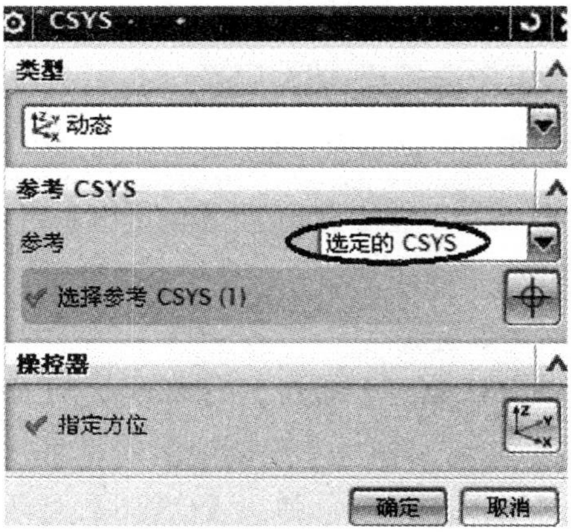

图　5-125

5-126 所示的基准坐标系，单击 确定 按钮，系统返回【螺旋线】对话框。

在【螺旋线】对话框的【大小】区域内的【值】栏中输入"d/2"，在【螺距】区域内的【值】栏中输入"lj"，在【长度】区域内的【圈数】栏中输入"0.7"，在【旋转方向】下拉列表框中选择 右手 ▼选项，单击 <确定> 按钮，完成螺旋线的创建，如图 5-127 所示。

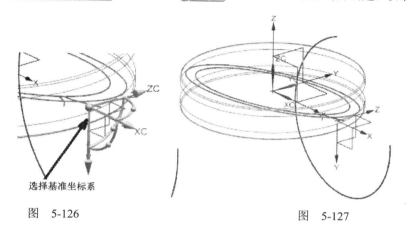

图　5-126

图　5-127

5.11　创建蜗轮齿廓

1.创建蜗轮齿廓扫掠特征

选择菜单中的【插入】/【扫掠】/【扫掠】命令，或在【曲面】工具条中单击 ◇（扫掠）图标，弹出【扫掠】对话框，如图 5-128 所示。系统提示选择截面曲线，在软件主界面的曲线规则下拉列表框中选择 相连曲线 ▼ ┼┼（在相交处停止）选项，在图形中选择图 5-129 所示的截面曲线，然后在对话框中单击 ℉（引导线）图标，或直接单击鼠标中键确认完成截面曲线的选取，再在图形中选择图 5-130 所示的曲线为引导线。

然后，在【扫掠】对话框的【截面选项】区域内的【对齐】下拉列表框中选择 参数 选项，在【定位方法】\【方向】下拉列表框中选择 矢量方向 ▼选项，在【指定矢量】下拉列表框中选择 YC ▼选项，在【缩放方法】\【缩放】下拉列表框中选择 恒定 ▼选项，勾选 ☑保留形状 复选框。最后在【扫掠】对话框中单击 确定 按钮，完成扫掠特征的创建，如图 5-131 所示。

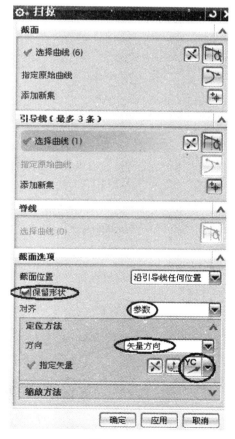

图　5-128

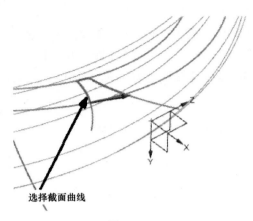

选择截面曲线

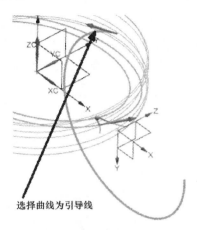

选择曲线为引导线

图　5-129　　　　　　　　　　　　　　　　　图　5-130

2. 创建偏置面特征

选择菜单中的【插入】/【偏置/缩放】/【偏置面】命令，或在【特征】工具条中单击
（偏置面）图标，弹出【偏置面】对话框，如图 5-132 所示。在软件主界面的曲线规则
下拉列表框中选择 单个面 选项，在图形中选择图 5-133 所示的面为要偏置
的面，此时出现偏置方向，如图 5-133 所示。然后在【偏置面】对话框的【偏置】栏中输入
"2"，单击 确定 按钮，完成偏置面特征的创建，如图 5-134 所示。

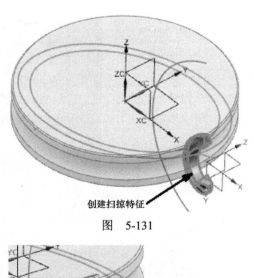

创建扫掠特征

图　5-131

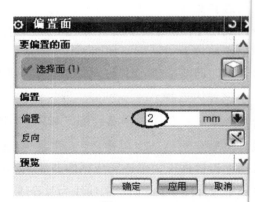

图　5-132

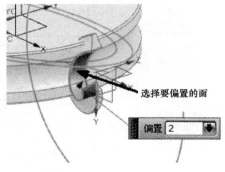

选择要偏置的面

偏置 2

图　5-133

创建偏置面特征

图　5-134

3. 创建求差操作

选择菜单中的【插入】/【组合】/【求差】命令，或在【特征】工具条中单击 ![求差图标] （求差）图标，弹出【求差】对话框，如图 5-135 所示。系统提示选择目标实体，按照图 5-136 所示依次选择目标实体和工具实体，完成求差操作的创建，如图 5-137 所示。

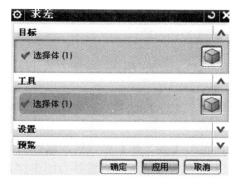

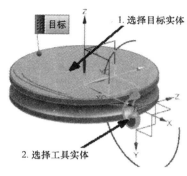

图　5-135　　　　　　　　　　　　　　图　5-136

4. 创建阵列面特征

选择菜单中的【插入】/【关联复制】/【阵列面】命令，或在【特征】工具条中单击 ![阵列面图标] （阵列面）图标，弹出【阵列面】对话框，如图 5-138 所示。在【类型】下拉列表框中选择 ![圆形阵列图标] 圆形阵列选项，在软件主界面的规则下拉列表框中选择 特征面 选项，在图形中选择图 5-139 所示的齿廓面。

图　5-137　　　　　　　　　　　　　　图　5-138

在【阵列面】对话框【指定矢量】下拉列表框中选择 ![ZC选项] 选项，在【指定点】下拉列表框中选择 ![圆弧中心图标] （圆弧中心 / 椭圆中心 / 球心）选项，在图形中选择图 5-139 所示的实体圆弧边，在【阵列面】对话框的【角度】和【圆数量】栏中分别输入 "360/z" 和 "z"，单击 ![确定] 按钮，完成阵列面（圆形阵列）的创建，如图 5-140 所示。

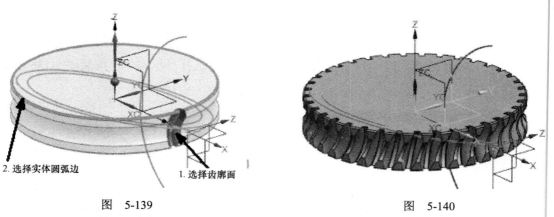

2. 选择实体圆弧边　　　　1. 选择齿廓面

图　5-139　　　　　　　　　　　图　5-140

5. 将辅助曲线、基准移至 255 层

选择菜单中的【格式】/【移动至图层】命令，弹出【类选择】对话框，选择辅助曲线、基准并将其移动至 255 层（步骤略），然后设置 255 层为不可见，图形更新为图 5-141 所示。

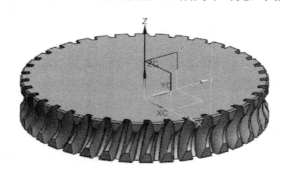

图　5-141

5.12　创建蜗轮细节特征

1. 创建沉头孔特征

选择菜单中的【插入】/【设计特征】/【孔】命令，或在【特征】工具条中单击 （孔）图标，弹出【孔】对话框，如图 5-142 所示。系统提示选择孔放置点，在主界面捕捉点工具条中单击 ⊙（圆弧中心）图标，在图形中选择图 5-143 所示的实体圆弧边，在【孔方向】下拉列表框中选择 ⬚ 垂直于面 选项，在【成形】下拉列表框中选择 🔻 沉头 选项，在【沉头直径】、【沉头深度】和【直径】栏中分别输入"252""12"和"240"，在【深度限制】下拉列表框中选择 贯通体 ▼ 选项，在【布尔】下拉列表框中选择 ➡ 求差 选项，如图 5-142 所示。最后单击 确定 按钮，完成沉头孔的创建，如图 5-144 所示。

2. 创建倒斜角特征

选择菜单中的【插入】/【细节特征】/【倒斜角】命令，或在【特征】工具条中单击 ⬙（倒斜角）图标，弹出【倒斜角】对话框，如图 5-145 所示。在图形中选择实体圆弧边，如图 5-146 所示，在【距离】栏中输入"1"，单击 确定 按钮，完成倒斜角特征的创建，如图 5-147 所示。

图 5-142

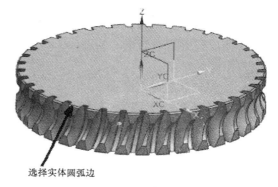

选择实体圆弧边

图 5-143

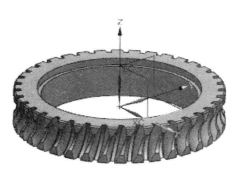

图 5-144

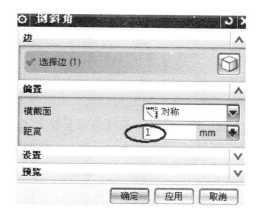

图 5-145

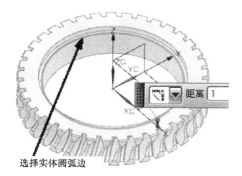

选择实体圆弧边

图 5-146

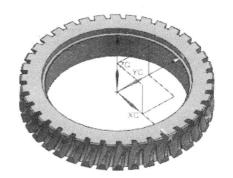

图 5-147

5.13   建立蜗轮轮芯文件

选择菜单中的【文件】/【新建】命令或单击 ▯（New 建立新文件）图标，弹出【新建】对话框，在【名称】栏中输入"wl_xin"，在【单位】下拉列表框中选择【毫米】选项，单击 确定 按钮，建立文件名为 wl_xin.prt、单位为毫米的文件。

5.14   绘制蜗轮轮芯主体

1. 显示基准平面

选择菜单中的【格式】/【图层设置】命令，弹出【图层设置】对话框，勾选 ☑ 61 复选框，完成基准平面的显示。

2. 草绘蜗轮轮芯截面

选择菜单中的【插入】/【草图】命令，或在【直接草图】工具条中单击 ▦（草图）图标，弹出【创建草图】对话框，如图 5-148 所示。在【平面方法】下拉列表框中选择 自动判断 选项，系统默认 X-Y 平面为草图平面，单击 < 确定 > 按钮，出现草图绘制区。

图   5-148

步骤：

1）在【直接草图】工具条中单击 ↺（轮廓）图标，在主界面捕捉点工具条中单击 ✛（现有点）图标，选择坐标原点为起点，按照图 5-149 所示绘制截面线。

2）加上约束。在【直接草图】工具条中单击 ⊿（几何约束）图标，弹出【几何约束】对话框，单击 ┿（点在曲线上）图标，如图 5-150 所示。在图中选择 X 轴与直线端点，如图 5-151 示，约束点在曲线上，约束结果如图 5-152 所示。在【直接草图】工具条中单击 ⊿（显示草图约束）图标，使图形中的约束显示出来。

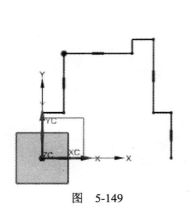

图   5-149

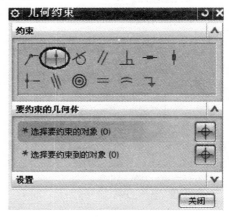

图   5-150

选择X轴与直线端点，约束点在曲线上

图　5-151

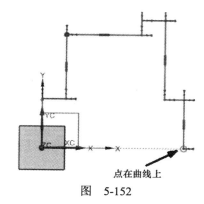

点在曲线上

图　5-152

继续进行约束，在【几何约束】对话框中单击 ⫴ （共线）图标，分别选择图 5-153 所示的两条直线，约束其共线，约束结果如图 5-154 所示。在【直接草图】工具条中单击 ⚞ （显示所有约束）图标，使图形中的约束显示出来。

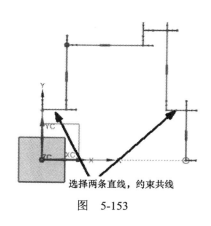

选择两条直线，约束共线

图　5-153

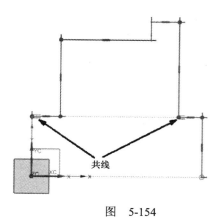

共线

图　5-154

3）标注尺寸。在【直接草图】工具条中单击 ⤢ （自动判断尺寸）图标，按照图 5-155 所示的尺寸进行标注，即 p0=62.5、p1=120.0、p2=125.0、p3=14.0、p4=14.0、p5=12.0、p6=62.0。

4）在【直接草图】工具条中单击 🏁 完成草图 图标，返回建模界面，图形更新为图 5-156 所示。

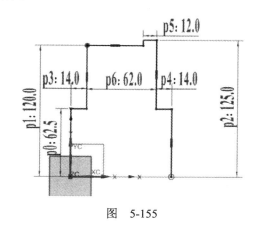

图　5-155

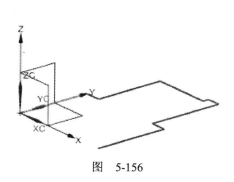

图　5-156

3. 创建蜗轮轮芯回转特征

选择菜单中的【插入】/【设计特征】/【回转】命令，或在【特征】工具条中单击 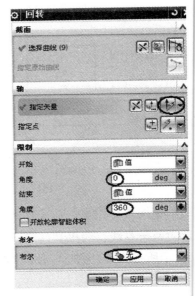（回转）图标，弹出【回转】对话框，如图 5-157 所示。然后，在软件主界面的曲线规则下拉列表框中选择 相连曲线 ▼ 选项，在图形中选择图 5-158 所示的曲线为回转对象。

然后，在【回转】对话框的【指定矢量】下拉列表框中选择 ▼ （自动判断的矢量）选项，然后在图形中选择图 5-158 所示的 X 轴为回转轴，在【开始】\【角度】栏和【结束】\【角度】栏中输入 "0" 和 "360"，在【布尔】下拉列表框中选择 无选项，如图 5-157 所示，单击 确定 按钮，完成回转体特征的创建，如图 5-159 所示。

4. 将辅助曲线移至 255 层

选择菜单中的【格式】/【移动至图层】命令，弹出【类选择】对话框，选择辅助曲线并将其移动至 255 层（步骤略），然后设置 255 层为不可见。

图 5-157

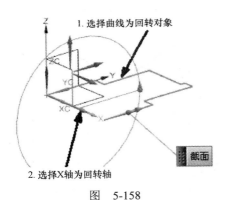

图　5-158

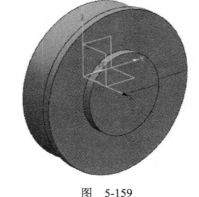

图　5-159

5.15　创建蜗轮轮芯细节特征

1. 草绘蜗轮轮芯中心键槽截面

选择菜单中的【插入】/【草图】命令，或在【直接草图】工具条中单击 （草图）图标，弹出【创建草图】对话框，根据系统提示选择草图平面，在图形中选择图 5-160 所示的 Y-Z 平面为草图平面，单击 < 确定 > 按钮，出现草图绘制区。

步骤：

1）绘制圆。在【直接草图】工具条中单击 ○（圆）图标，在圆浮动工具栏中单击 ⊙ （圆心和直径定圆）图标，在主界面捕捉点工具条中单击 ＋（现有点）图标，选择坐标原点为圆心，绘制图 5-161 所示的圆。

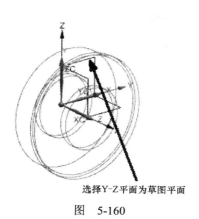

选择Y-Z平面为草图平面

图　5-160

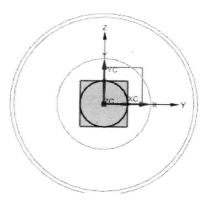

图　5-161

2）在【直接草图】工具条中单击 ↩ （轮廓）图标，按照图 5-162 所示绘制三条直线。

3）加上约束。在【直接草图】工具条中单击 ⋰（几何约束）图标，弹出【几何约束】对话框，单击 ⊢（中点）图标，如图 5-163 所示。在图中选择直线与坐标原点，如图 5-164 示，约束点与曲线中点对齐，约束结果如图 5-165 所示。在【直接草图】工具条中单击 ⋰（显示草图约束）图标，使图形中的约束显示出来。

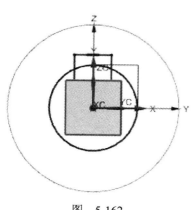

图　5-162

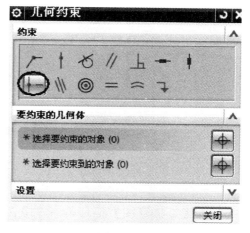

图　5-163

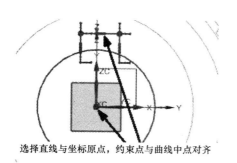

选择直线与坐标原点，约束点与曲线中点对齐

图　5-164

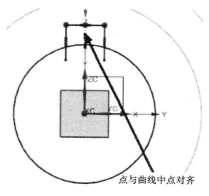

点与曲线中点对齐

图　5-165

4）快速修剪曲线。在【直接草图】工具栏中单击 （快速修剪）图标，弹出【快速修剪】对话框，如图 5-166 所示。在图形中选择图 5-167 所示的曲线进行修剪，修剪结果如图 5-168 所示。

图　5-166

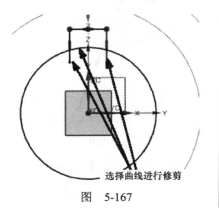

图　5-167

5）标注尺寸。在【直接草图】工具条中单击 （自动判断尺寸）图标，按照图 5-169 所示的尺寸进行标注，即 p9=20.0、Rp10=37.5、p11=79.9。此时，直接草图已经转换成绿色，表示已经完全约束。

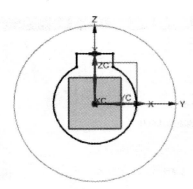

图　5-168

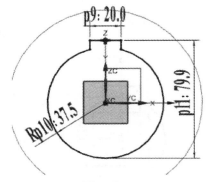

图　5-169

6）在【直接草图】工具条中单击 图标，返回建模界面，图形更新为图 5-170 所示。

2. 创建拉伸特征

选择菜单中的【插入】/【设计特征】/【拉伸】命令，或在【特征】工具条中单击 （拉伸）图标，弹出【拉伸】对话框，如图 5-171 所示。在软件主界面的曲线规则下拉列表框中选择 相连曲线 选项，选择图 5-172 所示的曲线为拉伸对象，此时出现如图 5-172 所示的拉伸方向。

然后，在【拉伸】对话框的【开始】\【距离】栏中输入"0"，在【结束】下拉列表框中选择 贯通 选项，在【布尔】下拉列表框中选择 求差 选项，如图 5-171 所示，单击 确定 按钮，完成拉伸特征的创建，如图 5-173 所示。

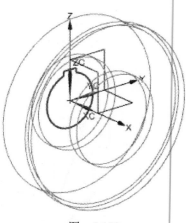

图　5-170

图　5-171

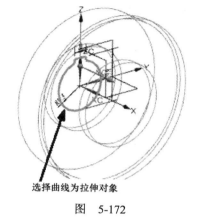

选择曲线为拉伸对象

图　5-172

3. 草绘蜗轮孔截面

选择菜单中的【插入】/【草图】命令，或在【直接草图】工具条中单击 ![icon]（草图）图标，弹出【创建草图】对话框。根据系统提示选择草图平面，在图形中选择图 5-174 所示的 Y-Z 平面为草图平面，单击 < 确定 > 按钮，出现草图绘制区。

步骤：

1）绘制圆。在【直接草图】工具条中单击 ◯（圆）图标，在圆浮动工具栏中单击 ⊙（圆心和直径定圆）图标，在主界面捕捉点工具条中单击 ┿（现有点）图标，选择坐标原点为圆心，绘制图 5-175 所示的圆。

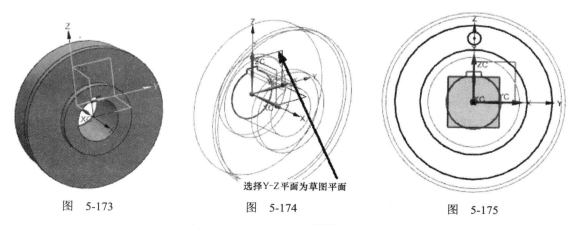

图　5-173　　　　　　　　选择Y-Z平面为草图平面　　　　　　图　5-175

图　5-174

2）加上约束。在【直接草图】工具条中单击 ╱⊥（几何约束）图标，弹出【几何约束】对话框，单击 ┿（点在曲线上）图标，如图 5-176 所示。在图中选择 Y 轴与圆的圆心，如图 5-177 所示，约束点在曲线上，约束结果如图 5-178 所示。在【直接草图】工具条中单击 ╱（显示草图约束）图标，使图形中的约束显示出来。

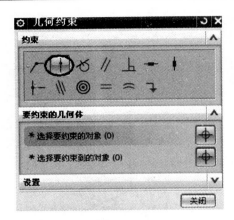

图　5-176

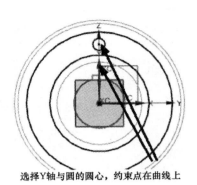

选择Y轴与圆的圆心，约束点在曲线上

图　5-177

3）标注尺寸。在【直接草图】工具条中单击 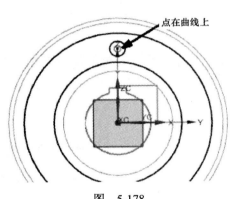（自动判断尺寸）图标，按照图 5-179 所示的尺寸进行标注，即 $\phi p13 =125.0$、$\phi p14=200.0$、$\phi p15=20.0$、$p16=80.0$。

点在曲线上

图　5-178

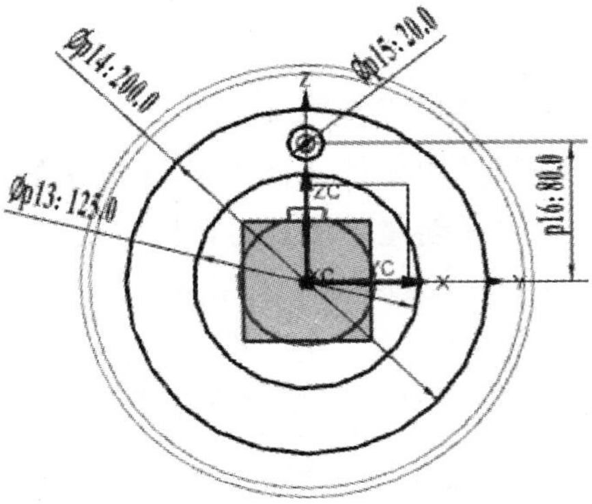

图　5-179

4）在【直接草图】工具条中单击 完成草图 图标，返回建模界面，图形更新为图 5-180 所示。

4. 创建拉伸特征

选择菜单中的【插入】/【设计特征】/【拉伸】命令，或在【特征】工具条中单击 （拉伸）图标，弹出【拉伸】对话框，如图 5-181 所示，在软件主界面的曲线规则下拉列表框中选择 相连曲线 选项，选择图 5-182 所示的曲线为拉伸对象。

然后，在【拉伸】对话框的【开始】\【距离】栏中输入 "0"，在【结束】下拉列表框中选择 贯通 选项，在【布尔】下拉列表框中选择 求差 选项，如图 5-181 所示，单击 确定 按钮，完成齿轮减除部分实体拉伸特征的创建，如图 5-183 所示。

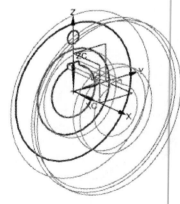

图　5-180

5. 创建阵列面——圆形阵列特征

选择菜单中的【插入】/【关联复制】/【阵列面】命令，或在【特征】工具条中单击

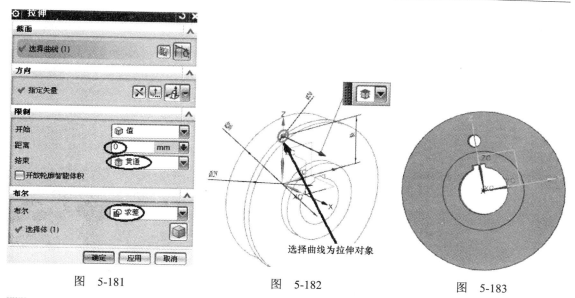

图　5-181　　　　　　图　5-182　　　　　　图　5-183

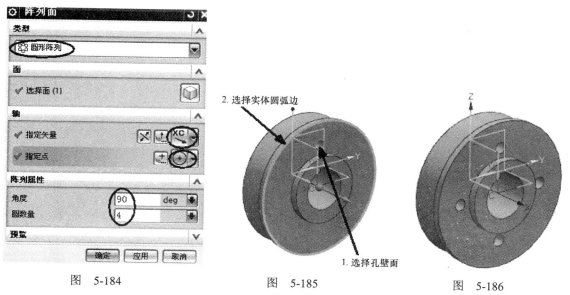

图　5-184

图　5-185

图　5-186

（阵列面）图标，弹出【阵列面】对话框，如图 5-184 所示。在【类型】下拉列表框中选择 圆形阵列 选项，在软件主界面的曲线规则下拉列表框中选择 单个面 选项，在图形中选择图 5-185 所示的孔壁面，在【阵列面】对话框【指定矢量】下拉列表框中选择 XC 选项，在【指定点】下拉列表框中选择 （圆弧中心 / 椭圆中心 / 球心）选项，在图形中选择图 5-185 所示的实体圆弧边，在【阵列面】对话框的【角度】和【圆数量】栏中分别输入"90"和"4"，单击 确定 按钮，完成阵列面（圆形阵列）的创建，如图 5-186 所示。

6. 创建拉伸特征

选择菜单中的【插入】/【设计特征】/【拉伸】命令，或在【特征】工具条中单击 （拉伸）图标，弹出【拉伸】对话框，如图 5-187 所示。在软件主界面的曲线规则下拉列表框中

选择 相连曲线 选项，选择图 5-188 所示的曲线为拉伸对象。

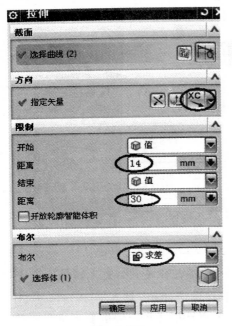

图 5-187

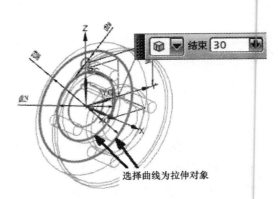

图 5-188

然后，在【拉伸】对话框的【指定矢量】下拉列表框中选择 XC 选项，在【开始】\【距离】栏中输入 "14"，在【结束】\【距离】栏中输入 "30"，在【布尔】下拉列表框中选择 求差 选项，如图 5-187 所示。最后单击 确定 按钮，完成齿轮减除部分实体拉伸特征的创建，如图 5-189 所示（反转齿轮后）。

继续创建拉伸特征，按照上述方法，在【开始】\【距离】栏和【结束】\【距离】栏中输入 "60" 和 "76"，在【布尔】下拉列表框中选择 求差 选项，单击 确定 按钮，完成结果如图 5-190 所示。

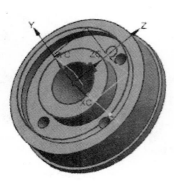

图 5-189

图 5-190

7. 将辅助曲线移至 255 层

选择菜单中的【格式】/【移动至图层】命令，弹出【类选择】对话框，选择辅助曲线并将其移动至 255 层（步骤略）。

8. 创建倒斜角特征

选择菜单中的【插入】/【细节特征】/【倒斜角】命令，或在【特征】工具条中单击 ⬙（倒斜角）图标，弹出【倒斜角】对话框，如图 5-191 所示。在图形中选择实体圆弧边，如图 5-192 所示，在【距离】栏中输入"2"，单击 确定 按钮，完成倒斜角特征的创建，如图 5-193 所示。

9. 创建边倒圆特征

选择菜单中的【插入】/【细节特征】/【边倒圆】命令，或在【特征】工具条中单击 ⬙

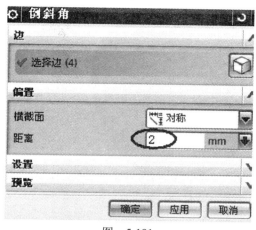

图　5-191

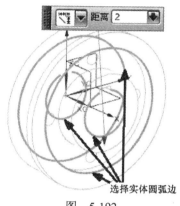

图　5-192

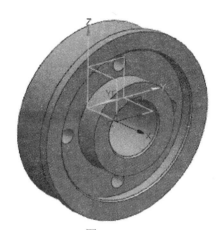

图　5-193

（边倒圆）图标，弹出【边倒圆】对话框，在【半径 1】栏中输入"3"，如图 5-194 所示。在图形中选择图 5-195 所示的边线作为倒圆角边。最后单击 确定 按钮，完成圆角特征的创建，如图 5-196 所示。

按照上述方法，分别在图 5-197 所示的位置倒相应的圆角，反面如图 5-198 所示。

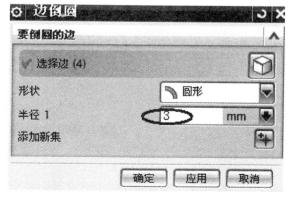

图　5-194

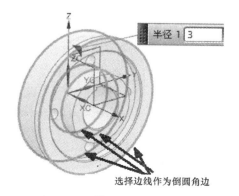

图　5-195

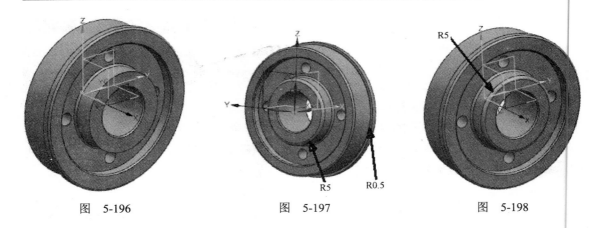

图　5-196   图　5-197   图　5-198

5.16   创建蜗轮装配体

1. 新建文件

选择菜单中的【文件】/【新建】命令或单击 □（新建）图标，弹出【新建】对话框，选择 📦 **装配** 模板，在【名称】栏中输入 "wl_assy"，如图 5-199 所示，在【单位】下拉列表框中中选择【毫米】选项，单击 **确定** 按钮，建立文件名为 wl_assy.prt、单位为毫米的装配文件。

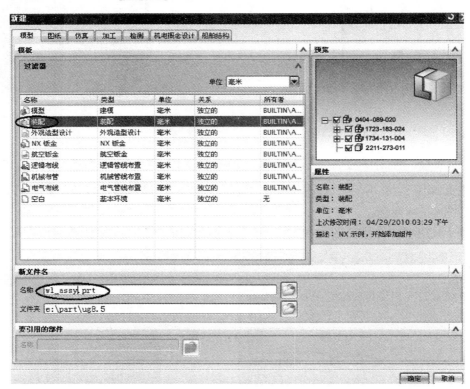

图　5-199

2. 添加组件

调入蜗轮装配模型所需的各个组件，选择菜单中的【装配】/【组件】/【添加组件】命令，或在装配工具条中单击 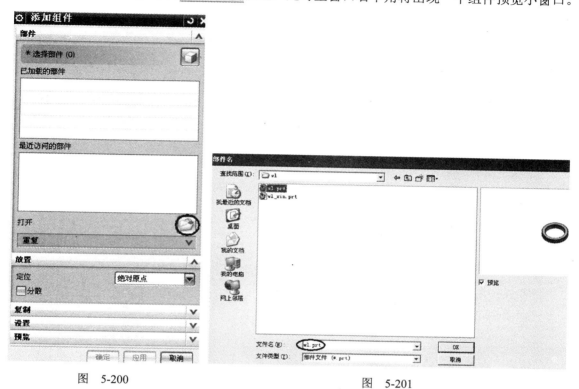（添加组件）图标，弹出【添加组件】对话框，如图 5-200 所示。在对话框中单击（打开）图标，弹出【部件名】对话框，选择蜗轮 wl.prt 部件，如图 5-201 所示，然后单击　OK　按钮，此时主窗口右下角将出现一个组件预览小窗口。

图　5-200　　　　　　　　　　　　　　　　　图　5-201

3. 定位组件

系统弹出【添加组件】对话框，如图 5-202 所示，在【定位】下拉列表框中选择
绝对原点 选项，然后在【引用集】下拉列表框中选择 模型（"MODEL"）选项，
单击 确定 按钮，这样就添加了第一个组件，如图 5-203 所示。

图　5-202

图　5-203

4. 装配蜗轮轮芯（wl_xin.prt）

按照上述方法添加蜗轮轮芯（wl_xin.prt）零件，然后再进行定位，系统弹出【添加组件】对话框，如图 5-204 所示，在【定位】下拉列表框中选择 通过约束 ▼ 选项，在【引用集】下拉列表框中选择 模型（"MODEL"）▼ 选项，单击 确定 按钮，弹出【装配约束】对话框，如图 5-205 所示，在【类型】下拉列表框中选择 ▶【接触对齐 选项，在【方位】下拉列表框中选择 ▶ 首选接触 选项。

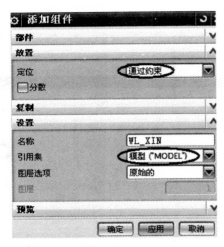

图 5-204

图 5-205

然后，在组件预览窗口将模型旋转至适当位置，选择图 5-206 所示的部件平面，接着在主窗口中选择图 5-207 所示的实体平面，创建接触约束，如图 5-208 所示。

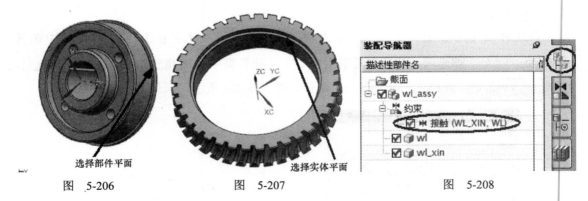

图 5-206   图 5-207   图 5-208

继续进行中心对齐约束，在【装配约束】对话框的【类型】下拉列表框中选择 ▶【接触对齐 选项，在【方位】下拉列表框中选择 ▶ 首选接触 选项，先在组件预览窗口将模型旋转至适当位置，然后选择图 5-209 所示的圆孔中心线，接着在主窗口中选择图 5-210 所示的圆孔中心线，创建中心对齐，此时在【资源条】工具栏中单击 ▶ （装配导航器）图标，弹出【装配导航器】信息窗，在 ▶ 约束 栏下出现 ☑ ▮ 对齐 (WL_XIN, WL)（中心对齐约束），如图 5-211 所示。然后单击 确定 按钮，完成蜗轮轮芯（wl_xin.prt）的装配，如图

5-212 所示。

　　注意：假如一个圆柱体在选择时没有出现需要的中心线，可将鼠标光标先移动到目标圆柱的端面圆上，中心线即可出现。

选择圆孔中心线

图　5-209

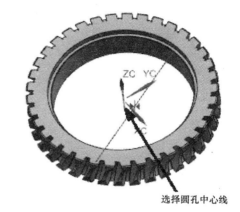

选择圆孔中心线

图　5-210

图　5-211

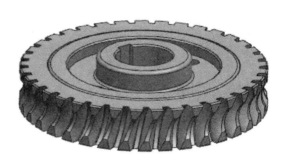

图　5-212

第6章

滚动轴承类零件参数化设计

实例说明

本章主要介绍一种滚动轴承类零件——深沟球轴承零件的参数化设计。其构建思路为：①采用建立表达式的方法输入轴承部件的设计变量，然后绘制截面线；②回转创建轴承的外圈、内圈和滚动体。带保持架的深沟球轴承零件的构建思路为：①采用建立表达式的方法输入轴承部件的设计变量，然后绘制截面线；②回转、拉伸草绘截面，创建轴承的外圈、内圈、保持架、滚动体及销子，最后装配成轴承。深沟球轴承如图 6-1 所示。

学习目标

通过该实例的练习，读者能熟练地掌握和运用草图工具，熟练掌握建立参数表达式、拉伸、回转等基础特征的创建方法。通过本实例还可以练习布尔操作的求和、求差、求交操作，以及实例特征等基本方法和技巧；还可以练习修改设计变量，验证零件的准确性，从而掌握零件的系列化开发的基本方法和技巧。

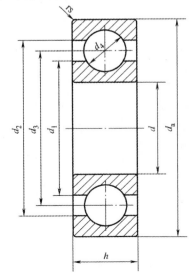 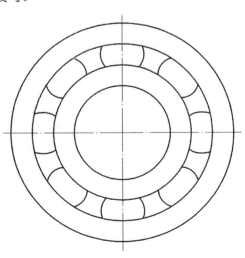

图　6-1

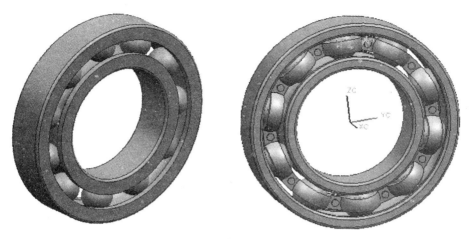

图　6-1（续）

6.1　建立深沟球轴承文件

选择菜单中的【文件】/【新建】命令或单击 □（New 建立新文件）图标，弹出【新建】对话框，选择 📁 模型 模板，在【名称】栏中输入"zhoucheng"，在【单位】下拉列表框中中选择【毫米】选项，单击 确定 按钮，建立文件名为 zhoucheng.prt、单位为毫米的文件。

6.2　创建深沟球轴承内外圈

1. 建立表达式

选择菜单中的【工具】/【表达式】命令，弹出【表达式】对话框，如图 6-2 所示。在【名称】和【公式】栏中依次输入"da"和"180"。注意：在单位下拉列表框中选择 恒定 选项。输入完成后，单击 ✔（接受编辑）图标，如图 6-2 所示。

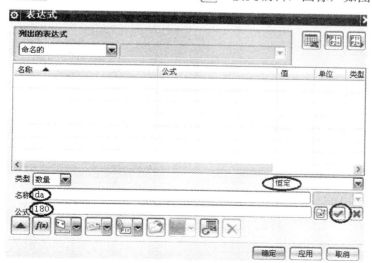

图　6-2

按照相同的方法输入轴承参数的表达式，具体如下：

da=180　// 轴承外径

d=100　// 轴承内径

d4=(da−d)/3　// 轴承滚动体半径

d1= d+(da−d)/3　// 临时变量

d2= da−(da−d)/3　// 临时变量

d3= da−(da−d)/2　// 临时变量

rs=2.1　// 倒角半径

h=34　// 轴承宽度

z= ceiling((pi()*d3)/(1.5*d4))　// 轴承滚动体个数

完成所有表达式的输入，最后单击 确定 按钮。

注意：ceiling() 和 pi() 为 UG 内部函数。ceiling() 为一取整函数，返回一个大于等于给定数字的最小整数，如 ceiling(7.2)=8；pi() 为圆周率，() 内不要赋值。

2. 显示基准平面

选择菜单中的【格式】/【图层设置】命令，弹出【图层设置】对话框，勾选 ☑ 61 复选框，完成基准平面的显示。

3. 草绘轴承内、外圈截面线

选择菜单中的【插入】/【草图】命令，或在【直接草图】工具条中单击 （草图）图标，弹出【创建草图】对话框，如图 6-3 所示。根据系统提示选择草图平面，在图形中选择图 6-4 所示的 X-Y 平面为草图平面，单击 确定 按钮，出现草图绘制区。

步骤：

1）在【直接草图】工具条中单击 ↺（轮廓）图标，按照图 6-5 所示绘制截面线。

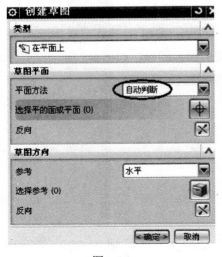

选择 X-Y 平面为草图平面

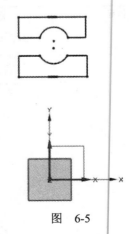

图 6-3　　　　　　　图 6-4　　　　　　　图 6-5

2）加上约束。在【直接草图】工具条中单击 ⊥（几何约束）图标，弹出【几何约束】对话框，单击 ⫴（共线）图标，如图 6-6 所示。在图中选择图 6-7 所示的两条直线，约束其共线，约束结果如图 6-8 所示。在【直接草图】工具条中单击 ↑（显示直接草图）图标，使图形中的约束显示出来。

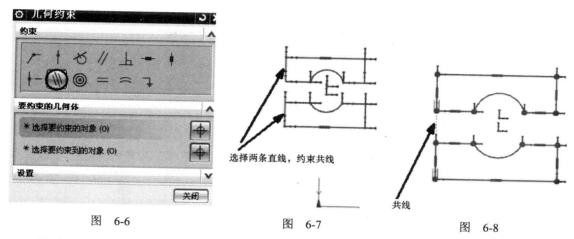

图　6-6　　　　　　　图　6-7　　　　　　　图　6-8

继续进行约束，按照相同的方法，依次约束其他三组直线共线，约束结果如图 6-9 所示。在【直接草图】工具条中单击▸⚞（显示直接草图）图标，使图形中的约束显示出来。

继续进行约束，在【几何约束】对话框中单击⌒（等半径）图标，选择图 6-10 所示的两条圆弧，约束等半径，约束结果如图 6-11 所示。在【直接草图】工具条中单击▸⚞（显示所有约束）图标，使图形中的约束显示出来。

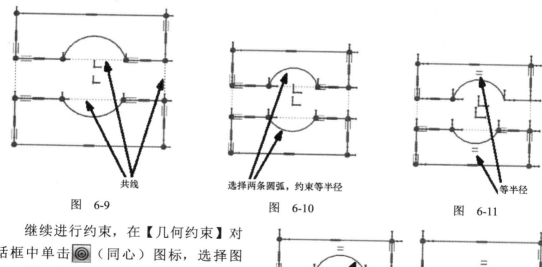

图　6-9　　　　　　　图　6-10　　　　　　　图　6-11

继续进行约束，在【几何约束】对话框中单击◎（同心）图标，选择图 6-12 所示的两条圆弧，约束其同心，约束结果如图 6-13 所示。在【直接草图】工具条中单击▸⚞（显示所有约束）图标，使图形中的约束显示出来。

继续进行约束，在【几何约束】对话框中单击▮（点在曲线上）图标，选择圆弧圆心与 YC 轴，如图 6-14 所示，约束点在曲线上，约束结果如图 6-15 所示。在【直接草图】工具条中单击▸⚞（显示所有约束）图标，使图形中的约束显示出来。

3）标注尺寸。在【直接草图】工具条中单击 ⊢⌐ （自动判断尺寸）图标，依次按照图 6-16 所示的尺寸进行标注，即 p0=h、p1=h/2、p2=da/2、p3=d2/2、p4=d3/2、p5=d1/2、p6 = d/2、Rp7= d4/2。此时，直接草图已经转换成绿色，表示已经完全约束。

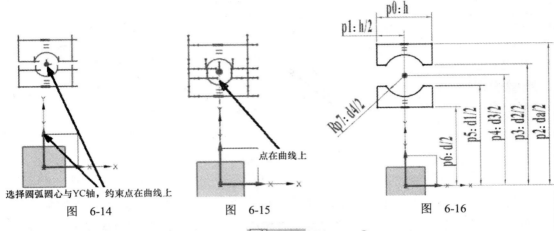

选择圆弧圆心与YC轴，约束点在曲线上

图 6-14　　　　　　　图 6-15　　　　　　　图 6-16

4）在【直接草图】工具条中单击 ▨ 完成草图 图标，返回建模界面，图形更新为图 6-17 所示。

4. 创建轴承内、外圈回转特征

选择菜单中的【插入】/【设计特征】/【回转】命令，或在【特征】工具条中单击 ⍟ （回转）图标，弹出【回转】对话框，如图 6-18 所示。然后，在软件主界面的曲线规则下拉列表框中选择 |自动判断曲线 ▼ 选项，在图形中选择图 6-19 所示的曲线为回转对象。

图 6-17

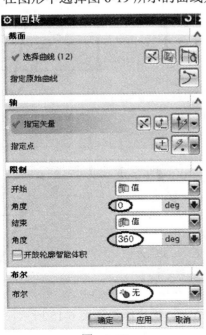

图 6-18

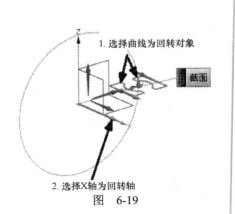

1. 选择曲线为回转对象
截面
2. 选择X轴为回转轴

图 6-19

然后，在【回转】对话框的【指定矢量】下拉列表框中选择 （自动判断的矢量）选项，然后在图形中选择图 6-19 所示的 X 轴为回转轴，在【开始】\【角度】栏和【结束】\【角度】栏中分别输入 "0" 和 "360"，在【布尔】下拉列表框中选择 ✎ 无选项，如图 6-18 所示。最后单击 确定 按钮，完成回转体特征的创建，如图 6-20 所示。

5. 创建倒斜角特征

选择菜单中的【插入】/【细节特征】/【倒斜角】命令，或在【特征】工具条中单击 📦（倒斜角）图标，弹出【倒斜角】对话框，如图 6-21 所示。在图形中选择图 6-22 所示的边线作为倒斜角边，在【距离】栏中输入 "rs"，最后单击 确定 按钮，完成倒斜角特征的创建，如图 6-23 所示。

图　6-20

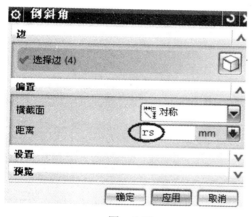

图　6-21

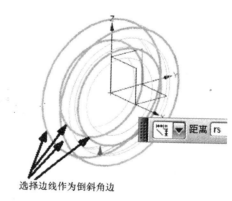

选择边线作为倒斜角边

图　6-22

6. 将辅助曲线移至 21 层

选择菜单中的【格式】/【移动至图层】命令，弹出【类选择】对话框，选择辅助曲线并将其移动至 21 层（步骤略），然后设置 21 层为不可见，图形更新为图 6-24 所示。

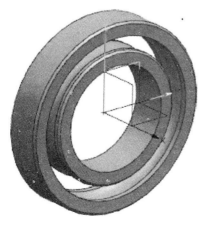

图　6-23

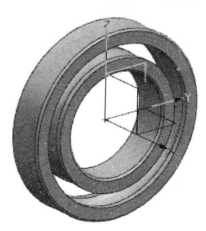

图　6-24

6.3 创建深沟球轴承滚动体

1. 草绘轴承滚动体零件截面线

选择菜单中的【插入】/【草图】命令，或在【直接草图】工具条中单击 ▦（草图）图标，弹出【创建草图】对话框。根据系统提示选择草图平面，在图形中选择图 6-25 所示的 X-Y 平面为草图平面，单击 ＜确定＞ 按钮，出现草图绘制区。

步骤：

1）在【直接草图】工具条单击 ↩（轮廓）图标，按照图 6-26 所示绘制截面线。

2）加上约束。在【直接草图】工具条中单击 ↗（几何约束）图标，弹出【几何约束】对话框，单击 ⊥（点在曲线上）图标，如图 6-27 所示。选择圆弧圆心与直线，如图 6-28 所示，约束点在曲线上，约束结果如图 6-29 所示。在【直接草图】工具条中单击 ↗⊥（显示直接草图）图标，使图形中的约束显示出来。

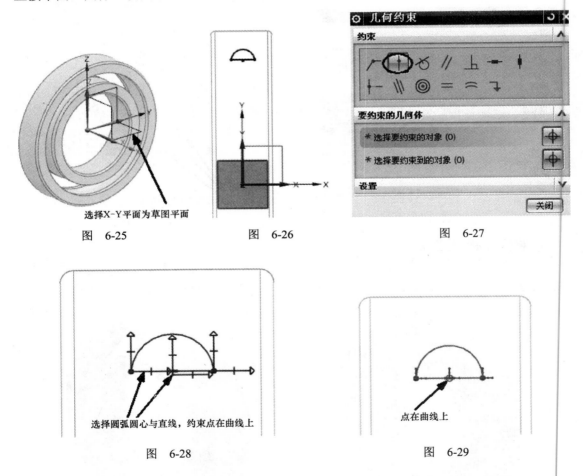

选择X-Y平面为草图平面
图 6-25   图 6-26   图 6-27

选择圆弧圆心与直线，约束点在曲线上   点在曲线上

图 6-28   图 6-29

继续进行约束，在【几何约束】对话框中单击 ⊥（点在曲线上）图标，选择圆弧圆心与 YC 轴，如图 6-30 所示，约束点在曲线上，约束结果如图 6-31 所示。在【直接草图】工具条中单击 ↗⊥（显示所有约束）图标，使图形中的约束显示出来。

3）标注尺寸。在【直接草图】工具条中单击 ⊢⊸ （自动判断尺寸）图标，依次按照图 6-32 所示的尺寸进行标注，即 Rp18=d4/2、p19=d3/2。此时，草图已经转换成绿色，表示已经完全约束。

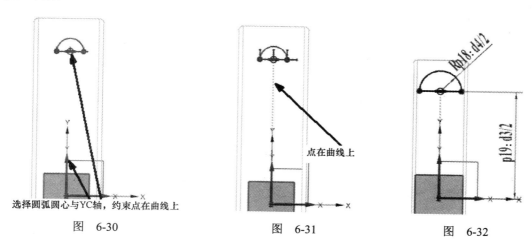

选择圆弧圆心与YC轴，约束点在曲线上

图　6-30　　　　　　　　图　6-31　　　　　　　　图　6-32

4）在【直接草图】工具条中单击 完成草图 图标，返回建模界面。

2. 创建回转体特征

选择菜单中的【插入】/【设计特征】/【回转】命令，或在【特征】工具条中单击 🍄（回转）图标，弹出【回转】对话框，如图 6-33 所示。然后，在软件主界面的曲线规则下拉列表框中选择 相连曲线 选项，在图形中选择图 6-34 所示的曲线为回转对象。

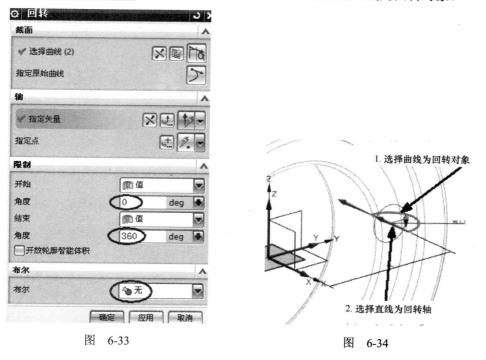

图　6-33　　　　　　　　　　　　　图　6-34

然后，在【回转】对话框的【指定矢量】下拉列表框中选择 ↯ （自动判断的矢量）选项，然后在图形中选择图 6-34 所示的直线为回转轴，在【开始】\【角度】栏和【结束】\【角度】栏中分别输入"0"和"360"，在【布尔】下拉列表框中选择 🔩无选项，如图 6-33 所示。最后单击 确定 按钮，完成回转体特征的创建，如图 6-35 所示。

3. 将辅助曲线、基准移至 21 层

选择菜单中的【格式】/【移动至图层】命令，弹出【类选择】对话框，选择辅助曲线及基准，并将其移动至 21 层（步骤略），图形更新为图 6-36 所示。

创建回转体特征

图　6-35

图　6-36

4. 创建圆形阵列

选择菜单中的【插入】/【关联复制】/【阵列特征】命令，或在【特征】工具条中单击 ▦▦（阵列特征）图标，弹出【阵列特征】对话框，如图 6-37 所示。在图形中选择图 6-38 所示的特征，在【布局】下拉列表框中选择 ○ 圆形 选项，在【指定矢量】下拉列表框中选择 XC 选项，在【指定点】下拉列表框中选择 ⊙ ▾（圆弧中心 / 椭圆中心 / 球心）选项，在图形中选择图 6-38 所示的实体圆弧边，在【间距】下拉列表框中选择 数量和节距 ▼

图　6-37

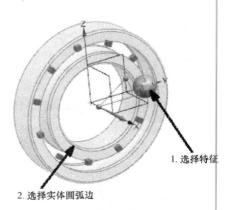

1. 选择特征

2. 选择实体圆弧边

图　6-38

选项，在【数量】和【节距角】栏中输入"z"和"360/z"，单击 确定 按钮，完成圆形阵列的创建，如图 6-39 所示。

5. 关闭 61 层

选择菜单中的【格式】/【图层设置】命令，弹出【图层设置】对话框，取消选中 61 层，设置为不可见，最后在【图层设置】对话框中单击 关闭 按钮，完成图层的设定，图形更新为图 6-40 所示。

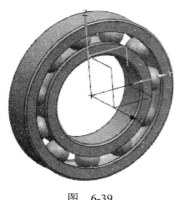 

图　6-39　　　　　　　　　　　　　图　6-40

6. 存盘（步骤略）

6.4　验证深沟球轴承零件

选择菜单中的【工具】/【表达式】命令，弹出【表达式】对话框，如图 6-41 所示，依次修改 da=28、d=12、h=8、rs=0.3，单击 确定 按钮。确认部件是否能够顺利更新，如果能够顺利更新，则图形更新为图 6-42 所示。

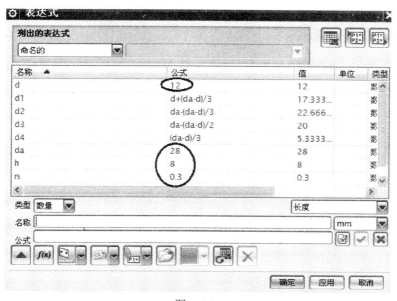

图　6-41

再次修改表达式变量：da=42、d=20、h=13、rs=0.7，则图形更新为图 6-43 所示。

图　6-42　　　　　　　　　　　图　6-43

6.5　建立带保持架的深沟球轴承文件

构建思路为：①采用建立表达式的方法输入轴承部件的设计变量，然后绘制截面线；②回转、拉伸草绘截面，创建轴承的外圈、内圈、保持架、滚动体及销子，最后装配成轴承，如图 6-44 所示。

选择菜单中的【文件】/【新建】命令或单击 □（New 建立新文件）图标，弹出【新建】对话框，选择 装配 模板，在【名称】栏中输入 "zc_assy"，在【单位】下拉列表框中选择【毫米】选项，单击 确定 按钮，建立文件名为 zc_assy.prt、单位为毫米的文件。

图　6-44

6.6　创建带保持架的深沟球轴承部件装配框架

1. 进入建模模块

单击 开始 图标，在【开始】下拉列表框中选择 建模(M)... 选项，如图 6-45 所示，进入建模模块。

2. 建立表达式

选择菜单中的【工具】/【表达式】命令，出现【表达式】对话框，如图 6-46 所示，在【名称】和【公式】栏中依次输入 "da" 和 "180"。注意：在单位下拉列表框中选择 恒定 选项。输入完成后，单击 ✓（接受编辑）图标，如图 6-46 所示。

按照相同的方法输入轴承参数的表达式，具体如下：

da=180　//轴承外径
d=100　//轴承内径
d_pin=6　//轴承保持架销子直径
h_pin=4　//轴承保持架厚度

r_qiu=(da–d)/5.5　// 轴承滚动体半径

rs=2.1　// 倒角半径

w=34　// 轴承宽度

z=10　// 轴承滚动体个数

a=(da–d)/2　// 临时变量

b=(da+d)/2　// 临时变量

完成所有表达式的输入，最后单击 确定 按钮。

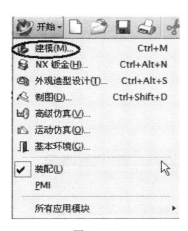

图　6-45

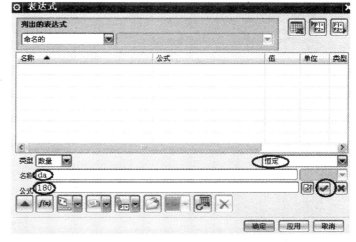

图　6-46

3. 存盘

单击 ■（保存）图标，保存轴承部件装配框架 zc_assy.prt。

6.7　创建带保持架的深沟球轴承外圈

1. 建立轴承外圈零件文件

选择菜单中的【文件】/【新建】命令或单击 （New 建立新文件）图标，弹出【新建】对话框，选择 模型 模板，在【名称】栏中输入"zc_w"，在【单位】下拉列表框中选择【毫米】选项，单击 确定 按钮，建立文件名为 zc_w.prt、单位为毫米的文件。

2. 存盘

单击 ■（保存）图标，保存轴承外圈零件 zc_w.prt。

3. 切换至装配部件 zc_assy.prt

选择菜单中的【窗口】命令，在下拉列表框中选择 zc_assy.prt 文件。

4. 加入轴承外圈零件 zc_w.prt

调入轴承装配模型所需的组件，选择菜单中的【装配】/【组件】/【添加组件】命令，或在装配工具条中单击 （添加组件）图标，弹出【添加组件】对话框，如图 6-47 所示，在【定位】下拉列表框中选择 绝对原点 选项，然后在【引用集】下拉列表框中选择 模型 选项，单击 确定 按钮，这样就添加了轴承外圈零件 zc_w.prt。

5. 设置轴承外圈零件 zc_w.prt 为工作零件

选择菜单中的【装配】/【关联控制】/【设置工作部件】命令，或在装配工具条中单击 （设置工作部件）图标，弹出【设置工作部件】对话框，如图 6-48 所示。在【选择已加载的部件】列表框中选择轴承外圈零件 zc_w.prt，如图 6-48 所示。最后单击 **确定** 按钮，即可设置轴承外圈零件 zc_w.prt 为工作零件。

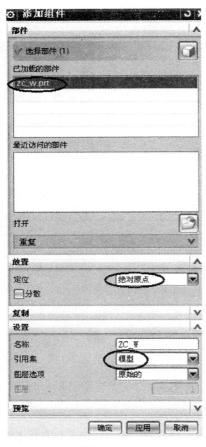

图　6-47

图　6-48

6. 显示基准平面

选择菜单中的【格式】/【图层设置】命令，弹出【图层设置】对话框，勾选 ☑ 6 复选框，完成基准平面的显示。

7. 草绘轴承外圈截面线

选择菜单中的【插入】/【草图】命令，或在【直接草图】工具条中单击 （草图）图标，弹出【创建草图】对话框，如图 6-49 所示。根据系统提示选择草图平面，在图形中选择图 6-50 所示的 X-Y 平面为草图平面，单击 < 确定 > 按钮，出现草图绘制区。

步骤：

1）在【直接草图】工具条中单击 （轮廓）图标，按照图 6-51 所示绘制截面线。

2）加上约束。在【直接草图】工具条中单击 （几何约束）图标，弹出【几何约束】

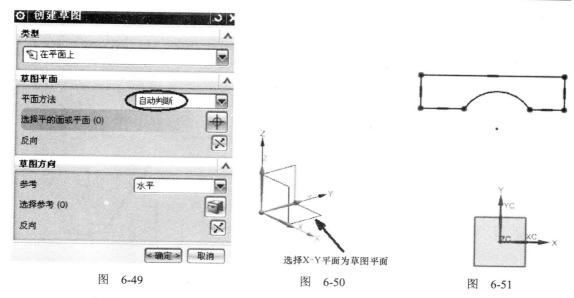

图　6-49　　　　　　　　　　图　6-50　　　　　　　　　　图　6-51

对话框，单击 （共线）图标，如图 6-52 所示。在图中选择图 6-53 所示的两条直线，约束其共线，约束结果如图 6-54 所示。在【直接草图】工具条中单击 （显示直接草图）图标，使图形中的约束显示出来。

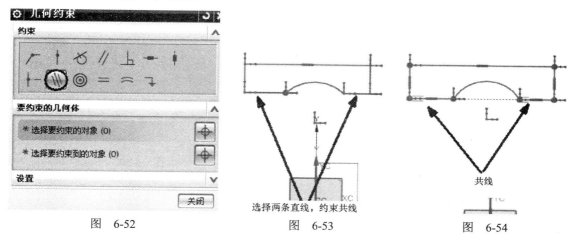

图　6-52　　　　　　　　　　图　6-53　　　　　　　　　　图　6-54

　　继续进行约束，在【几何约束】对话框中单击 （点在曲线上）图标，选择圆弧圆心与 YC 轴，如图 6-55 所示，约束点在曲线上，约束结果如图 6-56 所示。在【直接草图】工具条中单击 （显示所有约束）图标，使图形中的约束显示出来。

　　3）标注尺寸。在【直接草图】工具条中单击 （自动判断尺寸）图标，在出现尺寸标注栏时单击 图标，出现尺寸下拉列表框，选择 **= 公式(F)…** 选项，如图 6-57 所示。系统弹出【表达式】对话框，如图 6-58 所示，单击 （创建单个部件间表达式）按钮，弹出【选择部件】对话框，在【选择已加载的部件】列表框中选择 **zc_assy.prt** 文件，如图 6-59 所示，单击 **确定** 按钮，弹出【创建单个部件间表达式】对话框，如图 6-60 所示，选择 **w=34** 尺寸，单击 **确定** 按钮，系统返回【表达式】对话框，如图 6-61 所示，在【公式】栏中输入【"zc_assy"::w/2】，单击 ■确定■ 按钮，完成标注尺寸。按照上述方法，依次按照图 6-62 所示的尺寸进行标注，即 p0= "zc_assy"::w/2、p1= "zc_assy"::w、p2= "zc_assy"::da/2、p3= "zc_assy"::a/2-2* "zc_assy"::r_qiu/3、p4= "zc_assy"::da/2- "zc_assy"::a/2、Rp5= "zc_assy"::r_qiu。此时，草图已经转换成绿色，表示已经完全约束。

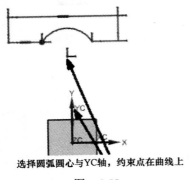

选择圆弧圆心与YC轴，约束点在曲线上

图　6-55

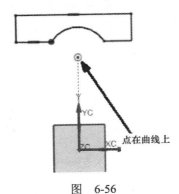

点在曲线上

图　6-56

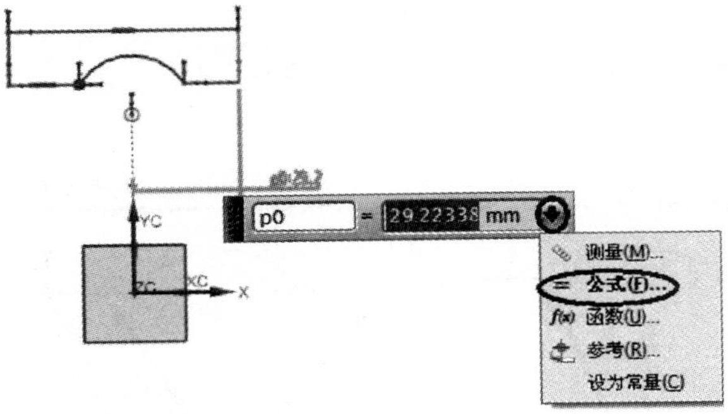

图　6-57

图　6-58

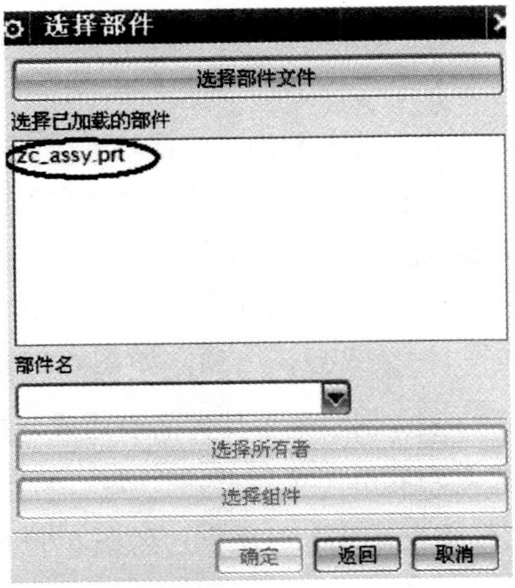

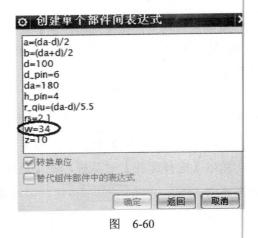

图　6-59

图　6-60

图 6-61

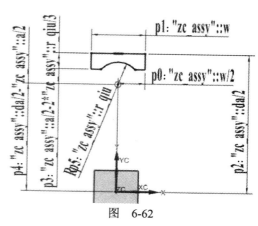

图 6-62

4）在【直接草图】工具条中单击 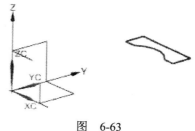 图标，返回建模界面，图形更新为图 6-63 所示。

8. 创建轴承外圈回转特征

选择菜单中的【插入】/【设计特征】/【回转】命令，或在【特征】工具条中单击 (回转) 图标，弹出【回转】对话框，如图 6-64 所示。然后，在软件主界面的曲线规则下拉列表框中选择 自动判断曲线 选项，在图形中选择图 6-65 所示的曲线为回转对象。

图 6-63

然后，在【回转】对话框的【指定矢量】下拉列表框中选择 (自动判断的矢量) 选项，然后在图形中选择图 6-65 所示的 X 轴为回转轴，在【开始】\【角度】栏和【结束】\【角度】栏中分别输入"0"和"360"，在【布尔】下拉列表框中选择 无选项，如图 6-64 所示，单击 确定 按钮，完成回转体特征的创建，如图 6-66 所示。

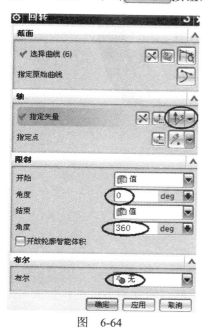

图 6-64

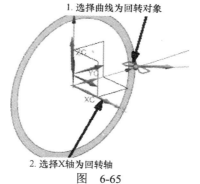

1. 选择曲线为回转对象

2. 选择X轴为回转轴

图 6-65

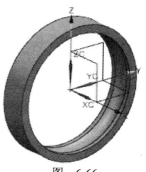

图 6-66

9. 创建倒斜角特征

选择菜单中的【插入】/【细节特征】/【倒斜角】命令，或在【特征】工具条中单击 ▨（倒斜角）图标，弹出【倒斜角】对话框，如图 6-67 所示。在图形中选择图 6-68 所示的边线作为倒斜角边，在【距离】栏中输入【"zc_assy"::rs】，最后单击 确定 按钮，完成倒斜角特征的创建，如图 6-69 所示。

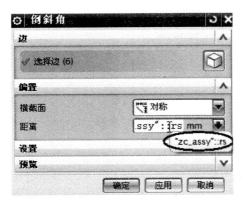

图　6-67

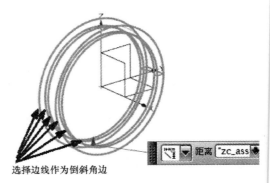

选择边线作为倒斜角边

图　6-68

10. 将辅助曲线移至 255 层

选择菜单中的【格式】/【移动至图层】命令，弹出【类选择】对话框，选择辅助曲线并将其移动至 255 层（步骤略），然后设置 255 层为不可见，图形更新为图 6-70 所示。

11. 存盘

单击 ▦（保存）图标，保存轴承外圈零件 zc_w.prt。

图　6-69

图　6-70

6.8　创建带保持架的深沟球轴承内圈

1. 建立轴承内圈零件文件

选择 ▨ 模型 模板，建立文件名为 zc_n.prt、单位为毫米的文件。

2. 创建轴承内圈零件

按照本章 6.7 节的步骤 2~11 依次绘制截面线，采用创建回转特征的方法创建轴承内圈零件，如图 6-71 所示。

注意：轴承内圈截面如图 6-72 所示。p0="zc_assy"::w/2、p1="zc_assy"::w、p2="zc_assy"::d/2、p3="zc_assy"::d/2+"zc_assy"::a/2、p4="zc_assy"::a/2-2*"zc_assy"::r_qiu/3、Rp5"zc_assy"::r_qiu。

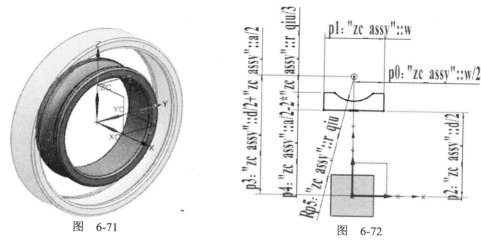

图　6-71　　　　　　　　　　图　6-72

6.9　创建带保持架的深沟球轴承保持架

1. 建立轴承保持架零件文件

选择菜单中的【文件】/【新建】命令或单击 （New 建立新文件）图标，弹出【新建】对话框，选择 模型 模板，在【名称】栏中输入"zc_j"，在【单位】下拉列表框中选择【毫米】选项，单击 确定 按钮，建立文件名为 zc_j.prt、单位为毫米的文件。

2. 存盘

单击 （保存）图标，保存轴承外圈零件 zc_j.prt。

3. 切换至装配部件 zc_assy.prt

选择菜单中的【窗口】命令，在下拉列表框中选择 zc_assy.prt 文件。

4. 加入轴承保持架零件 zc_j.prt

步骤略。

5. 设置轴承外圈零件 zc_j.prt 为工作零件

步骤略。

6. 草绘轴承保持架零件截面线

选择菜单中的【插入】/【草图】命令，或在【直接草图】工具条中单击 （草图）图标，弹出【创建草图】对话框，如图 6-73 所示。根据系统提示选择草图平面，在图形中选择图 6-74 所示的 Y-Z 平面为草图平面，单击 确定 按钮，出现草图绘制区。

步骤：

1）在【直接草图】工具条中单击 （轮廓）图标，按照图 6-75 所示绘制截面线。

2）绘制圆。在【直接草图】工具条中单击 （圆）图标，在圆浮动工具栏中单击 （圆心和直径定圆）图标，绘制如图 6-76 所示的四个圆。

注意：三个大圆的圆心为坐标原点，小圆的圆心在中间的一个大圆上。

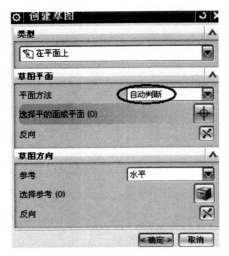

图　6-73

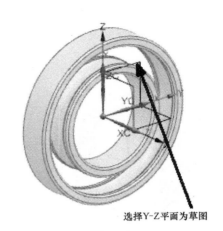

选择Y-Z平面为草图

图　6-74

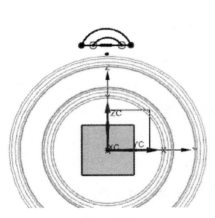

图　6-75

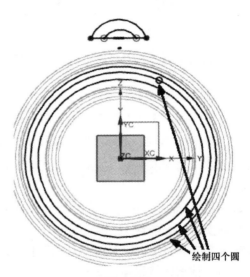

绘制四个圆

图　6-76

3）绘制直线。在【直接草图】工具栏中单击 ∕（直线）图标，按照图 6-77 所示绘制一条直线。

注意：直线的起点为坐标原点，终点为小圆圆心。

4）加上约束。在【直接草图】工具条中单击 ⊥（几何约束）图标，弹出【几何约束】对话框，单击 ╪（点在曲线上）图标，如图 6-78 所示。选择圆弧圆心与直线，如图 6-79 所示，约束点在曲线上，约束结果如图 6-80 所示。在【直接草图】工具条中单击 ╱（显示直接草图）图标，使图形中的约束显示出来。

继续进行约束，在【几何约束】对话框中单击 ◎（同心）图标，选择图 6-81 所示的两条圆弧，约束同心，

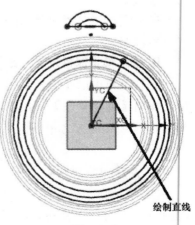

绘制直线

图　6-77

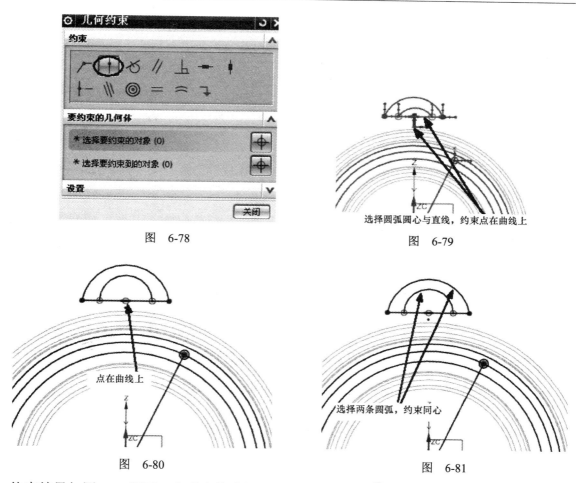

图　6-78

图　6-79

图　6-80

图　6-81

约束结果如图 6-82 所示。在【直接草图】工具条中单击▶✁（显示所有约束）图标，使图形中的约束显示出来。

　　继续进行约束，在【几何约束】对话框中单击➕（点在曲线上）图标，选择圆弧圆心与 YC 轴，如图 6-83 所示，约束点在曲线上，约束结果如图 6-84 所示。在【直接草图】工具条中单击▶✁（显示所有约束）图标，使图形中的约束显示出来。

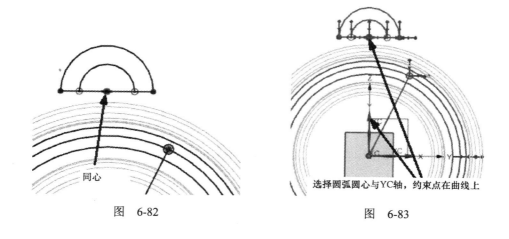

图　6-82

图　6-83

5）在【直接草图】工具条中单击 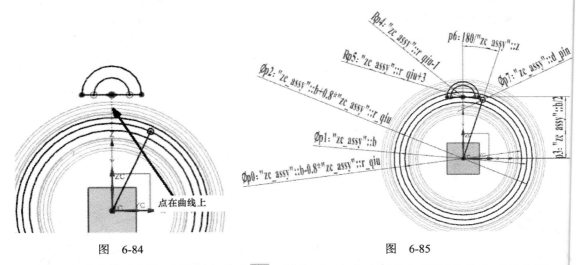（自动判断尺寸）图标，在出现尺寸标注栏时单击 ⬇ 图标，出现尺寸下拉列表框中，选择 ＝ 公式(F)... 选项，按照上述方法，依次按照图 6-85 所示的尺寸进行标注，即 $\phi p0=$ "zc_assy"::b-0.8* "zc_assy"::r_qiu、$\phi p1=$ "zc_assy"::b、$\phi p2=$ "zc_assy"::b/2+0.8* "zc_assy"::r_qiu、p3= "zc_assy"::b/2、Rp4= "zc_assy"::r_qiu-1、Rp5= "zc_assy"::r_qiu+3、p6= 180/ "zc_assy"::z、$\phi p7=$ "zc_assy"::d_pin。此时，直接草图已经转换成绿色，表示已经完全约束。

图　6-84　　　　　　　　　　　　　　　　图　6-85

6）在【直接草图】工具栏中单击 ▣（转换至 / 自参考对象）图标，弹出【转换至 / 自参考对象】对话框，如图 6-86 所示。在草图中选择图 6-87 所示的直线与圆，选择后在对话框中单击 确定 按钮，完成转换如图 6-88 所示。

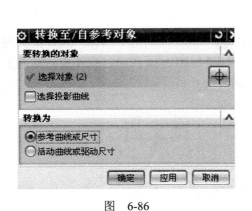

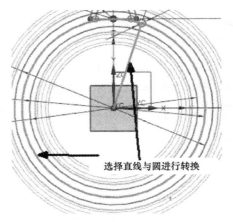

图　6-86　　　　　　　　　　　　　　　　图　6-87

7）在【草图】工具条中单击 ✖ 完成草图 图标，返回建模界面，图形更新为图 6-89 所示。

注意：在装配导航器中隐藏 ☑⬚ zc_n 和 ☑⬚ zc_w 两个部件。

7. 创建回转体特征

选择菜单中的【插入】/【设计特征】/【回转】命令，或在【特征】工具条中单击 🍴（回转）图标，弹出【回转】对话框，如图 6-90 所示。然后，在软件主界面的曲线规则下拉列

表框中选择 相连曲线 ▼ 选项，在图形中选择图 6-91 所示的曲线为回转对象。

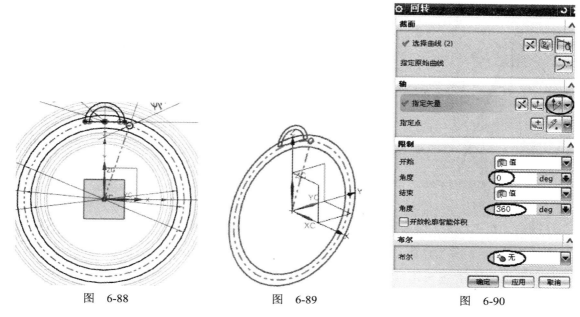

图　6-88　　　　　　　　　图　6-89　　　　　　　　　图　6-90

　　然后，在【回转】对话框的【指定矢量】下拉列表框中选择 ↗▼（自动判断的矢量）选项，然后在图形中选择图 6-91 所示的直线为回转轴，在【开始】\【角度】栏和【结束】\【角度】栏中输入"0"和"360"，在【布尔】下拉列表框中选择 无选项，如图 6-90 所示。最后单击 确定 按钮，完成回转体特征的创建，如图 6-92 所示。

　　按照上述方法，创建内部一个小球回转特征。在软件主界面的曲线规则下拉列表框中选择 相连曲线 ▼ ╫（在相交处停止）选项，在图形中选择图 6-93 所示的曲线为回转对象，完成结果如图 6-94 所示（隐藏上一步创建的大球）。

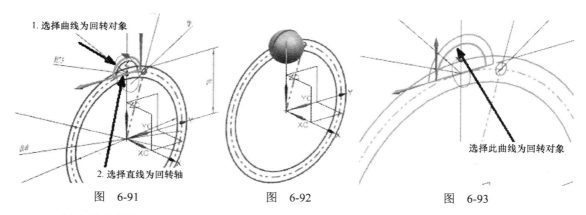

图　6-91　　　　　　　　　图　6-92　　　　　　　　　图　6-93

8. 创建拉伸特征

　　选择菜单中的【插入】/【设计特征】/【拉伸】命令，或在【特征】工具条中单击 ▥（拉伸）图标，弹出【拉伸】对话框，如图 6-95 所示。在软件主界面的曲线规则下拉列表框中选择 相连曲线 ▼ 选项，选择图 6-96 所示的曲线为拉伸对象。

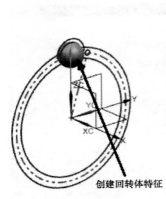

创建回转体特征

图　6-94

图　6-95

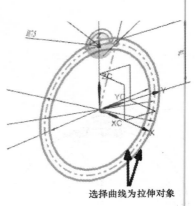

选择曲线为拉伸对象

图　6-96

然后，在【拉伸】对话框的【指定矢量】下拉列表框中选择选项，在【结束】下拉列表框中选择 对称值　选项，在【距离】栏中输入【"zc_assy"::h_pin】，在【布尔】下拉列表框中选择 无选项，如图 6-95 所示。最后单击 确定 按钮，完成拉伸特征的创建，如图 6-97 所示。

按照上述方法，再次选择上述曲线为拉伸对象，然后在【拉伸】对话框的【指定矢量】下拉列表框中选择（自动判断的矢量）选项，在【结束】下拉列表框中选择 对称值 选项，在【距离】栏中输入【"zc_assy"::r_qiu+5】，在【布尔】下拉列表框中选择 无选项。最后单击 确定 按钮，完成拉伸特征的创建，如图 6-98 所示。

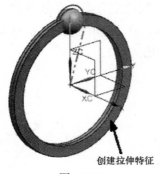

创建拉伸特征

图　6-97

创建拉伸特征

图　6-98

9. 创建求和操作

选择菜单中的【插入】/【组合】/【求和】命令，或在【特征操作】工具条中单击 （求和）图标，弹出【求和】对话框，如图 6-99 所示。系统提示选择目标实体，按照图 6-100 所示选择目标实体与工具实体，单击 确定 按钮，完成求和操作的创建，如图 6-101 所示。

10. 创建阵列面特征——圆形阵列

选择菜单中的【插入】/【关联复制】/【阵列面】命令，或在【特征】工具条中单击 （阵列面）图标，弹出【阵列面】对话框，如图 6-102 所示。在【类型】下拉列表框中选择 圆形阵列 选项，在软件主界面的曲线规则下拉列表框中选择 特征面 选项，

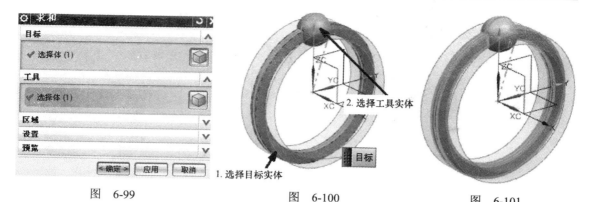

图　6-99　　　　　　　　　　图　6-100　　　　　　　　　　图　6-101

在图形中选择图 6-103 所示的圆球，在【阵列面】对话框的【指定矢量】下拉列表框中选择 **XC** 选项，在【指定点】下拉列表框中选择 选项（圆弧中心 / 椭圆中心 / 球心）选项，在图形中选择图 6-103 所示的实体圆弧边，在【阵列面】对话框的【角度】和【圆数量】栏中分别输入【360/ "zc_assy"::z】和【"zc_assy"::z】，单击 确定 按钮，完成阵列面（圆形阵列）的创建，如图 6-104 所示。

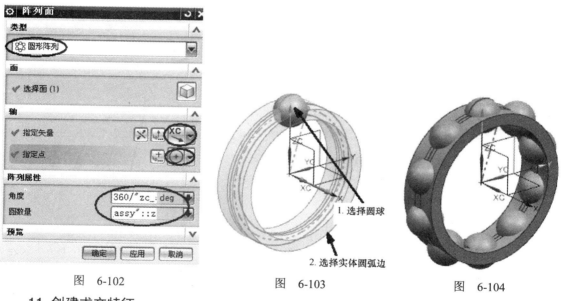

图　6-102　　　　　　　　　图　6-103　　　　　　　　　图　6-104

11. 创建求交特征

选择菜单中的【插入】/【组合】/【求交】命令，或在【特征操作】工具条中单击 （求交）图标，弹出【求交】对话框，如图 6-105 所示。系统提示选择目标实体，按照图 6-106 所示选择目标实体与工具实体，单击 确定 按钮，完成求交操作的创建，如图 6-107 所示。

12. 创建拉伸特征

选择菜单中的【插入】/【设计特征】/【拉伸】命令，或在【特征】工具条中单击 （拉伸）图标，弹出【拉伸】对话框，如图 6-108 所示。在软件主界面的曲线规则下拉列表框中选择 相连曲线 选项，选择图 6-109 所示的圆为拉伸对象。

然后，在【拉伸】对话框的【指定矢量】下拉列表框中选择 **XC** 选项，在【结束】下

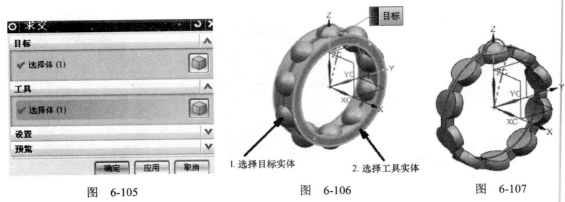

图　6-105　　　　　　　　图　6-106　　　　　　　　图　6-107

拉列表框中选择 对称值　选项，在【距离】栏中输入【"zc_assy"::h_pin+1】，在【布尔】下拉列表框中选择 无选项，如图 6-108 所示。最后单击 确定 按钮，完成拉伸特征的创建，如图 6-110 所示。

图　6-108

图　6-109

13. 创建求差特征

选择菜单中的【插入】/【组合】/【求差】命令，或在【特征】工具条中单击 （求差）图标，弹出【求差】对话框，如图 6-111 所示。系统提示选择目标实体，按照图 6-112 所示

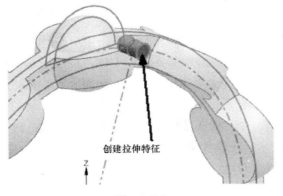

图　6-110

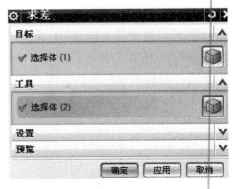

图　6-111

依次选择目标实体和工具实体，完成求差操作的创建，如图 6-113 所示。

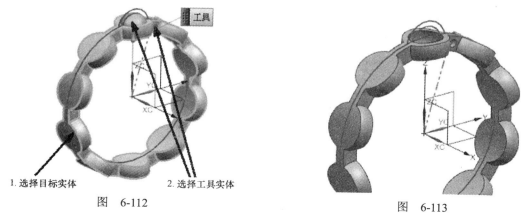

图　6-112　　　　　　　　　　　　图　6-113

14. 创建阵列面特征——球孔、圆柱销圆形阵列

选择菜单中的【插入】/【关联复制】/【阵列面】命令，或在【特征】工具条中单击 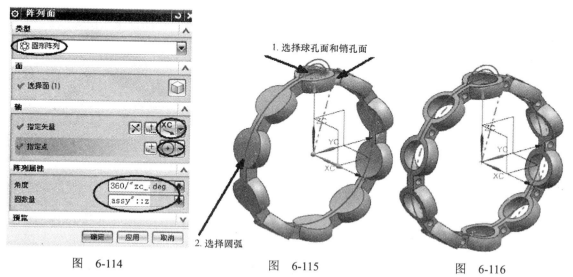（阵列面）图标，弹出【阵列面】对话框，如图 6-114 所示。在【类型】下拉列表框中选择 圆形阵列 选项，在软件主界面的曲线规则下拉列表框中选择 特征面 选项，在图形中选择图 6-115 所示的球孔面和销孔面，在【阵列面】对话框的【指定矢量】下拉列表框中选择 XC 选项，在【指定点】下拉列表框中选择 （圆弧中心/椭圆中心/球心）选项，在图形中选择图 6-115 所示的圆弧，在【阵列面】对话框【角度】和【圆数量】栏中分别输入【360/"zc_assy"::z】和【"zc_assy"::z】，最后单击 确定 按钮，完成阵列面（圆形阵列）的创建，如图 6-116 所示。

图　6-114　　　　　　图　6-115　　　　　　图　6-116

15. 创建拆分体特征——切割保持架实体

选择菜单中的【插入】/【修剪】/【拆分体】命令，或在【特征】工具条中单击 （拆分体）图标，弹出【拆分体】特征对话框，如图 6-117 所示。系统提示选择目标体，在图形中选择图 6-118 所示的实体为目标体。

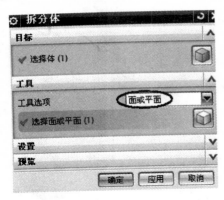

图　6-117

1. 选择目标体　　　　2. 选择基准面为工具面

图　6-118

然后在【拆分体】对话框的【工具选项】下拉列表框中选择 面或平面 选项。在图形中选择图 6-118 所示的基准面为工具面，单击 确定 按钮，完成拆分体特征的创建，如图 6-119 所示。

16. 将辅助曲线移至 255 层

选择菜单中的【格式】/【移动至图层】命令，弹出【类选择】对话框，选择辅助曲线并将其移动至 255 层（步骤略），然后设置 255 层为不可见。关闭 61 层，并更改实体颜色为浅灰色，图形更新为图 6-120 所示。

图　6-119

图　6-120

17. 存盘（步骤略）

6.10　创建带保持架的深沟球轴承滚动体

1. 建立轴承滚动体零件

选择菜单中的【文件】/【新建】命令或单击 □（New 建立新文件）图标，弹出【新建】对话框，选择 ⬜ 模型 模板，在【名称】栏中输入 "zc_q"，在【单位】下拉列表框中选择【毫米】选项，单击 确定 按钮，建立文件名为 zc_q.prt、单位为毫米的文件。

2. 存盘

单击 🔲（保存）图标，保存轴承滚动体零件 zc_q.prt。

3. 切换至装配部件 zc_assy.prt

选择菜单中的【窗口】命令，在下拉列表框中选择 zc_assy.prt 文件。

4. 加入轴承滚动体零件 zc_q.prt

步骤略。

5. 设置轴承滚动体零件 zc_q.prt 为工作零件

步骤略。

6. 在装配导航器中隐藏 ☑⬜ zc_n 、☑⬜ zc_w 、☑⬜ zc_j **三个部件**

7. 草绘轴承滚动体零件截面线

选择菜单中的【插入】/【草图】命令，或在【直接草图】工具条中单击 ▨ （草图）图标，弹出【创建草图】对话框。根据系统提示选择草图平面，在图形中选择图 6-121 所示的 X-Y 平面为草图平面，单击 ⟨ 确定 ⟩ 按钮，出现草图绘制区。

步骤：

1）在【直接草图】工具条中单击 ↶ （轮廓）图标，按照图 6-122 所示绘制截面线。

2）加上约束。在【直接草图】工具条中单击 ⟂ （几何约束）图标，弹出【几何约束】对话框。单击 ⦀ （共线）图标，如图 6-123 所示。在图中选择图 6-124 所示的直线与 X 轴，约束共线，约束结果如图 6-125 所示。在【直接草图】工具条中单击 ⟂ （显示直接草图）图标，使图形中的约束显示出来。

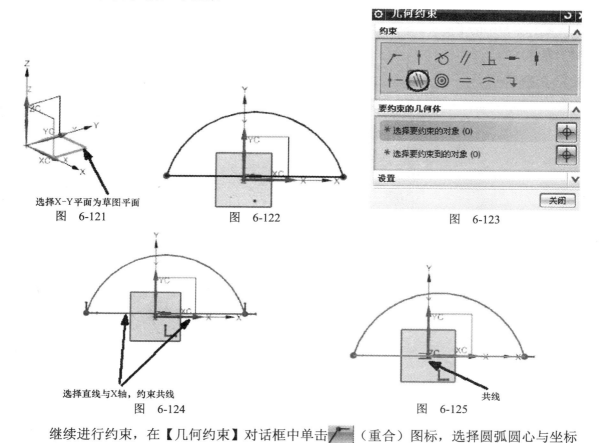

图　6-121　　　　　　　图　6-122　　　　　　　图　6-123

图　6-124　　　　　　　图　6-125

继续进行约束，在【几何约束】对话框中单击 ⟋ （重合）图标，选择圆弧圆心与坐标原点，如图 6-126 所示，约束重合，约束结果如图 6-127 所示。在【直接草图】工具条中单击 (显示所有约束) 图标，使图形中的约束显示出来。

3）标注尺寸。在【直接草图】工具条中单击 (自动判断尺寸) 图标，在出现尺寸标注栏时单击 图标，出现尺寸下拉列表框，选择 ＝ 公式(F)... 选项，按照图 6-128 所示的尺寸进行标注，即 Rp12＝"zc_assy"::r_qiu。此时，草图已经转换成绿色，表示已经完全约束。

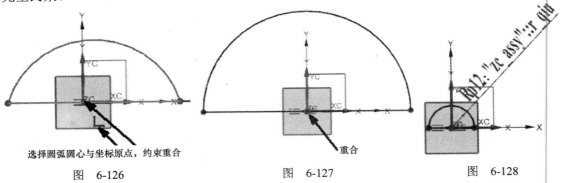

选择圆弧圆心与坐标原点，约束重合

图　6-126　　　　　　　　　图　6-127　　　　　　　　　图　6-128

4）在【直接草图】工具条中单击 完成草图 图标，返回建模界面，图形更新为图 6-129 所示。

8. 创建回转体特征

选择菜单中的【插入】/【设计特征】/【回转】命令，或在【特征】工具条中单击 (回转) 图标，弹出【回转】对话框，如图 6-130 所示。然后，在软件主界面的曲线规则下拉列表框中选择 相连曲线 选项，在图形中选择图 6-131 所示的曲线为回转对象。

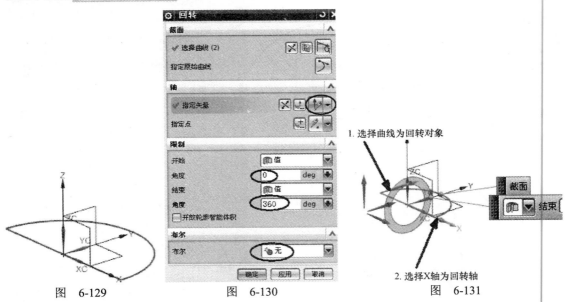

图　6-129　　　　　　　　　图　6-130　　　　　　　　　图　6-131

然后，在【回转】对话框的【指定矢量】下拉列表框中选择 (自动判断的矢量) 选项，然后在图形中选择图 6-131 所示的 X 轴为回转轴，在【开始】\【角度】栏和【结束】\

【角度】栏中分别输入"0"和"360"，在【布尔】下
拉列表框中选择 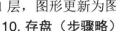无选项，如图 6-130 所示。最后
单击 确定 按钮，完成回转体特征的创建，如图
6-132 所示。

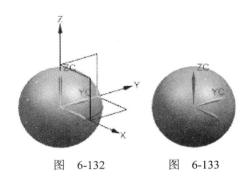

9. 将辅助曲线移至 255 层

选择菜单中的【格式】/【移动至图层】命令，
弹出【类选择】对话框，选择辅助曲线并将其移动至
255 层（步骤略），然后设置 255 层为不可见，并关
闭 61 层，图形更新为图 6-133 所示。

图　6-132　　　图　6-133

10. 存盘（步骤略）

6.11　创建带保持架的深沟球轴承销子

首先按照本章 6.10 节的步骤 1 ～ 7 的方法，创建轴承销子 zc_x 零件截面线，其截面线
如图 6-134 所示。$\phi p0=$ "zc_assy"::b，p1= 180/ "zc_assy"::z，$\phi p2 =$ "zc_assy"::d_pin。

然后按照本章 6.9 节的步骤 12 的方法拉伸轴承销子截面，完成轴承销子零件的创建，
如图 6-135 所示。

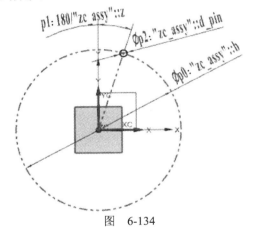

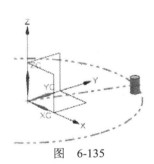

图　6-134　　　　　　　　　　　图　6-135

6.12　创建带保持架的深沟球轴承装配

1. 打开文件

选择菜单中的【文件】/【打开】命令或单击 （打开）文件图标，弹出【打开】对话
框，在文件列表中选择【zc_assy】选项，单击 OK 按钮，打开轴承装配文件。

2. 删除 5 个部件（步骤略）

3. 添加组件

调入轴承装配模型所需的各个组件，选择菜单中的【装配】/【组件】/【添加组件】命令，
或在装配工具条中单击 （添加组件）图标，弹出【添加组件】对话框，如图 6-136 所示。
在对话框中单击 （打开）图标，弹出【部件名】对话框，选择轴承外圈零件 zc_w.prt，

如图 6-137 所示，然后单击 [　OK　] 按钮，此时主窗口的右侧将出现一个组件预览小窗口。

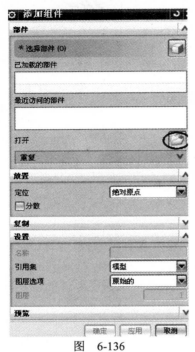 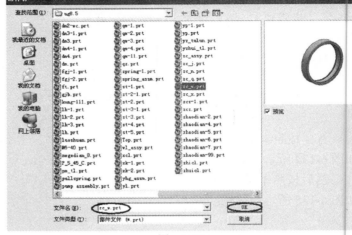

图　6-136　　　　　　　　　　　　　　　　　图　6-137

4. 定位组件

系统弹出【添加组件】对话框，如图 6-138 所示，在【定位】下拉列表框中选择
绝对原点 [▼]选项，然后在【引用集】下拉列表框中选择 模型（"MODEL"） [▼]选项，
单击 [确定] 按钮，这样就添加了第一个组件，如图 6-139 所示。

图　6-138　　　　　　　　　　　　　　　　　图　6-139

5. 装配轴承内圈零件（zc_n.prt）

按照步骤 3 的方法添加轴承内圈（zc_n.prt）零件，然后再进行定位，系统弹出【添加
组件】对话框，如图 6-140 所示，在【定位】下拉列表框中选择 通过约束 [▼]选项，

在【引用集】下拉列表框中选择 模型("MODEL") 选项，单击 确定 按钮，弹出【装配约束】对话框，如图 6-141 所示，在此对话框的【类型】下拉列表框中选择 接触对齐 选项，在【方位】下拉列表框中选择 对齐 选项。

图　6-140

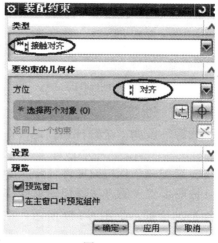

图　6-141

然后，在组件预览窗口将模型旋转至适当位置，选择图 6-142 所示的零件面，接着在主窗口中选择图 6-143 所示的零件面，完成对齐约束，再在【资源条】工具栏中单击 （装配导航器）图标，弹出【装配导航器】信息窗，在 约束 栏下出现

选择零件面

图　6-142

对齐 (ZC_N, ZC_W) （对齐约束）复选框，如图 6-144 所示。

继续进行中心对齐约束，在【装配约束】对话框的【类型】下拉列表框中选择 接触对齐 选项，在【方位】下拉列表框中选择 自动判断中心/轴 选项，在预览窗口中将模型旋转至适当位置，选择图 6-145 所示的零件中心线，接着在主窗口中选择图 6-146 所示的零件中心线，系统完成中心对齐约束，此时在【资源条】工具栏中单击 （装配导航器）图标，弹出【装配导航器】信息窗，在 约束 栏下出现 对齐 (ZC_N, ZC_W) （中心对齐约束）复选框，如图 6-147 所示。然后在【装配约束】对话框中单击 确定 按钮，完成轴承内圈零件（zc_n.prt）的装配，如图 6-148 所示。

选择零件面

图　6-143

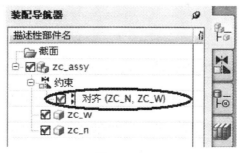

图　6-144

选择零件中心线

图　6-145

图 6-146 图 6-147 图 6-148

注意：假如一个圆柱体在选择时没有出现需要的中心线，则可将鼠标光标先移动到目标圆柱的端面圆上，中心线即可出现。

6. 装配轴承保持架零件（zc_j.prt）

按照步骤 3 的方法添加轴承保持架零件（zc_j.prt），然后再进行定位，系统弹出【添加组件】对话框，如图 6-149 所示。在【定位】下拉列表框中选择 通过约束 选项，在【引用集】下拉列表框中选择 模型（"MODEL"）选项。单击 确定 按钮，弹出【装配约束】对话框，如图 6-150 所示，在此对话框中的【类型】下拉列表框中选择 接触对齐 选项，在【方位】下拉列表框中选择 自动判断中心/轴 选项。

然后，在组件预览窗口中将模型旋转至适当位置，选择图 6-151 所示的零件中心线，接着在主窗口中选择图 6-152 所示的零件中心线，完成 3 对齐约束，再在【资源条】工具栏中单击 （装配导航器）图标，弹出【装配导航器】信息窗，在 约束 栏下出现 对齐 (ZC_J, ZC_N) （中心对齐约束）复选框，如图 6-153 所示。

继续进行中心约束，在【装配约束】对话框的【类型】下拉列表框中选择 中心 选项，在【子类型】下拉列表框中选择 2 对 2 选项，如图 6-154 所示。然后，在组件窗口依次选择图 6-155、图 6-156 所示的零件面。

图 6-149

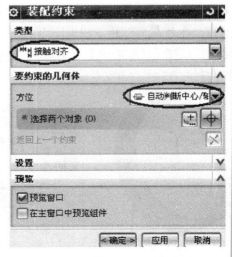

图 6-150

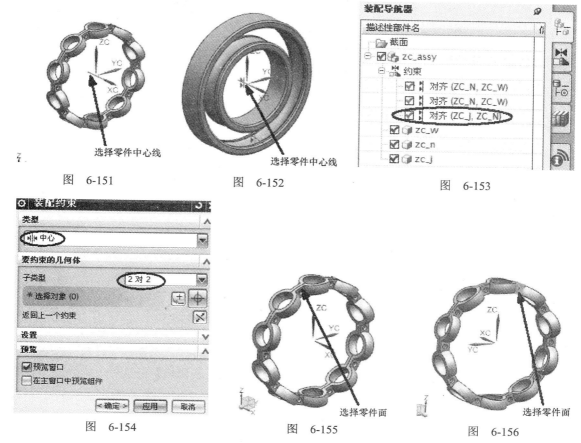

图　6-151　　　　　　　图　6-152　　　　　　　图　6-153

图　6-154　　　　　　　图　6-155　　　　　　　图　6-156

接着，在主窗口中依次选择图 6-157、图 6-158 所示的零件面，系统完成中心约束，在【装配导航器】信息窗中 约束 栏下出现 中心 (ZC_J, ZC_W) （中心约束）复选框，如图 6-159 所示。

图　6-157　　　　　　　图　6-158　　　　　　　图　6-159

然后，在【装配约束】对话框中单击 确定 按钮，完成轴承保持架零件（zc_j.prt）的装配，如图 6-160 所示。

7. 装配轴承滚动体零件（zc_q.prt）

按照步骤 3 的方法添加轴承滚动体零件（zc_q.prt），然后再进行定位，系统弹出【添加组件】对话框，如图 6-161 所示，在【定位】下拉列表框中选择 通过约束 ▼选项，在【引用集】下拉列表框中选择 模型（"MODEL"）▼选项，单击 确定 按钮，弹出【装配约束】对话框，如图 6-162 所示，在此对话框【类型】下拉列表框中选择 ⋈接触对齐 选项，在【方位】下拉列表框中选择 ⊕ 自动判断中心/轴 ▼选项。

图　6-160　　　　　　　　　图　6-161　　　　　　　　　图　6-162

　　然后，在组件预览窗口中将模型旋转至适当位置，选择图 6-163 所示的零件面，接着，在主窗口中选择图 6-164 所示的零件面，完成对齐约束。再在【资源条】工具栏中单击 🔧（装配导航器）图标，弹出【装配导航器】信息窗，在 ⊟ ⋈约束 栏下出现 ☑ ⋈ 对齐 (ZC_Q, ZC_J)（中心对齐约束）复选框，如图 6-165 所示。

　　然后，在【装配约束】对话框中单击 <确定> 按钮，完成轴承滚动体零件（zc_q.prt）的装配，如图 6-166 所示。

选择零件面　　　　　　　　选择零件面

图　6-163　　　　　　　　图　6-164

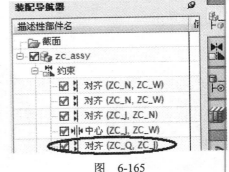

图　6-165

8. 装配轴承销子零件（zc_x.prt）

　　按照步骤 3 的方法添加轴承销子零件（zc_x.prt），然后再进行定位，系统弹出【添加组件】对话框，如图 6-167 所示。在【定位】下拉列表框中选择 通过约束 ▼选项，在【引用集】下拉列表框中选择 模型（"MODEL"）▼选项，单击 确定 按钮，弹出【装配约束】对话框，如图 6-168 所示，在此对话框的【类型】下拉列表框中选择 ⋈接触对齐 选项，在【方位】下拉列表框中选择 ⊕ 自动判断中心/轴 ▼选项。

图 6-166　　　　　　　　　　　图　6-167　　　　　　　　　　　图　6-168

　　然后，在组件预览窗口中将模型旋转至适当位置，选择图 6-169 所示的零件中心线，接着，在主窗口中选择图 6-170 所示的零件中心线，完成对齐约束。再在【资源条】工具栏中单击 ⬚（装配导航器）图标，弹出【装配导航器】信息窗，在 ⊟ ⚓ 约束 栏下出现 ☑ ⫴ 对齐 (ZC_X, ZC_J)（中心对齐约束）复选框。

选择零件中心线

图　6-169

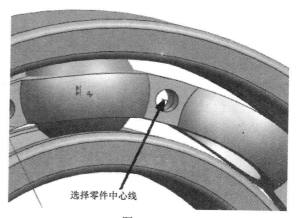

选择零件中心线

图　6-170

　　继续进行中心约束，在【装配约束】对话框的【类型】下拉列表框中选择 ⫴ 中心 选项，在【子类型】下拉列表框中选择 2 对 2 选项，如图 6-171 所示。然后，在组件窗口中依次选择图 6-172、图 6-173 所示的零件面。接着，在主窗口中依次选择图 6-174、图 6-175 所示的零件面，系统完成中心约束，在【装配导航器】信息窗的 ⊟ ⚓ 约束 栏下出现 ☑ ⫴ 中心 (ZC_X, ZC_J)（中心约束）复选框。

　　然后，在【装配约束】对话框中单击 <确定> 按钮，完成轴承销子零件（zc_x.prt）的装配，如图 6-176 所示。

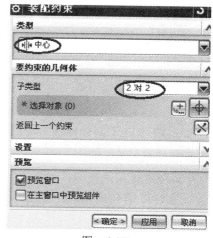

图　6-171

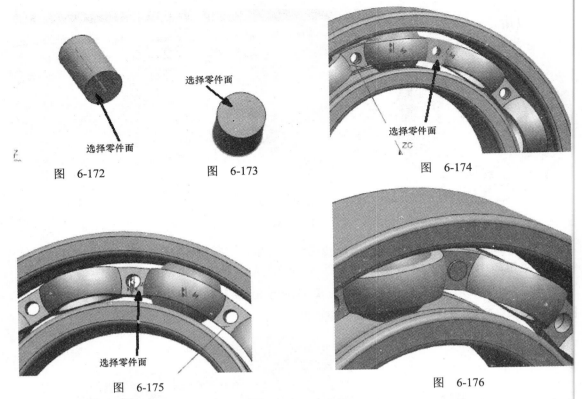

图　6-172　　　　　　　图　6-173　　　　　　　图　6-174

图　6-175　　　　　　　　　　　　　　　　图　6-176

9. 创建轴承滚动体零件（zc_q.prt）和轴承销子零件（zc_x.prt）圆形阵列

选择菜单中的【装配】/【组件】/【创建组件阵列】命令，或在装配工具条中单击 （创建组件阵列）图标，弹出【类选择】对话框，如图 6-177 所示。在图形中依次选择图 6-178 所示的轴承滚动体零件和轴承销子零件，然后在【类选择】对话框中单击 确定 按钮。

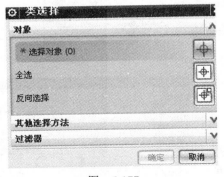

图　6-177

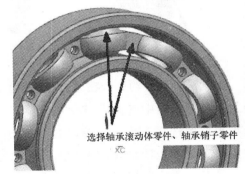

图　6-178

系统弹出【创建组件阵列】对话框，如图 6-179 所示，在【阵列定义】区域内选中 ◉圆形 单选按钮，单击 确定 按钮，弹出【创建圆形阵列】对话框，在【轴定义】区域内选中 ◉圆柱面 单选按钮，如图 6-180 所示，在图形中选择图 6-181 所示的圆柱面。

选择好圆柱面后，【创建圆形阵列】对话框中的阵列参数栏便被激活，在【总数】和【角度】栏中分别输入"z"和"360/z"，如图 6-180 所示。然后单击 确定 按钮两次，完成轴承滚动体零件（zc_q.prt）和轴承销子零件（zc_x.prt）圆形阵列的创建，如图 6-182 所示。

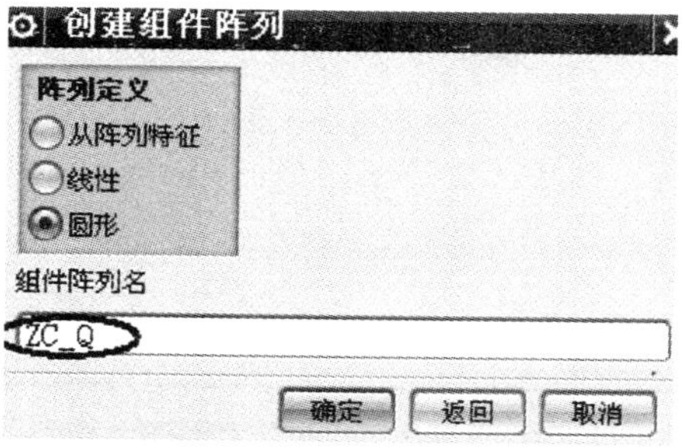

图　6-179

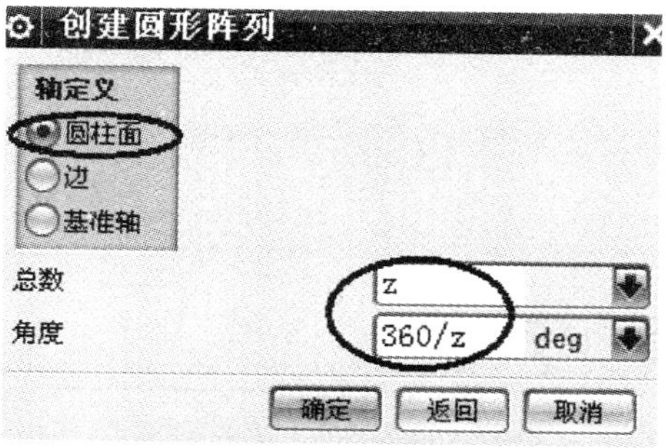

图　6-180

选择圆柱面

图　6-181

图　6-182

第7章

曲轴类零件参数化设计

📖 实例说明

本章主要介绍曲轴类零件的构建。其构建思路为：①分析零件中间缸曲拐部分为左右对称，可以先从右端开始，采用圆柱、凸台、回转体创建前输出法兰，然后绘制曲拐外形截面线，采用拉伸、添加凸台等方法创建第一、第二缸曲拐结构；③采用镜像特征的方法创建右边第三、第四缸曲拐结构；④通过圆柱、凸台叠加、回转体以及孔、键槽、螺纹特征创建后输出轴颈。图样示意尺寸如图7-1所示，模型如图7-2所示。

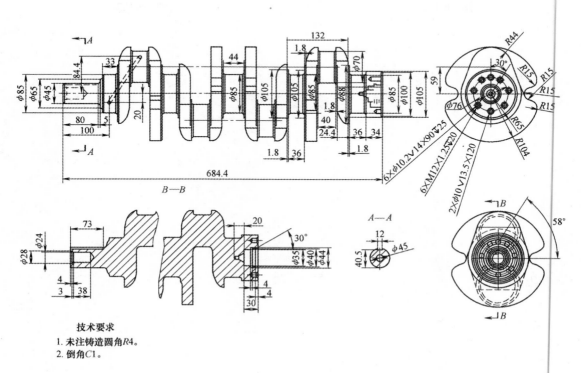

技术要求
1. 未注铸造圆角R4。
2. 倒角C1。

图 7-1

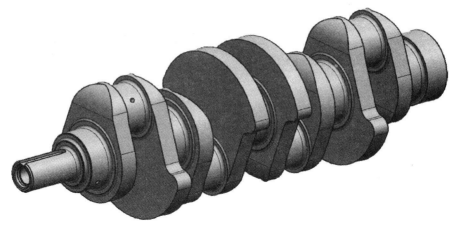

图　7-2

📖 **学习目标**

　　通过该实例的练习，读者能熟练掌握草图、圆柱、凸台、孔、修剪体、键槽、螺纹及实例几何体特征等基础特征的创建方法。通过本实例，还可以全面掌握编辑、旋转、阵列的多种方法及综合运用各种实体成型的基本方法和技巧。

7.1　创建新文件

　　选择菜单中的【文件】/【新建】命令或单击 □（New 建立新文件）图标，弹出【新建】对话框，在【名称】栏中输入"qz"，在【单位】下拉列表框中选择【毫米】选项，单击 确定 按钮，建立文件名为 qz.prt、单位为毫米的文件。

7.2　创建前输出法兰

1. 创建圆柱

　　选择菜单中的【插入】/【设计特征】/【圆柱体】命令，或在【特征】工具条中单击 █（圆柱）图标，弹出【圆柱】对话框，在【类型】下拉列表框中选择 ◌ **轴、直径和高度** 选项，如图 7-3 所示，在【指定矢量】下拉列表框中选择 YC 选项，此时出现矢量方向，在【指定点】下拉列表框中选择 ✛（点）构造器图标，弹出【点】对话框，在【XC】、【YC】和【ZC】栏中分别输入"0""0"和"0"，如图 7-4 所示，单击 确定 按钮，系统返回【圆柱】对话框。在【直径】和【高度】栏中分别输入"100"和"34"，然后单击 应用 按钮，完成圆柱的创建，如图 7-5 所示。

2. 显示基准平面

　　选择菜单中的【格式】/【图层设置】命令，弹出【图层设置】对话框，勾选 ☑ 61 复选框，完成基准平面的显示。

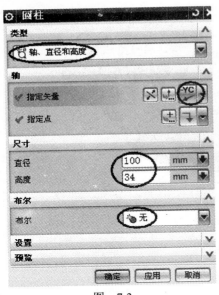

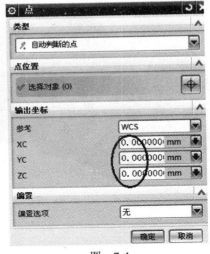

图　7-3　　　　　　　　　　　　　　图　7-4　　　　　　　　　　图　7-5

3. 创建埋头孔特征

选择菜单中的【插入】/【设计特征】/【孔】命令，或在【特征】工具条中单击 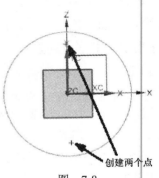（孔）
图标，弹出【孔】对话框，如图 7-6 所示。系统提示选择孔放置点，然后在图形中选择图
7-7 所示的 X-Z 基准平面为放置面。

进入草绘界面，弹出【草图点】对话框，选择适当的位置，创建两个点（孔的圆心），
如图 7-8 所示。加上约束，在【直接草图】工具条中单击 ◢（几何约束）图标，弹出【几

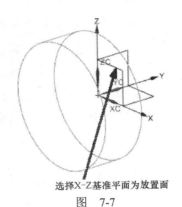

选择X-Z基准平面为放置面　　　　　　　　　　创建两个点

图　7-6　　　　　　　　　　图　7-7　　　　　　　图　7-8

何约束】对话框，单击 图标，如图 7-9 所示，在图中选择图 7-10 所示的点和 Y 轴，约束其点在曲线上。然后给另外一个点加上同样的约束。

在【草图工具】工具条中单击 ![icon]（自动判断尺寸）图标，按照图 7-11 所示的尺寸进行标注，即 p109=38.0、p110=38.0。此时，草图曲线已经转换成绿色，表示已经完全约束。然后，在【草图】工具条中单击 ![icon]完成草图 图标，返回建模界面。

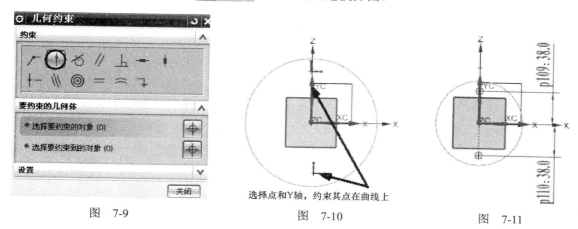

图　7-9　　　　　　　　　　图　7-10　　　　　　　　　　图　7-11

系统返回【孔】对话框，在【孔方向】下拉列表框中选择 ![icon]垂直于面 选项，在【成形】下拉列表框中选择 ![icon]埋头 选项，在【埋头直径】、【埋头角度】和【直径】栏中分别输入 "13.5" "120" 和 "10"，在【深度】和【顶锥角】栏中分别输入 "13" 和 "120"，在【布尔】下拉列表框中选择 ![icon]求差 选项，如图 7-6 所示。最后单击 ![应用] 按钮，完成埋头孔的创建，如图 7-12 所示。

4. 草绘孔的圆心位置

步骤：

1）绘制直线。在【直接草图】工具栏中单击 ![icon]（直线）图标，然后选择 X-Z 基准平面为草图平面，在主界面捕捉点工具条中单击 ![icon]（现有点）图标，按照图 7-13 所示绘制直线。

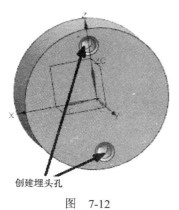

创建埋头孔

图　7-12

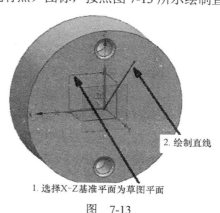

2. 绘制直线

1. 选择X-Z基准平面为草图平面

图　7-13

2）标注尺寸。在【直接草图】工具条中单击 ![icon]（自动判断尺寸）图标，按照图 7-14 所示的尺寸进行标注，即 p111=30.0、p112=38.0。

3）在【直接草图】工具条中单击 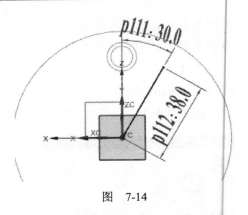 完成草图 图标，返回建模界面。

5. 创建埋头孔

选择菜单中的【插入】/【设计特征】/【孔】命令，或在【特征】工具条中单击 ⬛（孔）图标，弹出【孔】对话框，如图 7-15 所示。系统提示选择孔放置点，在主界面捕捉点工具条中单击 ╱（端点）图标，在图形中选择图 7-16 所示的直线端点，在【孔方向】下拉列表框中选择 ⬤ 垂直于面 选项，在【成形】下拉

图　7-14

列表框中选择 ▽ 埋头 选项，在【埋头直径】、【埋头角度】和【直径】栏中分别输入"14""90"和"10.2"，在【深度】和【顶锥角】栏中分别输入"25"和"120"，在【布尔】下拉列表框中选择 ➡ 求差 选项，最后单击 应用 按钮，完成埋头孔的创建，如图 7-17 所示。

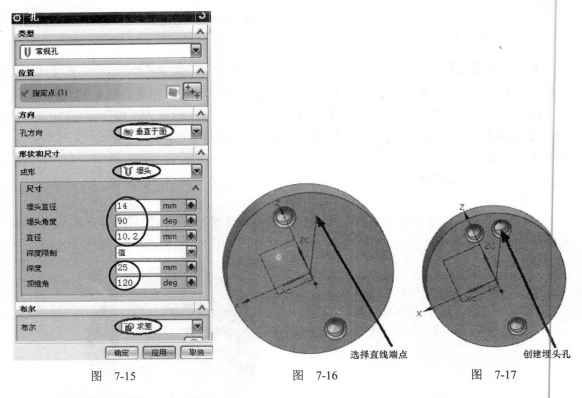

图　7-15　　　　　　　　　　图　7-16　　　　　　　　　　图　7-17

6. 创建螺纹特征

选择菜单中的【插入】/【设计特征】/【螺纹】命令，或在成型【特征】工具条中单击 ▦（螺纹）图标，弹出【螺纹】对话框，在【螺纹类型】区域中选中 ⬤ 详细 单选按钮，在【旋转】区域中选中 ⬤ 右旋 单选按钮，如图 7-18 所示。在图形中选择图 7-19 所示的圆孔面，弹出【螺纹】对话框，如图 7-20 所示。在图形中选择图 7-21 所示的实体面为起始平面，图形中出现螺纹轴方向，如图 7-21 所示。

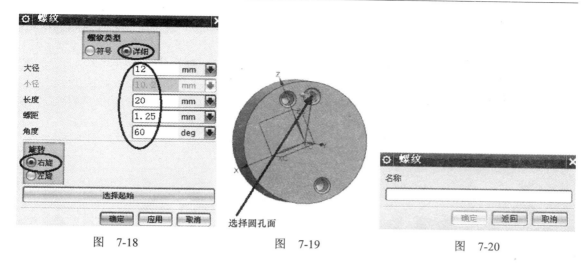

图　7-18　　　　　　　　图　7-19　　　　　　　　图　7-20

系统弹出【螺纹】对话框，以确认轴方向，如图 7-22 所示，单击 确定 按钮，系统返回【螺纹】对话框，在【螺纹】对话框中【大径】、【长度】、【螺距】、【角度】栏中分别输入"12""20""1.25"和"60"，如图 7-18 所示，最后单击 确定 按钮，完成螺纹特征的创建，如图 7-23 所示。

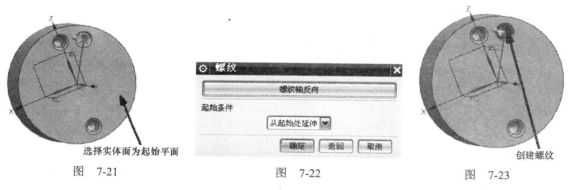

图　7-21　　　　　　　　图　7-22　　　　　　　　图　7-23

7. 创建阵列特征（圆形阵列）

选择菜单中的【插入】/【关联复制】/【阵列特征】命令，或在【特征】工具条中单击 （实例特征）图标，弹出【阵列特征】对话框，如图 7-24 所示。在部件导航器中勾选图 7-25 所示的"埋头孔"和"螺纹"复选框，在【布局】下拉列表框中选择 圆形 选项，在【指定矢量】下拉列表框中选择 YC 选项，在【指定点】下拉列表框中选择 （圆弧中心 / 椭圆中心 / 球心）选项，在图形中选择图 7-26 所示的实体圆弧边，在【间距】下拉列表框中选择 数量和节距 选项，在【数量】和【节距角】栏中分别输入"3"和"–50"，单击 确定 按钮，完成阵列特征的创建，如图 7-27 所示。

8. 创建镜像特征

选择菜单中的【插入】/【关联复制】/【镜像特征】命令，或在【特征操作】工具栏中单击 （镜像特征）图标，弹出【镜像特征】对话框，如图 7-28 所示。在部件导航器栏选择图 7-29 所示的三个特征，然后在【镜像特征】对话框的【平面】下拉列表框中选择

现有平面 ▼选项，在图形中选择图 7-30 所示的 Y-Z 基准平面，单击 确定 按钮，完成镜像特征的创建，如图 7-31 所示。

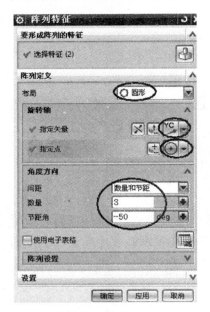

图　7-24

图　7-25

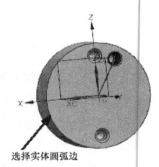

选择实体圆弧边

图　7-26

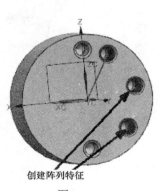

创建阵列特征

图　7-27

图　7-28

图　7-29

9. 创建凸台特征

选择菜单中的【插入】/【设计特征】/【凸台】命令，或在成型【特征】工具条中单击 ◻ （凸台）图标，弹出【凸台】对话框，如图 7-32 所示。在图形中选择图 7-33 所示的放置面，在【凸台】对话框的【直径】和【高度】栏中分别输入"85"和"36"，然后单击 确定 按钮。

系统弹出【定位】对话框，如图 7-34 所示。单击 ↙ （点落在点上）图标，弹出【点落在点上】对话框，用以选择目标对象，如图 7-35 所示。

在图形中选择图 7-36 所示的实体圆弧边，系统弹出【设置圆弧的位置】对话框，如图 7-37 所示，单击 圆弧中心 按钮，完成凸台特征的创建，如图 7-38 所示。

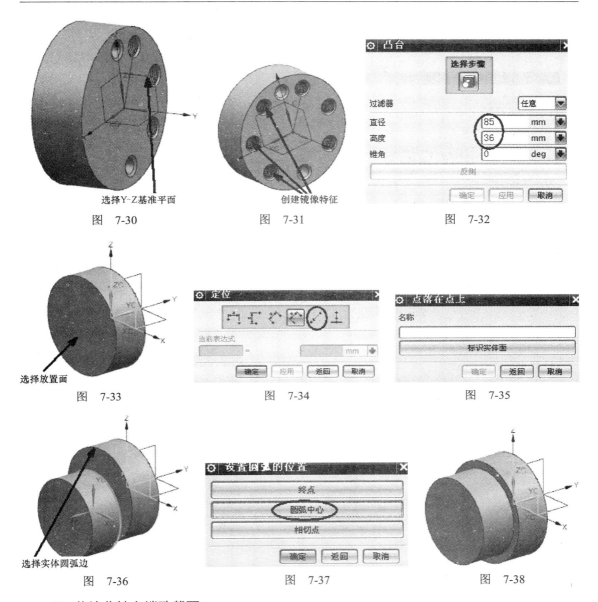

图　7-30　　　　　　　　图　7-31　　　　　　　　图　7-32

图　7-33　　　　　　　　图　7-34　　　　　　　　图　7-35

图　7-36　　　　　　　　图　7-37　　　　　　　　图　7-38

10. 草绘曲轴右端孔截面

选择菜单中的【插入】/【草图】命令，或在【直接草图】工具条中单击 图标，弹出【创建草图】对话框，如图 7-39 所示。在【平面方法】下拉列表框中选择 自动判断 选项，在图形中选择图 7-40 所示的 Y-Z 基准平面为草图平面，单击 ＜确定＞ 按钮，出现草图绘制区。

步骤：

1）在【直接草图】工具条中单击 ![icon]（轮廓）图标，在主界面捕捉点工具条中单击 ＋（现有点）图标，适时切换 ![icon]（点在曲线上）图标，按照图 7-41 所示绘制相连的截面线。

2）加上约束。在【直接草图】工具条中单击 ![icon]（几何约束）图标，弹出【几何约束】对话框，单击 ![icon]（共线）图标，如图 7-42 所示。在图中选择图 7-43 所示的直线与 Y 轴，约束共线，约束结果如图 7-44 所示。在【直接草图】工具条中单击 ⚲（显示草图约束）图标，使图形中的约束显示出来。

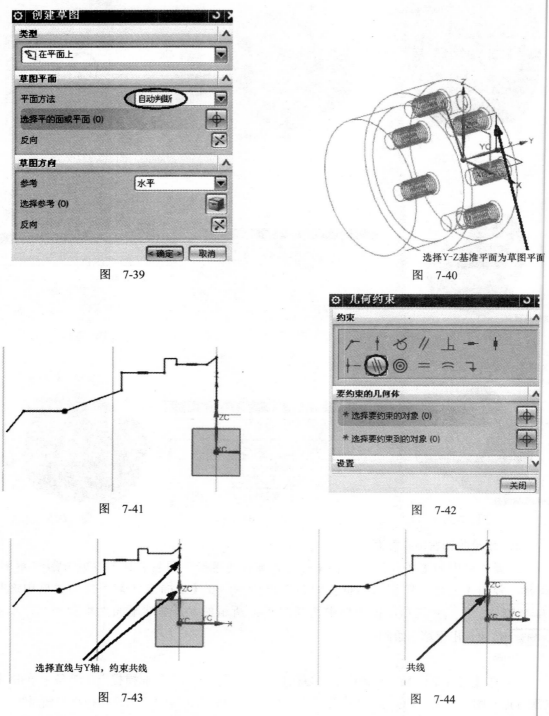

图　7-39

选择Y-Z基准平面为草图平面

图　7-40

图　7-41

图　7-42

选择直线与Y轴，约束共线

图　7-43

共线

图　7-44

继续进行约束，在【几何约束】对话框中单击 ∔（点在曲线上）图标，在图中选择图 7-45 所示的 X 轴和直线端点，约束点在曲线上，约束结果如图 7-46 所示。在【直接草图】

工具条中单击 ✐（显示草图约束）图标，使图形中的约束显示出来。

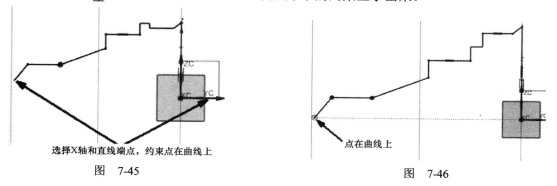

选择X轴和直线端点，约束点在曲线上　　　　　　　　点在曲线上

图　7-45　　　　　　　　　　　　　　　图　7-46

3）标注尺寸。在【直接草图】工具条中单击 ┝╈┙（自动判断尺寸）图标，按照图 7-47 所示的尺寸进行标注，即 p375=4.0、p376=10.0、p377=17.5、p378=22.0、p379=20.0、p380=60.0、p381=30.0、p382=30.0、p383=4.0、p384=4.0、p385=16.0、p386=30.0、p387=20.0。此时，直接草图已经转换成绿色，表示已经完全约束。

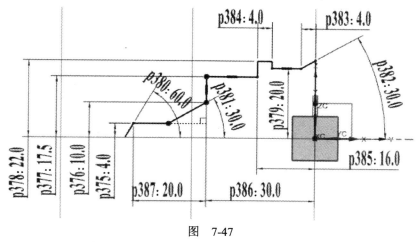

图　7-47

4）在【直接草图】工具条中单击 ▓ 完成草图图标，返回建模界面。

11. 创建回转特征

选择菜单中的【插入】/【设计特征】/【回转】命令，或在【特征】工具条中单击 🟥（回转）图标，弹出【回转】对话框，如图 7-48 所示。然后，在软件主界面的曲线规则下拉列表框中选择 自动判断曲线 🔽 选项，在图形中选择图 7-49 所示的截面线为回转对象。

然后，在【回转】对话框的【指定矢量】下拉列表框中选择 ↗▾（自动判断的矢量）选项，然后在图形中选择图 7-50 所示的 Y 轴为回转轴，在【开始】\【角度】栏和【结束】\【角度】栏中分别输入"0"和"360"，在【布尔】下拉列表框中选择 ▱ 求差 选项，如图 7-48 所示，单击 确定 按钮，完成回转体特征的创建，如图 7-51 所示。

12. 将曲线移至 255 层

选择菜单中的【格式】/【移动至图层】命令，弹出【类选择】对话框，选择辅助曲线并将其移动至 255 层（步骤略）。

图　7-48

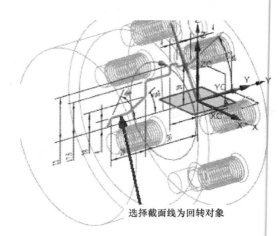

选择截面线为回转对象

图　7-49

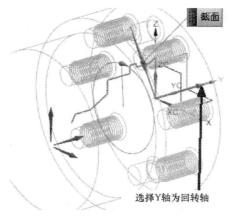

选择Y轴为回转轴

图　7-50

图　7-51

7.3　创建第一缸曲拐结构

1. 草绘曲拐截面

选择菜单中的【插入】/【草图】命令，或在【直接草图】工具条中单击 ![图标]（草图）图标，弹出【创建草图】对话框，如图 7-52 所示。在【平面方法】下拉列表框中选择

自动判断 ![下拉] 选项，在图形中选择图 7-53 所示的实体平面为草图平面，单击 ![确定] 按钮，出现草图绘制区。

步骤：

1）绘制圆。在【直接草图】工具条中单击 ○（圆）图标，在圆浮动工具栏中单击 ◉（圆心和直径定圆）图标，在主界面捕捉点工具条中单击 ⊙（圆弧中心）图标，按照图 7-54 所示的适当位置绘制两个圆。

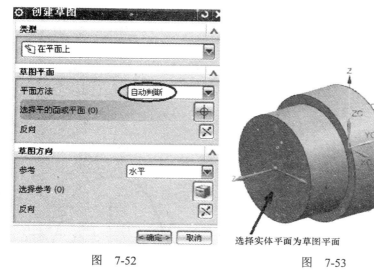

图　7-52

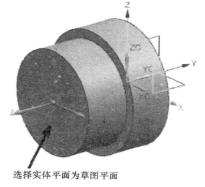

选择实体平面为草图平面

图　7-53

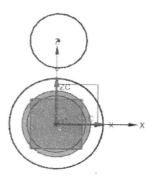

图　7-54

2）绘制直线。在【直接草图】工具栏中单击 ∕（直线）图标，在主界面捕捉点工具条中单击 ∕（点在曲线上）图标，按照图 7-55 所示绘制两条切线。

3）快速修剪曲线。在【直接草图】工具栏中单击 ⤬（快速修剪）图标，弹出【快速修剪】对话框，如图 7-56 所示。然后，在图形中选择图 7-57 所示的圆弧进行修剪，修剪结果如图 7-58 所示。

4）加上约束。在【直接草图】工具条中单击 ⊥（几何约束）图标，弹出【几何约束】对话框，单击 ⊥（点在曲线上）图标，如图 7-59 所示。在图中选择图 7-60 所示的 Y 轴和圆心，约束点在曲线上，约束结果如图 7-61 所示。在【直接草图】工具条中单击 ⊥（显示草图约束）图标，使图形中的约束显示出来。

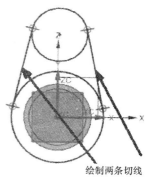

绘制两条切线

图　7-55

图　7-56

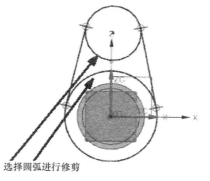

选择圆弧进行修剪

图　7-57

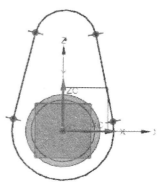

图　7-58

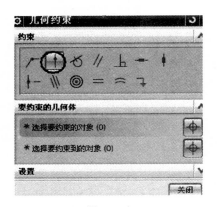

图　7-59

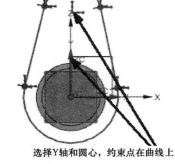

选择Y轴和圆心，约束点在曲线上

图　7-60

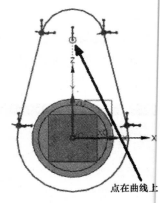

点在曲线上

图　7-61

5）标注尺寸。在【直接草图】工具条中单击 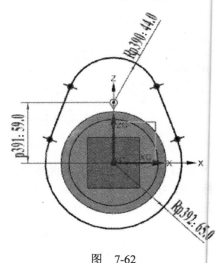（自动判断尺寸）图标，按照图 7-62 所示的尺寸进行标注，即 Rp390=44.0、p391=59.0、Rp392=65.0。此时，直接草图已经转换成绿色，表示已经完全约束。

6）在【直接草图】工具条中单击 完成草图 图标，返回建模界面。

2. 创建拉伸特征

选择菜单中的【插入】/【设计特征】/【拉伸】命令，或在【特征】工具条中单击 （拉伸）图标，弹出【拉伸】对话框，如图 7-63 所示。在软件主界面的曲线规则下拉列表框中选择 相连曲线 选项，选择如图 7-64 所示的截面线为拉伸对象，出现如图 7-64 所示的拉伸方向。

图　7-62

图　7-63

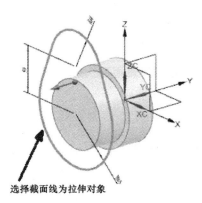

选择截面线为拉伸对象

图　7-64

然后，在【拉伸】对话框的【开始】\【距离】栏和【结束】\【距离】栏中分别输入"1.8"和"26.2"，在【布尔】下拉列表框中选择 无选项，如图 7-63 所示，单击 确定 按钮，完成拉伸特征的创建，如图 7-65 所示。

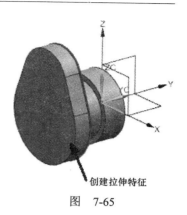

图　7-65

创建拉伸特征

3. 创建凸台特征

选择菜单中的【插入】/【设计特征】/【凸台】命令，或在成型【特征】工具条中单击 （凸台）图标，弹出【凸台】对话框，如图 7-66 所示。在图形中选择图 7-67 所示的放置面，在【凸台】对话框的【直径】和【高度】栏中分别输入"105"和"1.8"，然后单击 确定 按钮。

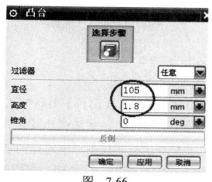

图　7-66

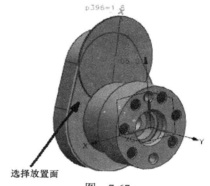

选择放置面

图　7-67

系统弹出【定位】对话框，如图 7-68 所示，单击 （点落在点上）图标，弹出【点落在点上】对话框，用以选择目标对象如图 7-69 所示。在图形中选择图 7-70 所示的实体圆弧边，系统弹出【设置圆弧的位置】对话框，如图 7-71 所示，单击 圆弧中心 按钮，完成凸台特征的创建，如图 7-72 所示。

图　7-68

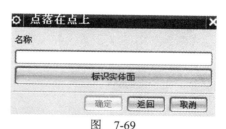

图　7-69

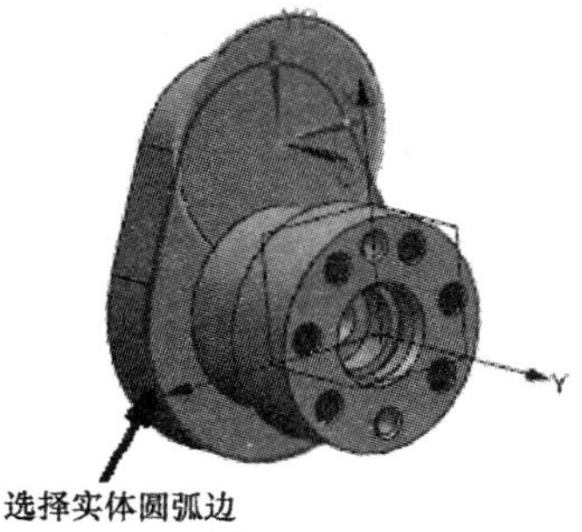

选择实体圆弧边

图　7-70

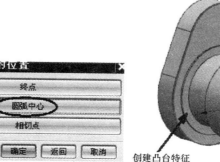

图　7-71

创建凸台特征

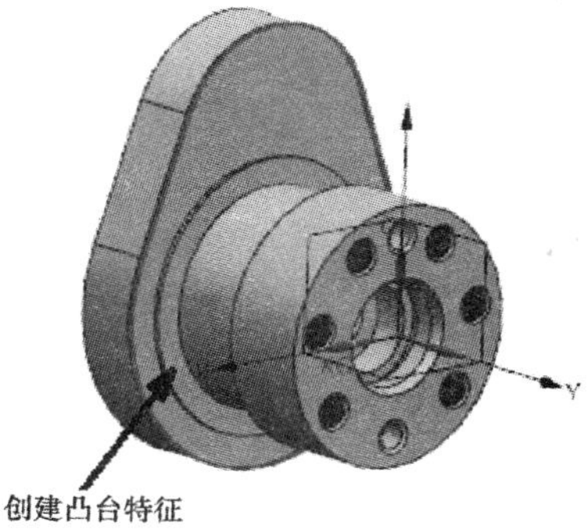

图　7-72

继续创建凸台特征，在图形中选择图 7-73 所示的放置面，在【凸台】对话框的【直径】和【高度】栏中分别输入"88"和"1.8"，然后单击 ██确定██ 按钮。系统弹出【定位】对话框，单击 ✐（点落在点上）图标，弹出【点落在点上】对话框，在图形中选择图 7-74 所示的实体圆弧边，系统弹出【设置圆弧的位置】对话框，单击 ██圆弧中心██ 按钮，完成凸台特征的创建，如图 7-75 所示。

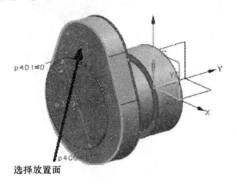

选择放置面

图　7-73

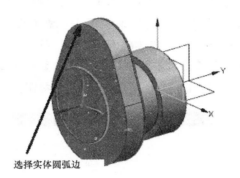

选择实体圆弧边

图　7-74

继续创建凸台特征，在图形中选择图 7-76 所示的放置面，在【凸台】对话框的【直径】和【高度】栏中分别输入"70"和"40"，然后单击 ██确定██ 按钮。系统弹出【定位】对话框，单击 ✐（点落在点上）图标，弹出【点落在点上】对话框，在图形中选择图 7-77 所示的实体圆弧边，系统弹出【设置圆弧的位置】对话框，单击 ██圆弧中心██ 按钮，完成凸台特征的创建，如图 7-78 所示。

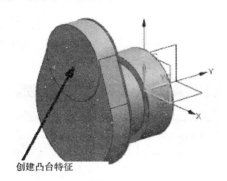

创建凸台特征

图　7-75

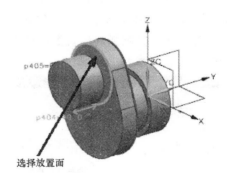

选择放置面

图　7-76

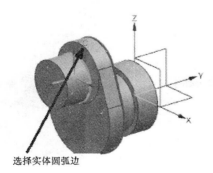

选择实体圆弧边

图　7-77

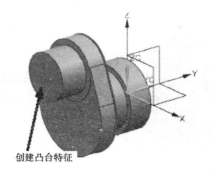

创建凸台特征

图　7-78

继续创建凸台特征，在图形中选择图 7-79 所示的放置面，在【凸台】对话框的【直径】和【高度】栏中分别输入"88"和"1.8"，然后单击 确定 按钮。系统弹出【定位】对话框，单击 （点落在点上）图标，弹出【点落在点上】对话框，在图形中选择图 7-80 所示的实体圆弧边，系统弹出【设置圆弧的位置】对话框，单击 圆弧中心 按钮，完成凸台特征的创建，如图 7-81 所示。

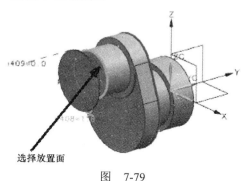

选择放置面

图　7-79

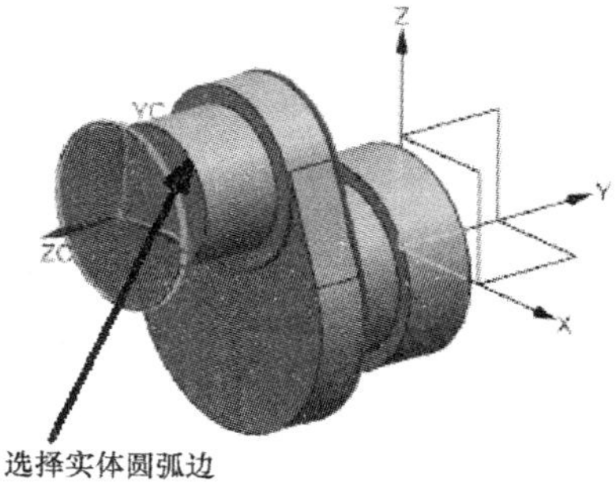

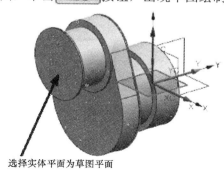

选择实体圆弧边

图　7-80

4. 草绘缸曲拐截面

选择菜单中的【插入】/【草图】命令，或在【直接草图】工具条中单击 （草图）图标，弹出【创建草图】对话框，在【平面方法】下拉列表框中选择 自动判断 选项，在图形中选择图 7-82 所示的实体平面为草图平面，单击 <确定> 按钮，出现草图绘制区。

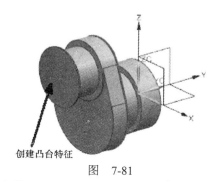

创建凸台特征

图　7-81

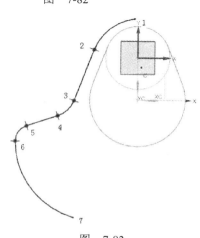

选择实体平面为草图平面

图　7-82

步骤：

1）在【直接草图】工具条中单击 （轮廓）图标，在轮廓浮动工具栏中单击 （圆弧）图标，适时切换 （直线）图标，按照图 7-83 所示绘制相连的截面线。

注意：所有中间曲线都要和相邻曲线相切。

2）加上约束。在【直接草图】工具条中单击 （几何约束）图标，弹出【几何约束】对话框，单击 （点在曲线上）图标，如图 7-84 所示。在图中选择图 7-85 所示的直线 45 和圆心，约束点在曲线上，约束结果如图 7-86 所示。在【直接草图】工具条中单击 （显示草图约束）图标，使图形中的约束显示出来。

图　7-83

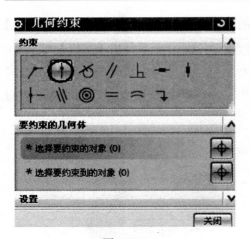

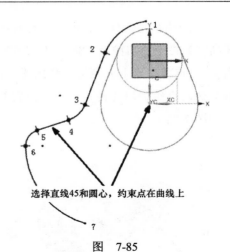

图　7-84

图　7-85

选择直线45和圆心，约束点在曲线上

　　继续进行约束，选择图 7-87 所示的 Y 轴和圆心，约束点在曲线上，约束结果如图 7-88 所示。在【直接草图】工具条中单击 （显示草图约束）图标，使图形中的约束显示出来。

　　继续进行约束，选择图 7-89 所示的 Y 轴和圆弧端点，约束点在曲线上，约束结果如图

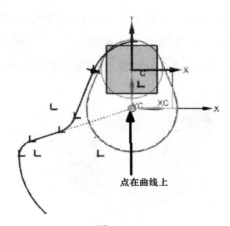

点在曲线上

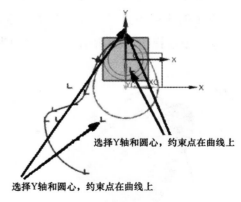

选择Y轴和圆心，约束点在曲线上

选择Y轴和圆心，约束点在曲线上

图　7-86

图　7-87

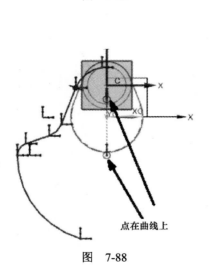

点在曲线上

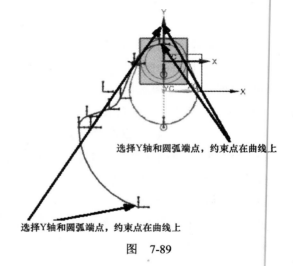

选择Y轴和圆弧端点，约束点在曲线上

选择Y轴和圆弧端点，约束点在曲线上

图　7-88

图　7-89

7-90 所示。在【直接草图】工具条中单击 ↗︎⁄ （显示草图约束）图标，使图形中的约束显示出来。

继续进行约束，单击 ◎ （同心）图标，在图中选择图 7-91 所示的圆弧与实体圆弧边，约束同心，约束结果如图 7-92 所示。在【直接草图】工具条中单击 ↗︎⁄ （显示草图约束）图标，使图形中的约束显示出来。

继续进行约束，单击 ↗ （相切）图标，在图中选择图 7-93 所示的直线与实体圆弧边，约束相切，约束结果如图 7-94 所示。在【直接草图】工具条中单击 ↗︎⁄ （显示草图约束）图标，使图形中的约束显示出来。

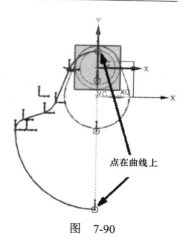

图 7-90

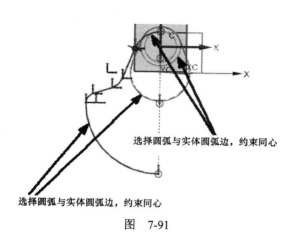

图 7-91

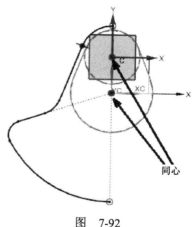

图 7-92

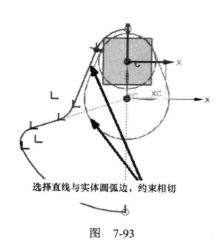

图 7-93

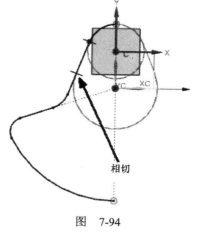

图 7-94

3）标注尺寸。在【直接草图】工具条中单击 ↗ （自动判断尺寸）图标，按照图 7-95 所示的尺寸进行标注，即 Rp411=44.0、Rp412=15.0、p413=10.0、Rp414=15.0、Rp415=104。此时，草图已经转换成绿色，表示已经完全约束。

4）创建镜像曲线。在【直接草图】工具栏中单击 ⌐ （镜像曲线）图标，弹出【镜像曲线】

对话框，如图 7-96 所示。在软件主界面的曲线规则下拉列表框中选择 相连曲线 ▼
选项，在图形中选择图 7-97 所示的要镜像的曲线，然后在【镜像曲线】对话框的【选择中心线】区域内单击 ✛（中心线）图标，再选择图 7-97 所示的 Y 轴为镜像中心线，最后单击 确定 按钮，完成镜像曲线的创建，如图 7-98 所示。

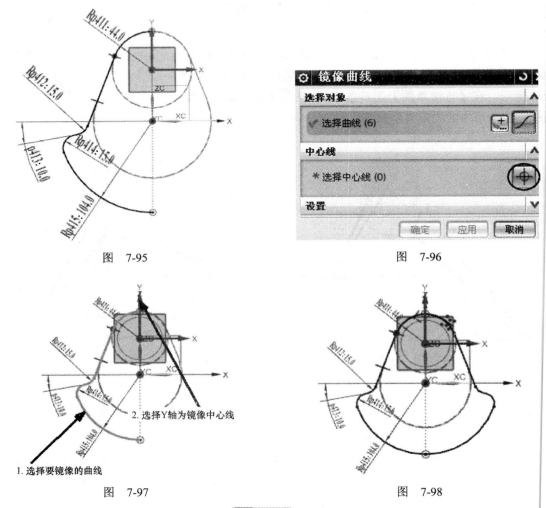

图 7-95　　　　　　　　　　　　　　　　图 7-96

图 7-97　　　　　　　　　　　　　　　　图 7-98

5）在【直接草图】工具条中单击 完成草图 图标，返回建模界面。

5. 创建拉伸特征

选择菜单中的【插入】/【设计特征】/【拉伸】命令，或在【特征】工具条中单击 （拉伸）图标，弹出【拉伸】对话框，如图 7-99 所示。在软件主界面的曲线规则下拉列表框中选择 相连曲线 选项，选择图 7-100 所示的截面线为拉伸对象，出现图 7-100 所示的拉伸方向。

然后，在【拉伸】对话框的【开始】\【距离】栏和【结束】\【距离】栏输入"0"和"24.4"，在【布尔】下拉列表框中选择 求和 选项，如图 7-99 所示。在图形中选择图 7-101 所示的实体，单击 确定 按钮，完成拉伸特征的创建，如图 7-102 所示。

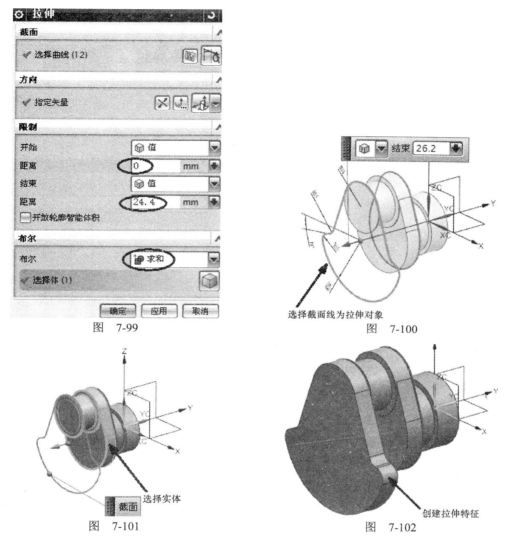

图　7-99

选择截面线为拉伸对象

图　7-100

选择实体

图　7-101

创建拉伸特征

图　7-102

6. 创建凸台特征

选择菜单中的【插入】/【设计特征】/【凸台】命令，或在成型【特征】工具条中单击 ▦（凸台）图标，弹出【凸台】对话框，如图 7-103 所示。在图形中选择图 7-104 所示

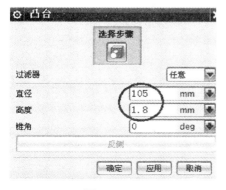

图　7-103

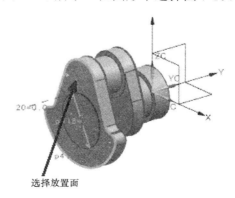

选择放置面

图　7-104

的放置面，在【凸台】对话框的【直径】和【高度】栏中输入"105"和"1.8"，然后单击 确定 按钮。

系统弹出【定位】对话框，如图 7-105 所示，单击 （点落在点上）图标，弹出【点落在点上】对话框，用以选择目标对象，如图 7-106 所示。在图形中选择图 7-107 所示的实体圆弧边，系统弹出【设置圆弧的位置】对话框，如图 7-108 所示，单击 圆弧中心 按钮，完成凸台特征的创建，如图 7-109 所示。

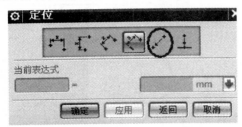

图　7-105

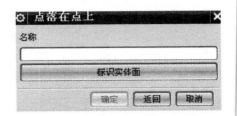

图　7-106

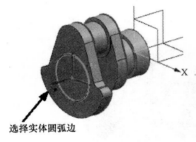

图　7-107

图　7-108

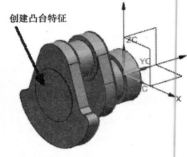

图　7-109

7. 将曲线移至 255 层

选择菜单中的【格式】/【移动至图层】命令，或在【实用工具】工具条中单击 （移动至图层）图标，将曲线移动至 255 层（步骤略）。

8. 移动工作坐标系

选择菜单中的【格式】/【WCS】/【原点】命令，或在【实用工具】工具条中单击 （WCS 原点）图标，弹出【点】对话框，在【类型】下拉列表框中选择 象限点 选项，如图 7-110 所示，在图形中选择图 7-111 所示的实体圆弧边，然后单击 确定 按钮，将工作坐标系移至象限点，结果如图 7-112 所示。

9. 旋转工作坐标系

选择菜单中的【格式】/【WCS】/【旋转】命令，或在【实用工具】工具条中单击 （旋

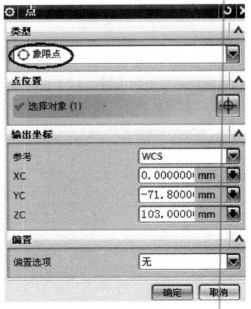

图　7-110

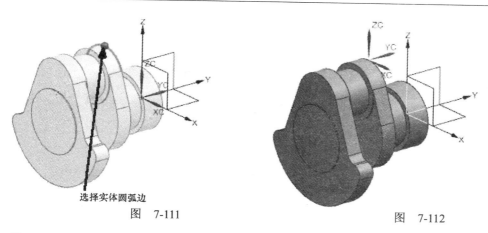

选择实体圆弧边

图　7-111

图　7-112

转 WCS）图标，弹出【旋转 WCS】对话框，如图 7-113 所示，选中 ◉+XC 轴：YC --> ZC
单选按钮，在旋转【角度】栏中输入 "90"，单击 应用 按钮，将坐标系转成如图 7-114
所示。

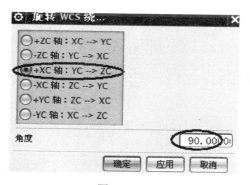

图　7-113

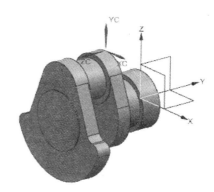

图　7-114

继续旋转工作坐标系，选中 ◉+YC 轴：ZC --> XC 单选按钮，在旋转【角度】栏中输入
"90"，如图 7-115 所示，单击 确定 按钮，将坐标系转成如图 7-116 所示。

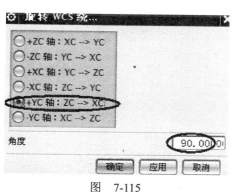

图　7-115

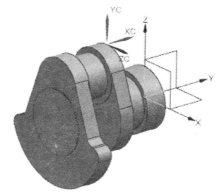

图　7-116

10. 创建一般二次曲线（圆锥曲线）

选择菜单中的【插入】/【曲线】/【一般二次曲线】命令，或在【曲线】工具栏中单击

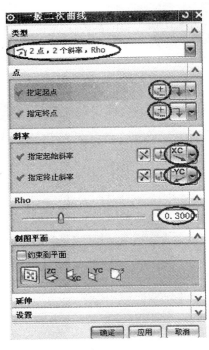（一般二次曲线）图标，弹出【一般二次曲线】对话框。在【类型】下拉列表框中选择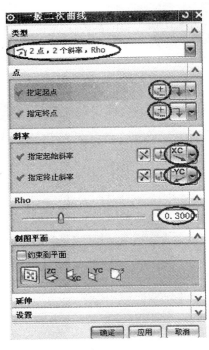2 点，2 个斜率，Rho 选项，如图 7-117 所示，在【指定起点】区域内单击（点）图标，弹出【点】对话框。在此对话框的【参考】下拉列表框中选择 WCS ▼选项，在【XC】栏中输入"–20"，其余为 0，如图 7-118 所示，单击 确定 按钮，返回【一般二次曲线】对话框。

图　7-117

图　7-118

在【一般二次曲线】对话框的【指定终点】区域内单击（点）图标，弹出【点】对话框，在此对话框的【参考】下拉列表框中选择 WCS ▼选项，在【YC】栏中输入"–35"，其余为 0，如图 7-119 所示，单击 确定 按钮，返回【一般二次曲线】对话框。在【指定起始斜率】下拉列表框中选择 XC ▼选项，在【指定终止斜率】下拉列表框中选择 YC ▼选项，在【Rho】栏中输入"0.3"，单击 确定 按钮，完成一般二次曲线（圆锥曲线）的创建，如图 7-120 所示。

11. 创建拉伸特征

选择菜单中的【插入】/【设计特征】/【拉伸】命令，或在【特征】工具条中单击 （拉伸）图标，弹出【拉伸】对话框，如图 7-121 所示。在软件主界面的曲线规则下拉列表框中选择 相连曲线 选项，选择图 7-122 所示截面线为拉伸对象。

图 7-119

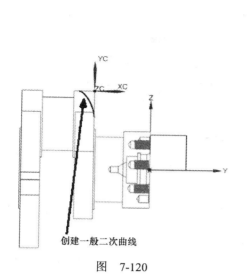

图　7-120

图　7-121

　　然后，在【拉伸】对话框的【指定矢量】下拉列表框中选择 ZC 选项，出现图 7-122 所示的拉伸方向。在【结束】下拉列表框中选择 对称值 选项，在【距离】栏中输入 "60"，在【布尔】下拉列表框中选择 无选项，如图 7-121 所示，单击 确定 按钮，完成拉伸特征的创建，如图 7-123 所示。

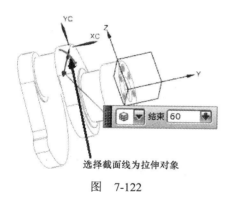

图　7-122

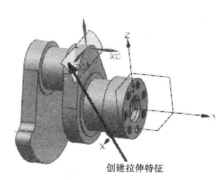

图　7-123

12. 创建修剪体特征

　　选择菜单中的【插入】/【修剪】/【修剪体】命令，或在【特征操作】工具栏中单击 （修剪体）图标，弹出【修剪体】对话框，如图 7-124 所示。系统提示选择目标体，在图形中选择图 7-125 所示的实体为目标体，然后在【修剪体】对话框的【工具选项】下拉列表框中选择 面或平面 选项，在图形中选择图 7-125 所示的曲面，单击 （方向）图标，修剪方向如图 7-125 所示，单击 确定 按钮，创建修剪体特征，如图 7-126 所示。

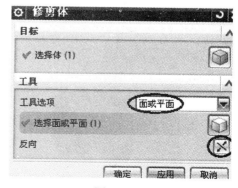

图　7-124

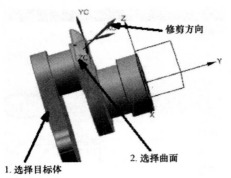

1. 选择目标体　　　　2. 选择曲面

图　7-125

创建修剪体特征

图　7-126

13. 创建基准平面

选择菜单中的【插入】/【基准 / 点】/【基准平面】命令，或在【特征】工具栏中单击□（基准平面）图标，弹出【基准平面】对话框，如图 7-127 所示，在【类型】下拉列表框中选择□自动判断 选项，在图形中选择图 7-128 所示实体平面，出现偏置方向，在【距离】栏中输入 "20"，如图 7-127 所示，在【基准平面】对话框中单击 应用 按钮，创建基准平面，如图 7-129 所示。

继续创建基准平面，在图形中选择图 7-130 所示的实体平面，出现偏置方向，在【距

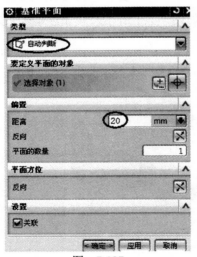

图　7-127

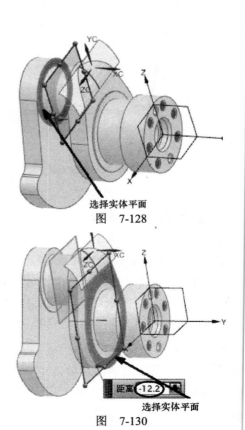

选择实体平面

图　7-128

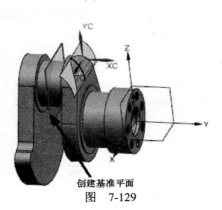

创建基准平面

图　7-129

距离 -12.2

选择实体平面

图　7-130

离】栏中输入"–12.2"，如图 7-130 所示，在【基准平
面】对话框中单击 [应用] 按钮，创建基准平面，如图
7-131 所示。

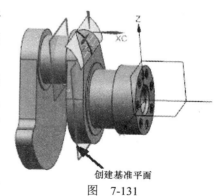

　　继续创建基准平面，在图形中选择图 7-132 所示
的 X-Y 基准平面，出现偏置方向，在【距离】栏中输入
"19"，如图 7-132 所示，在【基准平面】对话框中单击
[确定] 按钮，创建基准平面，如图 7-133 所示。

创建基准平面

图　7-131

14. 创建镜像特征

　　选择菜单中的【插入】/【关联复制】/【镜像特征】命
令，或在【特征操作】工具栏中单击 📷（镜像特征）图
标，弹出【镜像特征】对话框，如图 7-134 所示。在图形中选择图 7-135 所示的曲面，然后
在【镜像特征】对话框的【平面】下拉列表框中选择 现有平面 ▼选项，在图形中选
择图 7-135 所示的基准平面，单击 [应用] 按钮，完成镜像特征的创建，如图 7-136 所示。

　　继续创建镜像特征，在图形中选择图 7-137 所示的曲面，然后在【镜像特征】对话框的

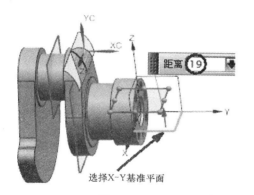

选择X-Y基准平面

图　7-132

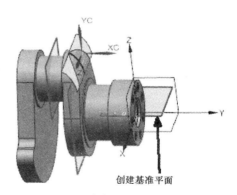

创建基准平面

图　7-133

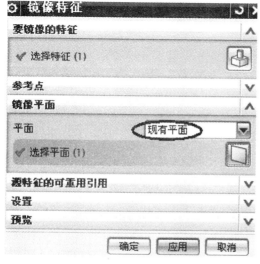

图　7-134

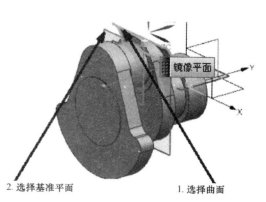

2.选择基准平面　　　　1.选择曲面

图　7-135

【平面】下拉列表框中选择 现有平面 ▾ 选项，
在图形中选择图 7-137 所示的基准平面，单击 应用 按
钮，完成镜像特征的创建，如图 7-138 所示。

继续创建镜像特征，在图形中选择图 7-139 所示的
曲面，然后在【镜像特征】对话框的【平面】下拉列
表框中选择 现有平面 ▾ 选项，在图形中选择图
7-139 所示的基准平面，单击 确定 按钮，完成镜像特
征的创建，如图 7-140 所示。

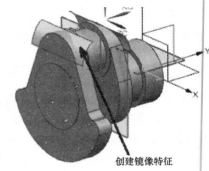

图　7-136

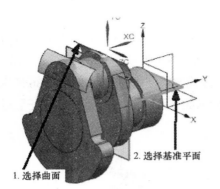

图　7-137

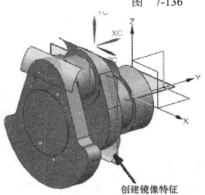

图　7-138

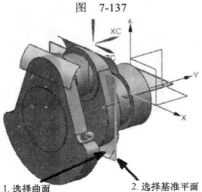

图　7-139

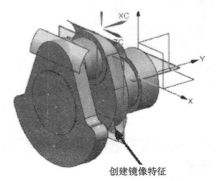

图　7-140

15. 创建修剪体特征

选择菜单中的【插入】/【修剪】/【修剪体】命令，
或在【特征操作】工具栏中单击 ▭（修剪体）图标，
弹出【修剪体】对话框，如图 7-141 所示。系统提
示选择目标体，在图形中选择图 7-142 所示的实体，
然后在【修剪体】对话框的【工具选项】下拉列表
框中选择 面或平面 选项，在图形中选择图
7-142 所示的曲面，单击 ▨（方向）图标，修剪方向
如图 7-142 所示，单击 确定 按钮，创建修剪体特征，
如图 7-143 所示。

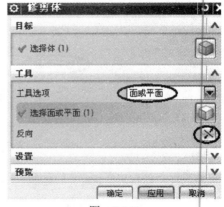

图　7-141

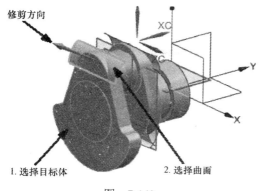

图　7-142 图　7-143

继续创建修剪体特征，在图形中选择图 7-144 所示的实体，然后在【修剪体】对话框的【工具选项】下拉列表框中选择 **面或平面** 选项，在图形中选择图 7-144 所示的曲面，单击 (方向)图标，修剪方向如图 7-144 所示，单击 确定 按钮，创建修剪体特征，如图 7-145 所示。

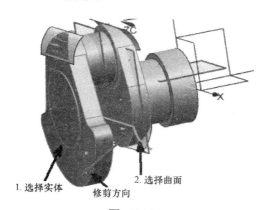

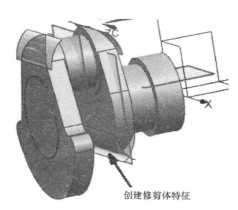

图　7-144 图　7-145

16. 将曲线、片体及辅助基准移至 255 层

选择菜单中的【格式】/【移动至图层】命令，弹出【类选择】对话框，选择曲线、片体及辅助基准，并将其移动至 255 层（步骤略）。

7.4　创建第二缸曲拐结构

1. 创建实例几何体特征

选择菜单中的【插入】/【关联复制】/【生成实例几何特征】命令，或在【特征】工具栏中单击 (实例几何体特征)图标，弹出【实例几何体】对话框，如图 7-146 所示，在【类型】下拉列表框中选择 平移 选项，然后在图形中选择图 7-147 所示的第一缸曲拐实体。在【实例几何体】对话框的【指定矢量】下拉列表框中选择 选项，在【距离】栏中输入 "132"，在【副本数】栏中输入 "1"，在【设置】区域内勾选 关联 复选框，如图 7-146 所示，单击 < 确定 > 按钮，完成实例几何体特征的创建，如图 7-148 所示。

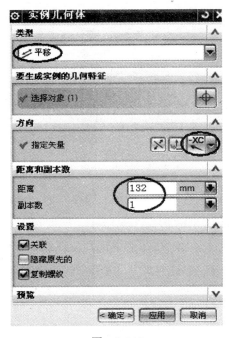

图　7-146

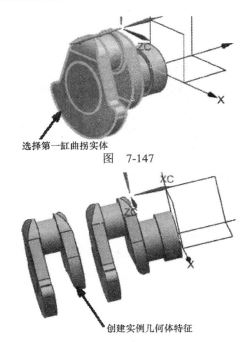

选择第一缸曲拐实体

图　7-147

创建实例几何体特征

图　7-148

继续创建实例几何体特征，在【类型】下拉列表框中选择 旋转 选项，然后在图形中选择图 7-149 所示的实体。在【实例几何体】对话框的【指定矢量】下拉列表框中选择 （自动判断的矢量）选项，在图形中选择图 7-149 所示的 Y 轴，在【角度】栏中输入"180"，在【副本数】栏中输入"1"，在【设置】区域内勾选 关联 和 隐藏原先的 复选框，如图 7-150 所示，单击 确定 按钮，完成实例几何体特征的创建，如图 7-151 所示。

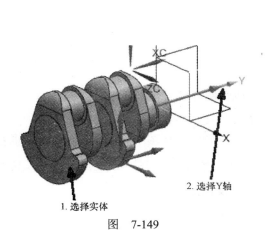

1. 选择实体

2. 选择Y轴

图　7-149

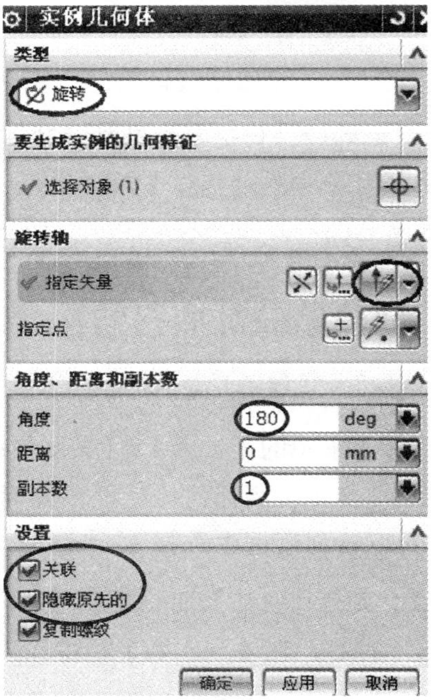

图　7-150

2. 创建凸台特征

选择菜单中的【插入】/【设计特征】/【凸台】命令，或在成型【特征】工具条中单击 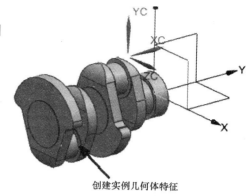（凸台）图标，弹出【凸台】对话框，如图 7-152 所示。在图形中选择图 7-153 所示的放置面，在【凸台】对话框的【直径】和【高度】栏中输入"85"和"36"，然后单击 确定 按钮。

系统弹出【定位】对话框，如图 7-154 所示，单击 （点落在点上）图标，弹出【点落在点上】对话框，用于选择目标对象，如图 7-155 所示。

创建实例几何体特征

图　7-151

图　7-152

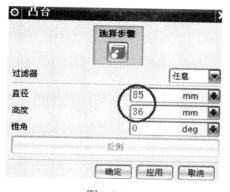

选择放置面

图　7-153

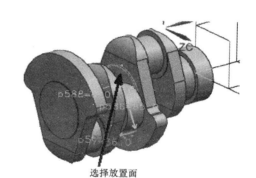

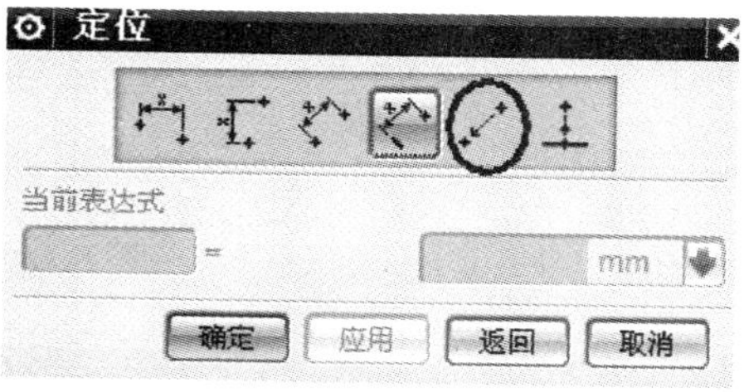

图　7-154

图　7-155

在图形中选择图 7-156 所示的实体圆弧边，系统弹出【设置圆弧的位置】对话框，如图 7-157 所示，单击 圆弧中心 按钮，完成凸台特征的创建，如图 7-158 所示。

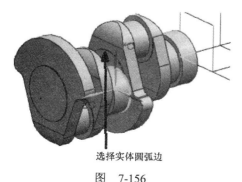

选择实体圆弧边

图　7-156

图　7-157

继续创建凸台特征，在图形中选择图 7-159 所示的放置面，在【凸台】对话框的【直径】和【高度】栏中输入"85"和"44"，然后单击 确定 按钮。系统弹出【定位】对话框，单击 （点落在点上）图标，弹出【点落在点上】对话框，在图形中选择图 7-160 所示的实体圆弧边，系统弹出【设置圆弧的位置】对话框，单击 圆弧中心 按钮，完成凸台特征的创建，如图 7-161 所示。

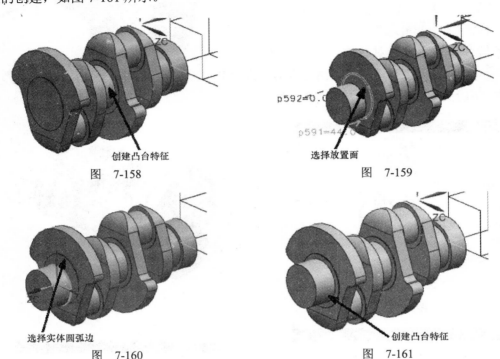

创建凸台特征
图　7-158

选择放置面
图　7-159

选择实体圆弧边
图　7-160

创建凸台特征
图　7-161

7.5　创建第三缸和第四缸曲拐结构

1. 创建基准平面

选择菜单中的【插入】/【基准 / 点】/【基准平面】命令，或在【特征】工具栏中单击 （基准平面）图标，弹出【基准平面】对话框，如图 7-162 所示，在【类型】下拉列表框中选择 自动判断 选项，在图形中选择图 7-163 所示实体平面，出现偏置方向，在【距离】栏中输入"–22"，如图 7-163 所示，在【基准平面】对话框中单击 应用 按钮，创建基准平面，如图 7-164 所示。

2. 创建实例几何体特征——镜像

选择菜单中的【插入】/【关联复制】/【生成实例几何特征】命令，或在【特征】工具栏中单击 （实例几何体特征）图标，弹出【实例几何体】对话框，如图 7-165 所示，在【类型】下拉列表框中选择 镜像 选

图　7-162

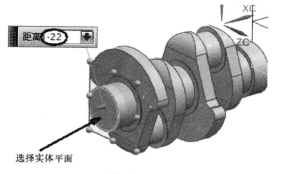

选择实体平面

图　7-163

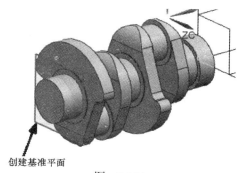

创建基准平面

图　7-164

项，然后在图形中选择图 7-166 所示的两个实体。在【实例几何体】对话框的【指定平面】下拉列表框中选择 ![]（自动判断）选项，在图形中选择图 7-166 所示的基准平面，在【设置】区域内勾选 ☑关联 复选框，如图 7-165 所示，单击 确定 按钮，完成实例几何体特征的创建，如图 7-167 所示。

3. 创建求和操作

选择菜单中的【插入】/【组合】/【求和】命令，或在【特征操作】工具条中单击 ![]（求和）图标，弹出【求和】对话框，如图 7-168 所示。按照图 7-169 所示选择目标实体，然后框选图 7-170 所示的工具实体，单击 ＜确定＞ 按钮，完成求和操作的创建，如图 7-171 所示。

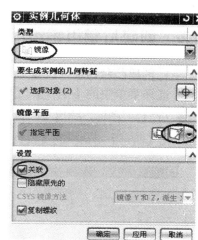

图　7-165

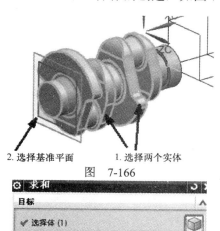

2. 选择基准平面　　　1. 选择两个实体

图　7-166

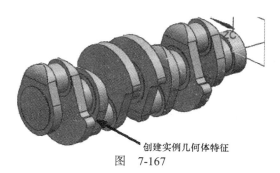

创建实例几何体特征

图　7-167

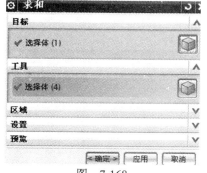

图　7-168

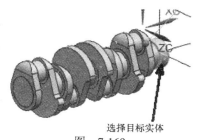

选择目标实体

图　7-169

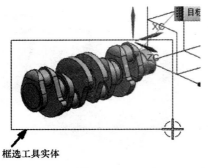

框选工具实体

图　7-170

图　7-171

7.6　创建后输出轴颈

1. 创建凸台特征

选择菜单中的【插入】/【设计特征】/【凸台】命令，或在成型【特征】工具条中单击 （凸台）图标，弹出【凸台】对话框，如图 7-172 所示。在图形中选择图 7-173 所示的放置面，在【凸台】对话框的【直径】和【高度】栏中输入"85"和"33"，然后单击 确定 按钮。

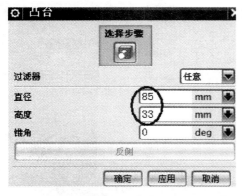

图　7-172

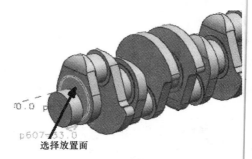

选择放置面

图　7-173

系统弹出【定位】对话框，如图 7-174 所示，单击 （点落在点上）图标，弹出【点落在点上】对话框，如图 7-175 所示。在图形中选择图 7-176 所示的实体圆弧边，系统弹出【设置圆弧的位置】对话框，如图 7-177 所示，单击 圆弧中心 按钮，完成凸台特征的创建，如图 7-178 所示。

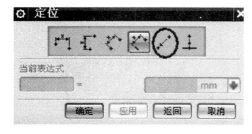

图　7-174

图　7-175

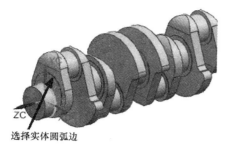

选择实体圆弧边

图 7-176

图 7-177

继续创建凸台特征,在图形中选择图 7-179 所示的放置面,在【凸台】对话框的【直径】和【高度】栏中输入"65"和"5",然后单击 确定 按钮。系统弹出【定位】对话框,单击 (点落在点上)图标,弹出【点落在点上】对话框,在图形中选择图 7-180 所示的实体圆弧边,系统弹出【设置圆弧的位置】对话框,单击 圆弧中心 按钮,完成凸台特征的创建,如图 7-181 所示。

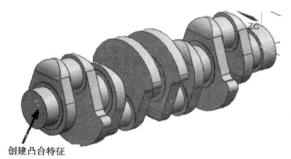

创建凸台特征

图 7-178

选择放置面

图 7-179

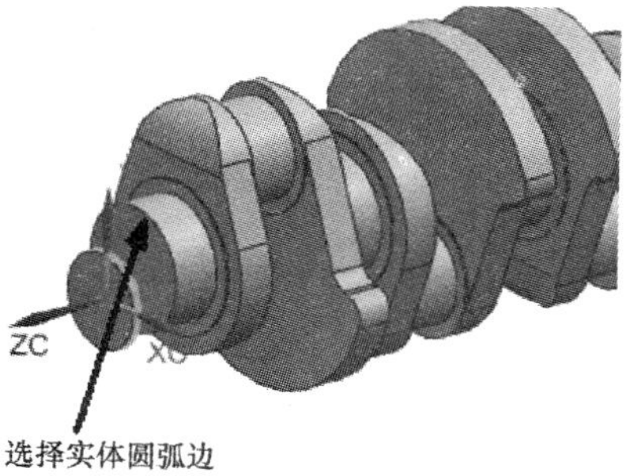

选择实体圆弧边

图 7-180

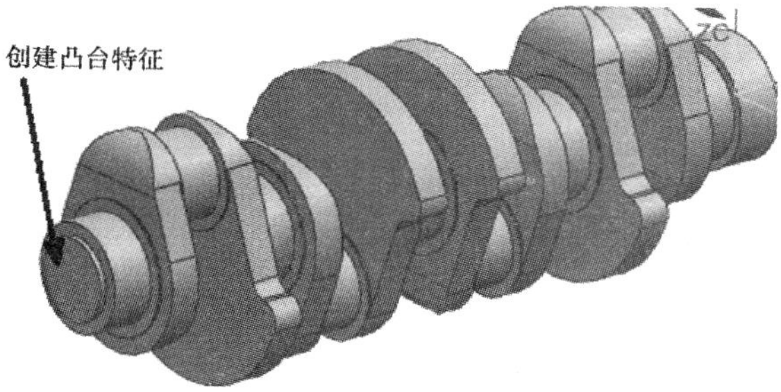

创建凸台特征

图 7-181

继续创建凸台特征,在图形中选择图 7-182 所示的放置面,在【凸台】对话框的【直径】和【高度】栏中输入"45"和"80",然后单击 确定 按钮。系统弹出【定位】对话框,单击 (点落在点上)图标,弹出【点落在点上】对话框,在图形中选择图 7-183 所示的实体圆弧边,系统弹出【设置圆弧的位置】对话框,单击 圆弧中心 按钮,完成凸台特征的创建,如图 7-184 所示。

选择放置面

图 7-182

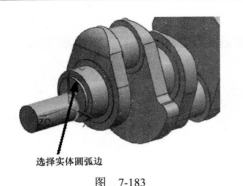

选择实体圆弧边

图　7-183

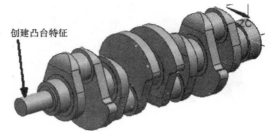

创建凸台特征

图　7-184

2. 创建沉头孔

选择菜单中的【插入】/【设计特征】/【孔】命令，或在【特征】工具条中单击 (孔) 图标，弹出【孔】对话框，如图 7-185 所示。系统提示选择孔放置点，在主界面捕捉点工具条中单击 (圆弧中心) 图标，然后在图形中选择图 7-186 所示的实体圆弧边。然后在【孔】对话框的【孔方向】下拉列表框中选择 垂直于面 选项，在【成形】下拉列表框中选择 沉头 选项，在【沉头直径】、【沉头深度】和【直径】栏中输入"28""7"和"24"，在【深度】和【顶锥角】栏中输入"45"和"120"，在【布尔】下拉列表框中选择 求差 选项，最后单击 确定 按钮，完成沉头孔的创建，如图 7-187 所示。

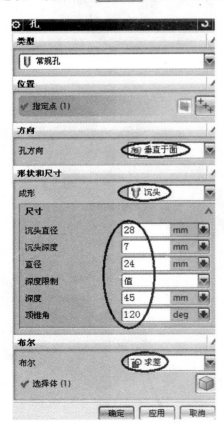

图　7-185

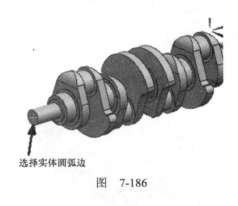

选择实体圆弧边

图　7-186

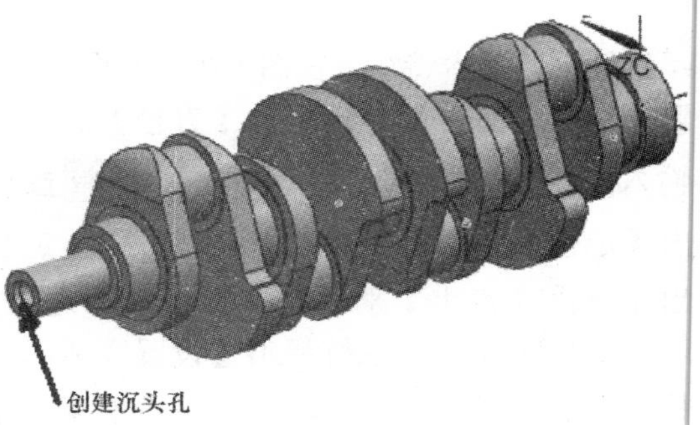

创建沉头孔

图　7-187

3. 草绘曲轴左端孔截面

选择菜单中的【插入】/【草图】命令，或在【直接草图】工具条中单击 （草图）图标，弹出【创建草图】对话框，如图 7-188 所示。在【平面方法】下拉列表框中选择 自动判断　　　 选项，在图形中选择图 7-189 所示 Y-Z 基准平面为草图平面，单击 ＜确定＞按钮，出现草图绘制区。

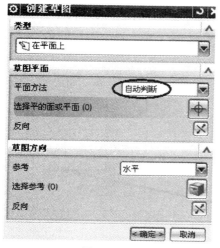

图　7-188

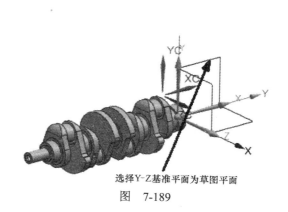

选择Y-Z基准平面为草图平面

图　7-189

步骤：

1）在【直接草图】工具条中单击 ↺（轮廓）图标，按照图 7-190 所示绘制相连的截面线。

2）加上约束。在【直接草图】工具条中单击 ⊥（几何约束）图标，弹出【几何约束】对话框，单击 ╱（重合）图标，如图 7-191 所示。在图中选择图 7-192 所示的直线端点与圆心，约束重合，约束结果如图 7-193 所示。在【直接草图】工具条中单击 ╱（显示草图约束）图标，使图形中的约束显示出来。

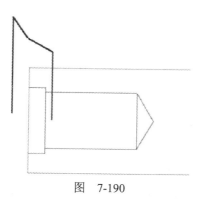

图　7-190

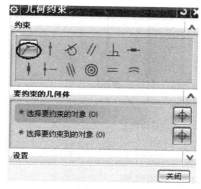

图　7-191

继续进行约束，在【几何约束】对话框中单击 ╫（点在曲线上）图标，在图中选择图 7-194 所示的 X 轴和直线端点，约束点在曲线上，约束结果如图 7-195 所示。在【直接草图】工具条中单击 ╱（显示草图约束）图标，使图形中的约束显示出来。

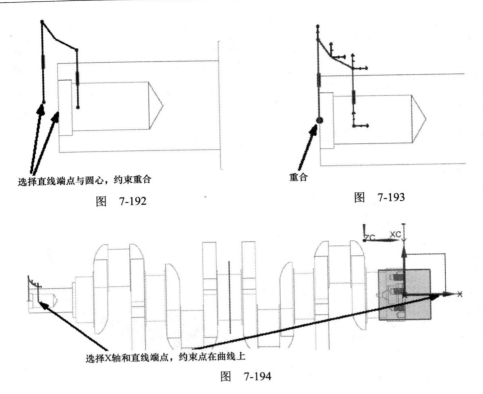

选择直线端点与圆心，约束重合

图　7-192

重合

图　7-193

选择X轴和直线端点，约束点在曲线上

图　7-194

3）标注尺寸。在【直接草图】工具条中单击 ⊬ （自动判断尺寸）图标，按照图 7-196 所示的尺寸进行标注，即 p675=60.0、p676=30.0、p677=14.0、p678=4.0、p679=1.0。此时，直接草图已经转换成绿色，表示已经完全约束。

4）在【直接草图】工具条中单击 ▓ 完成草图 图标，返回建模界面。

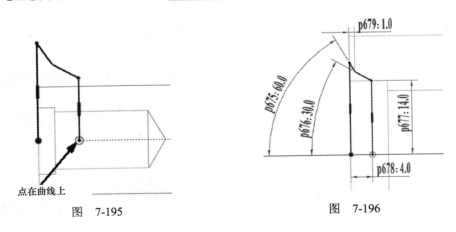

点在曲线上

图　7-195

图　7-196

4. 创建回转特征

选择菜单中的【插入】/【设计特征】/【回转】命令，或在【特征】工具条中单击 ● （回转）图标，弹出【回转】对话框，如图 7-197 所示。然后，在软件主界面的曲线规则下拉列表框中选择 自动判断曲线 ▼ 选项，在图形中选择图 7-198 所示的截面线为回转对象。

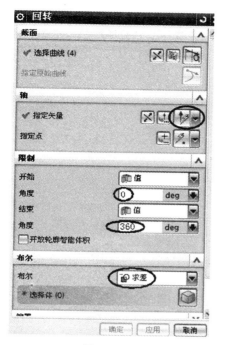

图 7-197

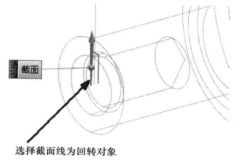

选择截面线为回转对象

图 7-198

然后，在【回转】对话框的【指定矢量】下拉列表框中选择 （自动判断的矢量）选项，然后在图形中选择图 7-199 所示的 Y 轴为回转轴，在【开始】\【角度】栏和【结束】\【角度】栏中输入 "0" 和 "360"，在【布尔】下拉列表框中选择 求差 选项，如图 7-197 所示。在图形中选择图 7-200 所示实体，最后单击 确定 按钮，完成回转特征的创建，如图 7-201 所示。

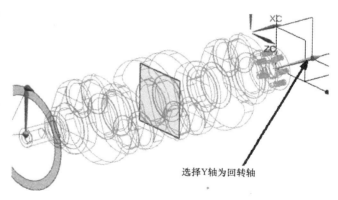

选择Y轴为回转轴

图 7-199

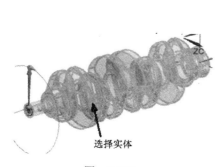

选择实体

图 7-200

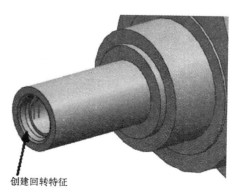

创建回转特征

图 7-201

5. 将曲线、辅助基准平面移至 255 层

选择菜单中的【格式】/【移动至图层】命令，弹出【类选择】对话框，选择辅助曲线、辅助基准平面，并将其移动至 255 层（步骤略）。

6. 创建倒斜角特征

选择菜单中的【插入】/【细节特征】/【倒斜角】命令，或在【特征】工具条中单击 （倒斜角）图标，弹出【倒斜角】对话框，如图 7-202 所示。在图形中选择实体圆弧边，如图 7-203 所示，在【距离】栏中输入"2"，单击 确定 按钮，完成倒斜角特征的创建，如图 7-204 所示。

图 7-202

选择实体圆弧边

图 7-203

创建倒斜角特征

图 7-204

7. 创建基准平面

选择菜单中的【插入】/【基准/点】/【基准平面】命令，或在【特征】工具栏中单击 （基准平面）图标，弹出【基准平面】对话框，如图 7-205 所示。在图形中选择图 7-206 所示的 X-Y 基准平面，图形中出现预览基准平面和偏置方向，在【距离】栏中输入"22.5"，

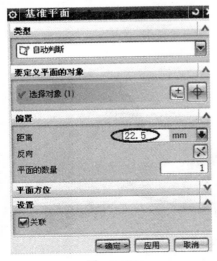

图 7-205

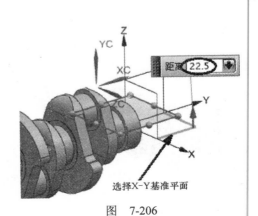

选择X-Y基准平面

图 7-206

如图 7-206 所示。最后，在【基准平面】对话框中单击 ＜确定＞ 按钮，创建基准平面，如图 7-207 所示。

8. 创建键槽特征

选择菜单中的【插入】/【设计特征】/【键槽】命令，或在【特征】工具条中单击 🔲 （键槽）图标，弹出【键槽】对话框，选中 ⚫ 矩形槽 单选按钮，如图 7-208 所示，单击 确定 按钮，弹出【矩形键槽】对话框，用于选择放置面，如图 7-209 所示，在图形中选择图 7-210 所示的基准平面为放置面。系统弹出如图 7-211 所示的对话框，提示选择特征边，单击 接受默认边 按钮，弹出如图 7-212 所示的对话框，系统提示选择目标实体，在图形中选择图 7-213 所示的目标实体，系统弹出【水平参考】对话框，如图 7-214 所示。

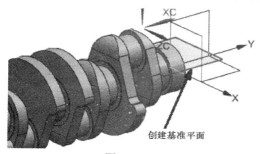

图　7-207

图　7-208

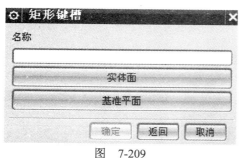

图　7-209

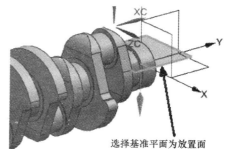

图　7-210

图　7-211

图　7-212

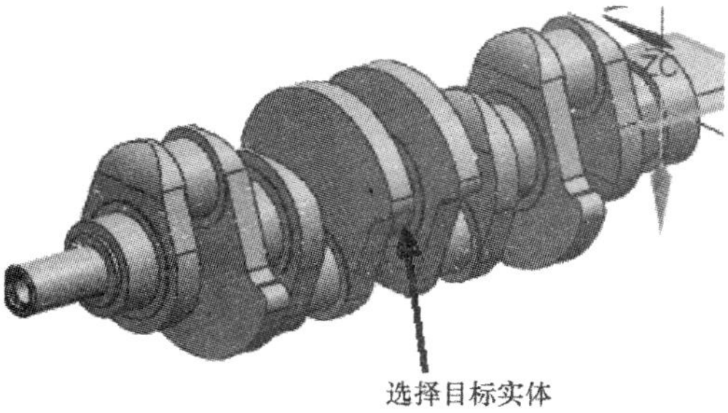

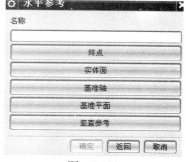

图　7-213

图　7-214

　　在图形中选择图 7-215 所示的圆柱面为水平
参考，系统弹出【矩形键槽】对话框，如图 7-216
所示，在【长度】、【宽度】和【深度】栏中输入
"146""12" 和 "4.5"，单击 ▭确定▭ 按钮，弹出
矩形键槽【定位】对话框，如图 7-217 所示，单
击 ⬚（水平）图标，弹出【水平】对话框，用于
定位选择目标对象，如图 7-218 所示。在图形中
选择图 7-219 所示的实体圆弧边，弹出【设置圆

选择圆柱面为水平参考

图　7-215

弧的位置】对话框，如图 7-220 所示，单击 ▭圆弧中心▭ 按钮，系统弹出【水平】对话框，用
于定位选择刀具边，如图 7-221 所示。在图形中选择图 7-222 所示的键槽竖直中心线，系统
弹出【创建表达式】对话框，如图 7-223 所示，在 p689 变量中（读者的变量名可能不同）
输入 "0"，然后单击 ▭确定▭ 按钮。

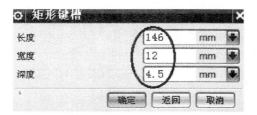

图　7-216

图　7-217

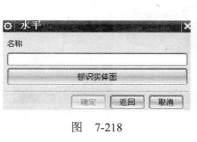

图　7-218

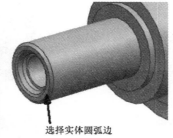

选择实体圆弧边

图　7-219

图　7-220

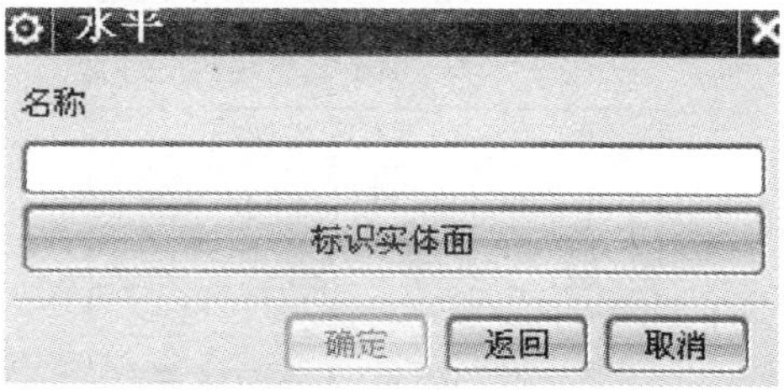

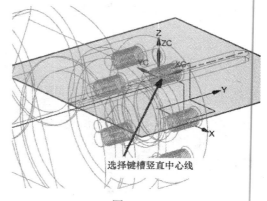

图　7-221

选择键槽竖直中心线

图　7-222

系统返回矩形键槽【定位】对话框，单击 ![] （竖直）图标，系统弹出【竖直】对话框，如图 7-224 所示。在图形中选择图 7-225 所示的实体圆弧边为竖直参考目标对象，系统弹出【设置圆弧的位置】对话框，如图 7-226 所示，单击

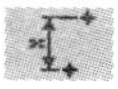

图　7-223

圆弧中心 按钮，弹出【竖直】对话框，在图形中选择图 7-227 所示的键槽水平中心线，弹出【创建表达式】对话框，如图 7-228 所示，在 p690 变量中（读者的变量名可能不同）输入 "0"，然后单击 确定 按钮。系统返回矩形键槽【定位】对话框，单击 确定 按钮，完成键槽的创建，如图 7-229 所示。

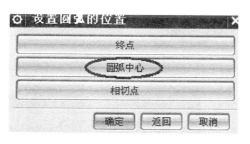

图　7-224

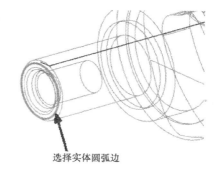

图　7-225

图　7-226

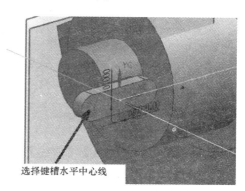

图　7-227

图　7-228

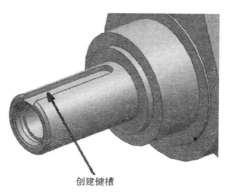

图　7-229

7.7 创建油孔

1. 取消跟踪设置

如果用户已经设置取消跟踪，则可以跳过这一步。选择菜单中的【首选项】/【用户界面】命令，弹出【用户界面首选项】对话框，取消勾选 □在跟踪条中跟踪光标位置 复选框，然后单击 确定 按钮，完成取消跟踪设置。

2. 移动工作坐标系

选择菜单中的【格式】/【WCS】/【原点】命令，或在【实用工具】工具条中单击 ⊾（WCS 原点）图标，弹出【点】对话框，在【类型】下拉列表框中选择 ⊙ 圆弧中心/椭圆中心/球心 选项，如图 7-230 所示。在图形中选择图 7-231 所示的实体圆弧边，然后单击 确定 按钮，将工作坐标系移至圆心，结果如图 7-232 所示。

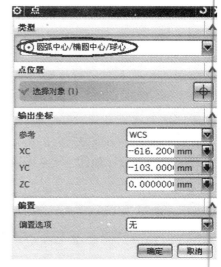

图 7-230

选择实体圆弧边

图 7-231

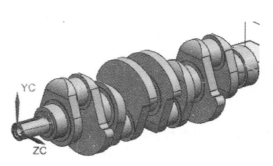

图 7-232

3. 绘制直线

选择菜单中的【插入】/【曲线】/【基本曲线】命令，或在【曲线】工具条中单击 ⌐（基本曲线）图标，弹出【基本曲线】对话框，单击 ／（直线）图标，取消勾选 □线串模式 复选项，如图 7-233 所示，在下方的【跟踪条】的【XC】、【YC】和【ZC】栏中分别输入"100""-20"和"-37.5"，如图 7-234 所示，然后按 <Enter> 键，接着继续在【跟踪条】的 ⧸（长度）栏中输入"100"，在 △（角度）栏中输入"57"，如图 7-235 所示，然后按 <Enter> 键，完成直线的绘制，如图 7-236 所示。

4. 旋转工作坐标系

选择菜单中的【格式】/【WCS】/【旋转】命令，或在【实用工具】工具条中单击 ⥀（旋转 WCS）图标，弹出【旋转 WCS】对话框，如图 7-237 所示，选中

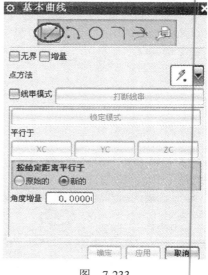

图 7-233

⦿ -YC 轴：XC --> ZC 单选按钮，在旋转【角度】栏中输入"90"，单击 应用 按钮，将坐标系转成如图 7-238 所示。

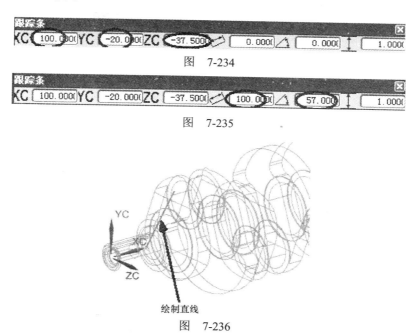

图　7-234

图　7-235

图　7-236

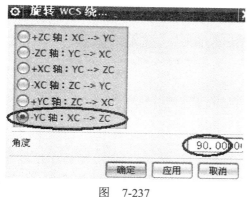

图　7-237

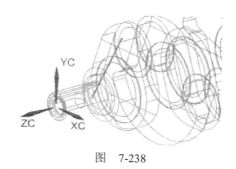

图　7-238

5. 绘制直线

选择菜单中的【插入】/【曲线】/【基本曲线】命令，或在【曲线】工具条中单击 ⦸ （基本曲线）图标，弹出【基本曲线】对话框，单击 ⟋ （直线）图标，取消勾选 ☐线串模式复选框，在下方的【跟踪条】的【XC】、【YC】和【ZC】栏中分别输入"–37.5""–20"和"–100"，如图 7-239 所示，然后按 <Enter> 键，接着继续在【跟踪条】的 ⟋ （长度）栏中输入"100"，在 △ （角度）栏中输入"58"，如图 7-240 所示，然后按 <Enter> 键，完成直线的绘制，如图 7-241 所示。

图　7-239

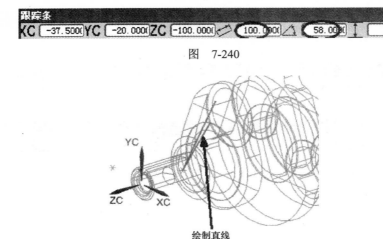

图　7-240

图　7-241

在下方的【跟踪条】的【XC】、【YC】和【ZC】栏中分别输入 "–37.5" "–20" 和 "–100"，如图 7-242 所示，然后按 <Enter> 键，接着继续在【跟踪条】的 ⌀（长度）栏中输入 "100"，在 △（角度）栏中输入 "0"，如图 7-243 所示，然后按 <Enter> 键，完成直线的绘制，如图 7-244 所示。

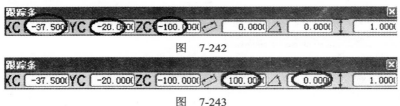

图　7-242

图　7-243

6. 创建组合投影曲线

选择菜单中的【插入】/【来自曲线集的曲线】/【组合投影】命令，或在【曲线】工具条中单击 天（组合投影）图标，弹出【组合投影】对话框，如图 7-245 所示。根据系统提示选择图 7-246 所示的第一曲线串，在【曲线 2】区域内单击 （曲线）图标，在图形中选择图 7-246 所示的第二曲线串，在【投影方向 1】区域内的【投影方向】下拉列表框中选择 ↑ 沿矢量 选项，在【指定矢量】下拉列表框中选择 XC 选项，在

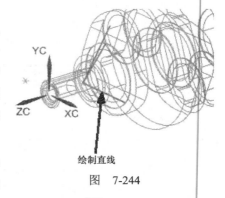

绘制直线

图　7-244

【投影方向 2】区域内的【投影方向】下拉列表框中选择 ↑ 沿矢量 选项，在【指定矢量】下拉列表框中选择 ZC 选项，最后单击 确定 按钮，完成组合投影曲线的创建，如图 7-247 所示。

7. 将辅助曲线移至 255 层

选择菜单中的【格式】/【移动至图层】命令，弹出【类选择】对话框，选择辅助曲线并将其移动至 255 层（步骤略）。

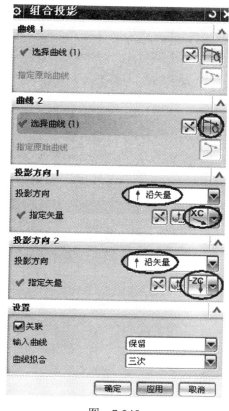

图 7-245

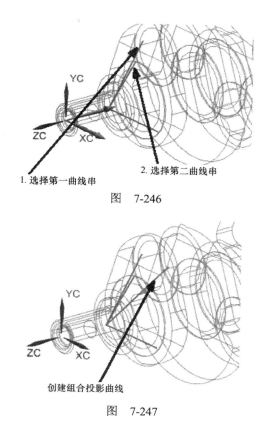

图 7-246

图 7-247

8. 构造工作坐标系 CSYS

选择菜单中的【格式】/【WCS】/【定向】命令，或在【实用工具】工具条中单击 (WCS 定向) 图标，弹出【CSYS】对话框，如图 7-248 所示。在对话框的【类型】下拉列表框中选择 点，垂直于曲线 选项，然后选择图 7-249 所示的直线为 Z 方向，在【CSYS】对话框的【指定点】下拉列表框中选择 (端点) 选项，在图形中选择图 7-250 所示的直线端点为坐标原点，最后单击 确定 按钮，完成工作坐标系的构造，如图 7-251 所示。

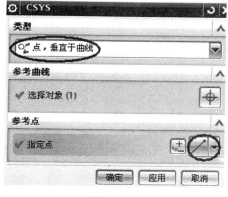

图 7-248

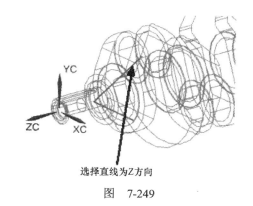

选择直线为 Z 方向

图 7-249

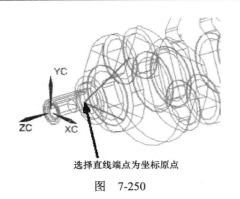

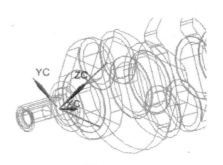

选择直线端点为坐标原点

图　7-250　　　　　　　　　　　　　　　图　7-251

9. 绘制圆

选择菜单中的【插入】/【曲线】/【基本曲线】命令，或在【曲线】工具条中单击 （基本曲线）图标，弹出【基本曲线】对话框，单击 ⬭（圆）图标，如图 7-252 所示。在下方的【跟踪条】的【XC】、【YC】、【ZC】和 ⬈（半径）栏中分别输入"0""0""0"和"3"，如图 7-253 所示，然后按 <Enter> 键，在【基本曲线】对话框中单击 取消 按钮，完成圆的绘制，如图 7-254 所示。

图　7-252

图　7-253

10. 创建拉伸特征

选择菜单中的【插入】/【设计特征】/【拉伸】命令，或在【特征】工具条中单击 ▥（拉伸）图标，弹出【拉伸】对话框，如图 7-255 所示。选择图 7-256 所示的圆为拉伸对象，出现如图 7-256 所示的拉伸方向。在【开始】下拉列表框中选择 ▥贯通 选项，在【结束】下拉

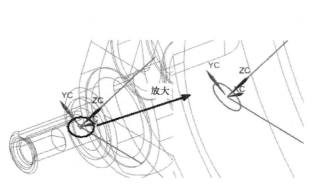

图　7-254

图　7-255

列表框中选择 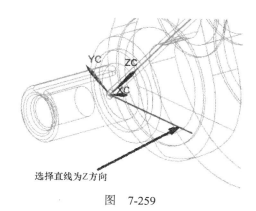 贯通 选项，在【布尔】下拉列表框中选择 求差 选项，如图 7-255 所示。最后，单击 < 确定 > 按钮，完成拉伸特征的创建，创建好的油孔如图 7-257 所示。

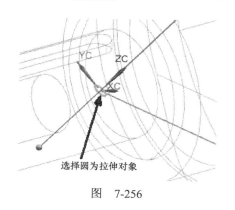

选择圆为拉伸对象

图　7-256

创建油孔

图　7-257

11. 构造工作坐标系 CSYS

选择菜单中的【格式】/【WCS】/【定向】命令，或在【实用工具】工具条中单击 （WCS 定向）图标，弹出【CSYS】对话框，如图 7-258 所示。在对话框的【类型】下拉列表框中选择 点，垂直于曲线 选项，然后选择图 7-259 所示的直线为 Z 方向，在【CSYS】对话框的【指定点】下拉列表框中选择 （端点）选项，在图形中选择图 7-260 所示的直线端点为坐标原点，最后单击 确定 按钮，完成工作坐标系的构造，如图 7-261 所示。

图　7-258

选择直线为Z方向

图　7-259

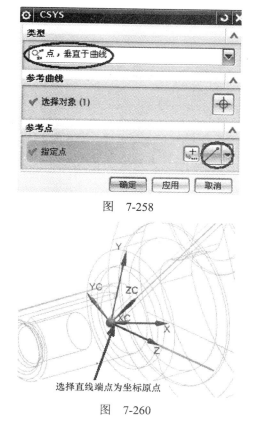

选择直线端点为坐标原点

图　7-260

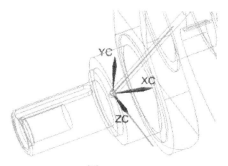

图　7-261

12. 绘制圆

选择菜单中的【插入】/【曲线】/【基本曲线】命令，或在【曲线】工具条中单击 ⊘（基本曲线）图标，弹出【基本曲线】对话框，单击 ◯（圆）图标，在下方的【跟踪条】的【XC】、【YC】、【ZC】和 ↗（半径）栏中分别输入 "0" "0" "0" 和 "3"，如图 7-262 所示，然后按 <Enter> 键，在【基本曲线】对话框中单击 取消 按钮，完成圆的绘制，如图 7-263 所示。

图　7-262

13. 创建拉伸特征

选择菜单中的【插入】/【设计特征】/【拉伸】命令，或在【特征】工具条中单击 ▥（拉伸）图标，弹出【拉伸】对话框，如图 7-264 所示。选择图 7-263 所示的圆为拉伸对象，在【开始】下拉列表框中选择 ▥ 贯通 选项，在【结束】下拉列表框中选择 ▥ 贯通 选项，在【布尔】下拉列表框中选择 ♁ 求差 选项，在图形中选择实体，如图 7-265 所示，单击 <确定> 按钮，完成拉伸特征的创建，创建好的油孔如图 7-266 所示。

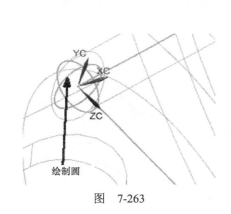

图　7-263

图　7-264

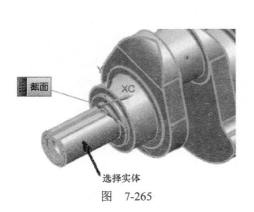

图　7-265

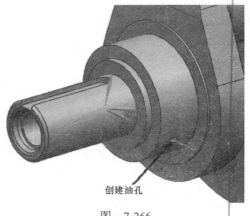

图　7-266

14. 将曲线移至 255 层

选择菜单中的【格式】/【移动至图层】命令，弹出【类选择】对话框，选择辅助曲线并将其移动至 255 层（步骤略）。

7.8　创建工艺倒角和倒圆角

1. 创建倒斜角特征

选择菜单中的【插入】/【细节特征】/【倒斜角】命令，或在【特征】工具条中单击 （倒斜角）图标，弹出【倒斜角】对话框，如图 7-267 所示。在图形中选择实体圆弧边，如图 7-268 所示，在【距离】栏中输入"1"，单击 确定 按钮，完成倒斜角的创建，如图 7-269 所示。

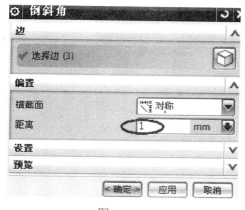

图　7-267

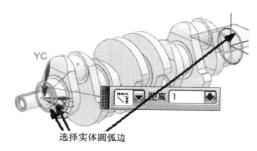

选择实体圆弧边

图　7-268

2. 创建边倒圆特征

选择菜单中的【插入】/【细节特征】/【边倒圆】命令，或在【特征】工具条中单击 （边倒圆）图标，弹出【边倒圆】对话框，在【半径 1】栏中输入"4"，如图 7-270 所示。在图形中选择图 7-271 所示的实体边线作为倒圆角边，最后单击 确定 按钮，完成圆角特征的创建，如图 7-272 所示。

接着，在所有连接板与圆台之间、圆台与轴颈之间创建倒圆角特征，半径为 4mm，最终效果如图 7-273 所示。

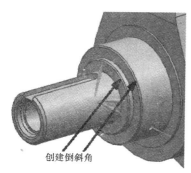

创建倒斜角

图　7-269

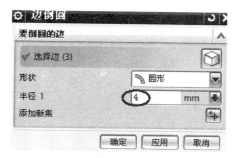

图　7-270

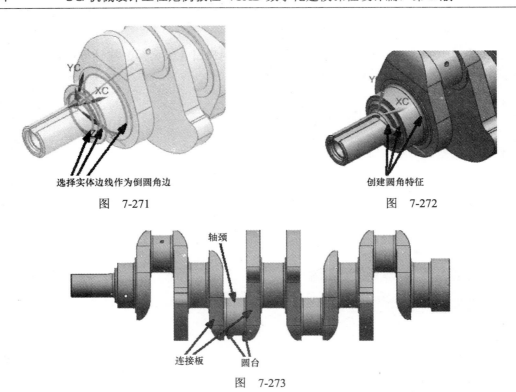

YC
XC
选择实体边线作为倒圆角边

图 7-271

XC
创建圆角特征

图 7-272

轴颈
连接板
圆台

图 7-273

第8章

箱体类零件参数化设计

📖 **实例说明**

本章主要介绍箱体类零件的构建。图形构建思路为：①分析图形的组成，分别画出截面的主要构造曲线等；②采用拉伸等建模方法来创建实体，再在实体上创建各种孔、圆角和螺纹等细节特征。

📘 **学习目标**

通过本实例的练习，读者能熟练掌握实体的构建方法，开拓构建思路并提高复杂实体的创建基本技巧。本章将建立的模型如图 8-1 所示，图样尺寸如图 8-2 所示。

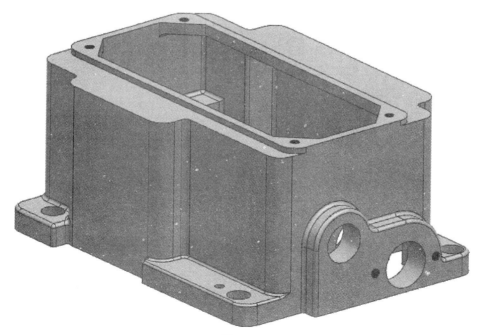

图　8-1

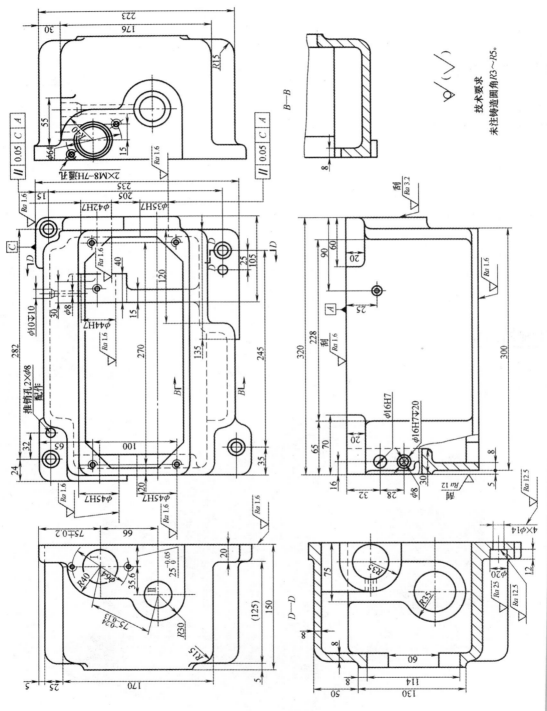

图 8-2

8.1 建立新文件

选择菜单中的【文件】/【新建】命令或单击 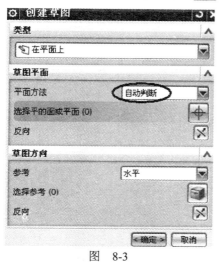 (New 建立新文件) 图标，弹出【新建】对话框，在【名称】栏中输入"xt"，在【单位】下拉列表框中选择【毫米】选项，单击 确定 按钮，建立文件名为 xt.prt、单位为毫米的文件。

8.2 创建箱座主体

1.显示基准平面

选择菜单中的【格式】/【图层设置】命令，弹出【图层设置】对话框，勾选 ☑ 61 复选框，完成基准平面的显示。

2.草绘箱体底座截面

选择菜单中的【插入】/【草图】命令，或在【直接草图】工具条中单击 (草图) 图标，弹出【创建草图】对话框，如图8-3所示，在【平面方法】下拉列表框中选择 自动判断 选项，系统默认 X-Y 平面为草图平面，单击 <确定> 按钮，出现草图绘制区。

步骤：

1）在【直接草图】工具条中单击 (轮廓) 图标，按照图8-4所示绘制相连的截面线。

图 8-3

图 8-4

2）加上约束。在【直接草图】工具条中单击 (几何约束) 图标，弹出【几何约束】对话框，单击 (共线) 图标，如图8-5所示。在图中选择图8-6所示的两条直线，约束共线，约束结果如图8-7所示。在【直接草图】工具条中单击 (显示草图约束) 图标，使图形中的约束显示出来。

3）标注尺寸。在【直接草图】工具条中单击 (自动判断尺寸) 图标，按照图8-8所示的尺寸进行标注，即 p0=70.0、p1=155.0、p2=60.0、p3=320.0、p4=5.0、p5=60.0、p6=135.0、p7=15.0、p8=5.0、p9=35.0、p10=171.0、p11=223.0、p12=235.0、p13=243.0、 p14=115.0。此时，草图已经转换成绿色，表示已经完全约束。

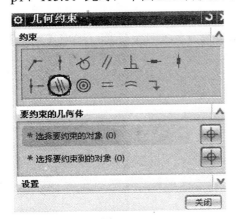

图　8-5

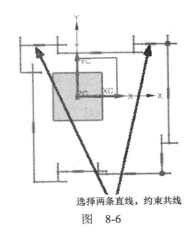

选择两条直线，约束共线

图　8-6

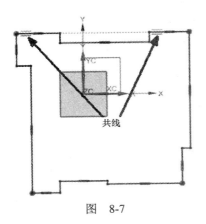

共线

图　8-7

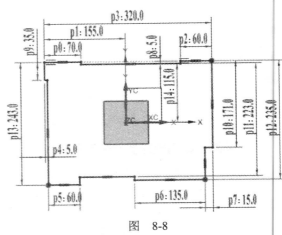

图　8-8

4）在【直接草图】工具条中单击 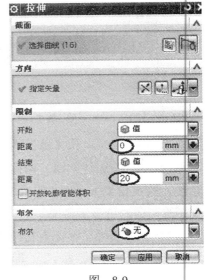 完成草图图标，返回建模界面。

3. 创建拉伸特征

选择菜单中的【插入】/【设计特征】/【拉伸】命令，或在【特征】工具条中单击 （拉伸）图标，弹出【拉伸】对话框，如图 8-9 所示。在软件主界面的曲线规则下拉列表框中选择 相连曲线 选项，选择图 8-10 所示的截面线为拉伸对象，出现如图 8-10 所示的拉伸方向。

然后，在【拉伸】对话框的【开始】\【距离】栏和【结束】\【距离】栏中分别输入"0"和"20"，在【布尔】下拉列表框中选择 无选项，如图 8-9 所示。最后，单击 确定 按钮，完成拉伸特征的创建，如图 8-11 所示。

4. 将曲线移至 255 层

选择菜单中的【格式】/【移动至图层】命令，弹出【类选择】对话框，选择曲线并将其移动至 255 层（步骤略）。

图　8-9

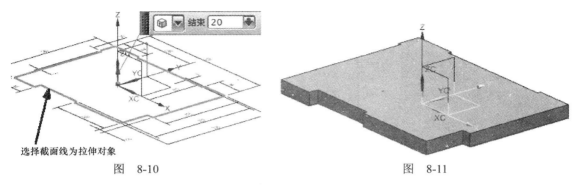

图 8-10   图 8-11

5. 草绘箱体截面

选择菜单中的【插入】/【草图】命令，或在【直接草图】工具条中单击 🔲（草图）图标，弹出【创建草图】对话框，如图 8-12 所示。在视图工具栏中单击 🔲（俯视图）图标，在图形中选择图 8-13 所示的实体面为草图平面，单击 < 确定 > 按钮，出现草图绘制区。

步骤：

1）在【直接草图】工具条中单击 🔾（轮廓）图标，在主界面捕捉点工具条中单击 ✏（端点）图标，适时切换 ✏（点在曲线上）图标，按照图 8-14 所示绘制相连的截面线。

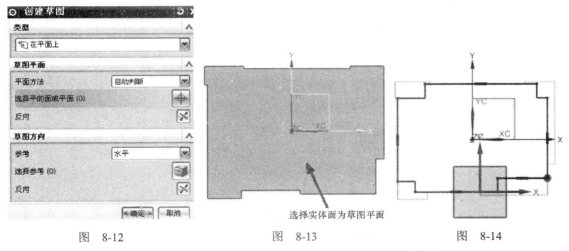

图 8-12   图 8-13   图 8-14

2）加上约束。在【直接草图】工具条中单击 ⊿（几何约束）图标，弹出【几何约束】对话框，单击 ⫴（共线）图标，如图 8-15 所示。选择图 8-16 所示的直线与实体边线，约束共线，约束结果如图 8-17 所示。在【直接草图】工具条中单击 ⤢（显示草图约束）图标，使图形中的约束显示出来。

按照上述方法，依次约束另外三条直线与实体边线共线，约束结果如图 8-17 所示。

3）标注尺寸。在【直接草图】工具条中单击 ⤢

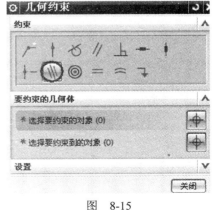

图 8-15

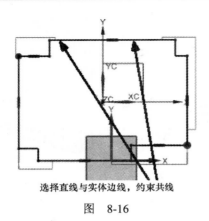

选择直线与实体边线，约束共线

图　8-16

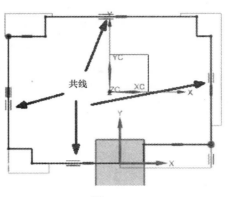

共线

图　8-17

（自动判断尺寸）图标，按照图 8-18 所示的尺寸
进行标注，即 p17=8.0、p18=15.0、p19=120.0、
p20=8.0、p21=25.0、p22=170.0、p23=176.0。 标
注完上述尺寸后，此时草图曲线已经转换成绿
色，在窗口状态栏出现草图已完全约束提示。

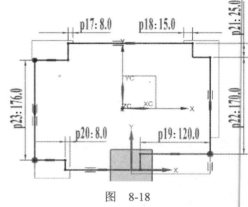

图　8-18

4）在【直接草图】工具条中单击 ████ 完成草图
图标，返回建模界面。

6. 创建拉伸特征

选择菜单中的【插入】/【设计特征】/【拉伸】
命令，或在【特征】工具条中单击 ████（拉伸）
图标，弹出【拉伸】对话框，如图 8-19 所示。在软件主界面的曲线规则下拉列表框中选择
████ 相连曲线 ████ 选项，然后选择图 8-20 所示的截面线为拉伸对象，出现如图 8-20 所示的拉伸方向。

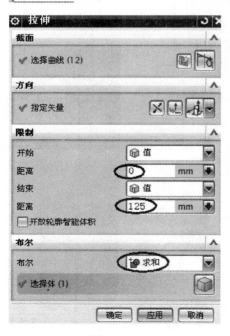

图　8-19

选择截面线为拉伸对象

图　8-20

然后，在【拉伸】对话框的【开始】\【距离】栏和【结束】\【距离】栏中分别输入"0"和"125"，在【布尔】下拉列表框中选择 求和 选项，如图 8-19 所示。最后，单击 应用 按钮，完成拉伸特征的创建，如图 8-21 所示。

继续创建拉伸特征，在软件主界面的曲线规则下拉列表框中选择 面的边 选项，然后选择图 8-22 所示的实体面为拉伸对象，在【拉伸】对话框中单击 X （反向）按钮，出现如图 8-22 所示的拉伸方向。接着，在【拉伸】对话框的【偏置】下拉列表框中选择 单侧 选项，在【结束】栏中输入 "–8"，在【开始】\【距离】栏中输入 "0"，在【结束】下拉列表框中选择 贯通 选项，在【布尔】下拉列表框中选择 求差 选项，如图 8-23 所示。最后，单击 应用 按钮，完成拉伸特征的创建，如图 8-24 所示。

继续创建拉伸特征，在软件主界面的曲线规则下拉列表框中选择 相连曲线 选项，选择图 8-25 所示的实体边线为拉伸对象，出现如图 8-25 所示的拉伸方向。然后，在

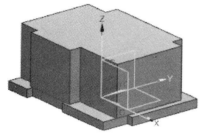

图 8-21

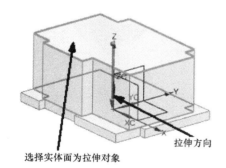

选择实体面为拉伸对象

图 8-22

图 8-23

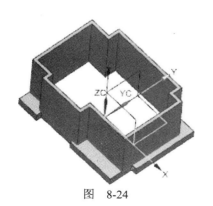

图 8-24

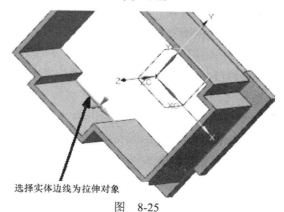

选择实体边线为拉伸对象

图 8-25

【拉伸】对话框的【偏置】下拉列表框中选择 两侧　 选项，在【偏置】区域内的【开始】和
【结束】栏中分别输入 "0" 和 "−17"，在【开始】\【距离】栏【结束】\【距离】栏中分别
输入 "0" 和 "20"，在【布尔】下拉列表框中选择 求和 选项，如图 8-26 所示。最后，单
击 确定 按钮，完成拉伸特征的创建，如图 8-27 所示。

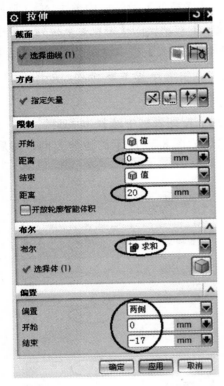

图　8-26

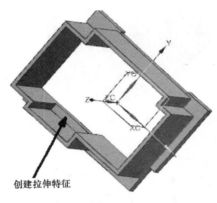

创建拉伸特征

图　8-27

7. 将曲线移至 255 层

选择菜单中的【格式】/【移动至图层】命令，
弹出【类选择】对话框，选择辅助曲线并将其移动
至 255 层（步骤略）。然后，设置 255 层为不可见，
图形更新为图 8-28 所示。

8. 创建边倒圆特征

选择菜单中的【插入】/【细节特征】/【边倒圆】
命令，或在【特征】工具条中单击 （边倒圆）图
标，弹出【边倒圆】对话框，在【半径 1】栏中输
入 "15"，如图 8-29 所示。在图形中选择图 8-30 所
示的外轮廓凸角边作为倒圆角边，最后单击 确定
按钮，完成圆角特征的创建，如图 8-31 所示。

继续创建边倒圆特征，在【半径 1】栏中输入

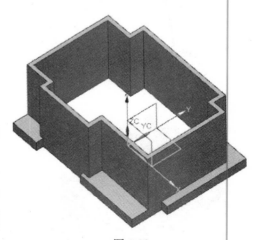

图 8-28

"5"，按照图样创建圆角（外轮廓凹角边），完成圆角特征的创建，如图 8-32 所示。

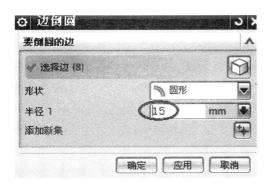

图 8-29

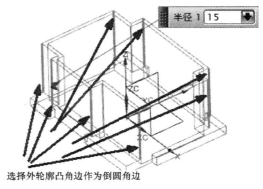

选择外轮廓凸角边作为倒圆角边

图 8-30

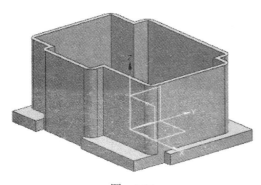

图 8-31

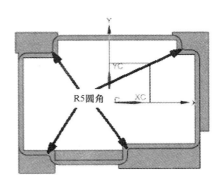

R5圆角

图 8-32

8.3 创建箱体盖外形

1. 创建拉伸特征

选择菜单中的【插入】/【设计特征】/【拉伸】命令，或在【特征】工具条中单击 （拉伸）图标，弹出【拉伸】对话框，如图 8-33 所示。在软件主界面的曲线规则下拉列表框中选择 相连曲线 选项，选择图 8-34 所示的实体边线为拉伸对象，出现如图 8-34 所示的拉伸方向。

然后，在【拉伸】对话框中单击 （反向）图标，在【开始】\【距离】栏和【结束】\【距离】栏中分别输入 "0" 和 "5"，在【布尔】下拉列表框中选择 求和 选项，如图 8-33 所示，单击 应用 按钮，完成拉伸特征的创建，如图 8-35 所示。

选择菜单中的【插入】/【草图】命令，或在【直接草图】工具条中单击 （草图）图标，如图 8-36 所示。

2. 草绘箱体盖截面

选择菜单中的【插入】/【草图】命令，或在【直接草

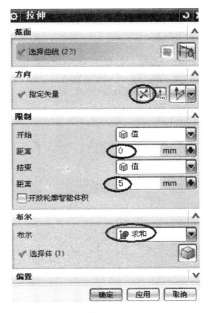

图 8-33

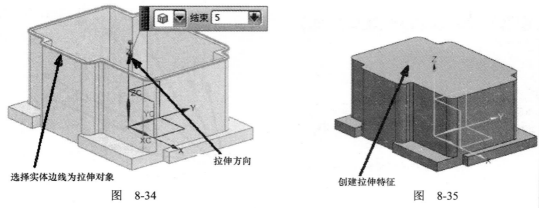

图 8-34　　　　　　　　　　　　　　　图 8-35

图】工具条中单击 （草图）图标，弹出【创建草图】对话框，如图 8-37 所示。在视图工具栏中单击 （俯视图）图标，在图形中选择图 8-38 所示的实体面为草图平面，单击 ‹确定›按钮，出现草图绘制区。

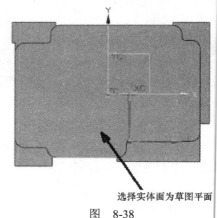

选择实体面为草图平面

图 8-36　　　　　　　　　图 8-37　　　　　　　　　图 8-38

步骤：

1）在【草图曲线】工具条中单击 □（矩形）图标，弹出【矩形】对话框，如图 8-39 所示，单击 □（按 2 点）图标，再在主界面捕捉点工具条中单击 ╱（点在曲线上）图标，使用对角点绘制矩形，如图 8-40 所示。

图 8-39

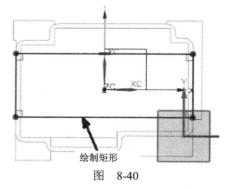

绘制矩形

图 8-40

注意：矩形对角点在外轮廓边线上。

2）在【直接草图】工具条中单击 （轮廓）图标，再在主界面捕捉点工具条中单击 （端点）图标，适时切换 （点在曲线上）图标，按照图 8-41 所示绘制相连的截面线。

注意：直线 18 和直线 45 水平；直线 23 和直线 67 竖直；直线 12 与直线 56 平行；直线 34 与直线 78 平行，如果一次无法绘制成功这些约束，则可以追加约束。

3）加上约束。在【直接草图】工具条中单击 （几何约束）图标，弹出【几何约束】对话框，单击 （等长）图标，如图 8-42 所示。在图中选择图 8-43 所示的直线 12 与直线 34，约束等长，约束结果如图 8-44 所示。在【直接草图】工具条中单击 （显示草图约束）图标，使图形中的约束显示出来。

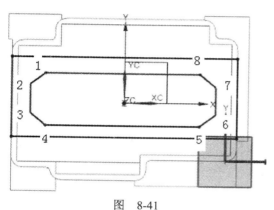

图 8-41

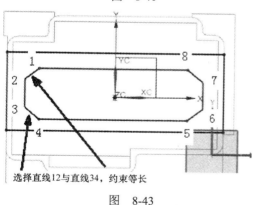

选择直线12与直线34，约束等长

图 8-43

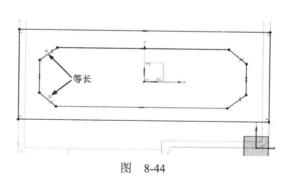

图 8-44

按照上述方法，依次约束直线 12 与直线 78、直线 56 等长，约束结果如图 8-45 所示。

继续进行约束，在草图中选择直线 18 与直线 45，约束等长，在草图中选择直线 23 与直线 67，约束等长，如图 8-46 所示。

继续进行约束，在【几何约束】对话框中单击 （平行）图标，如图 8-47 所示，在图中选择两对直线，如图 8-48 所示，约束平行，约束结果如图 8-49 所示。在【直接草图】工具条中单击 （显示

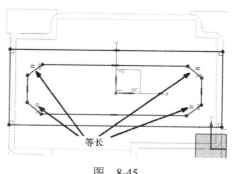

等长

图 8-45

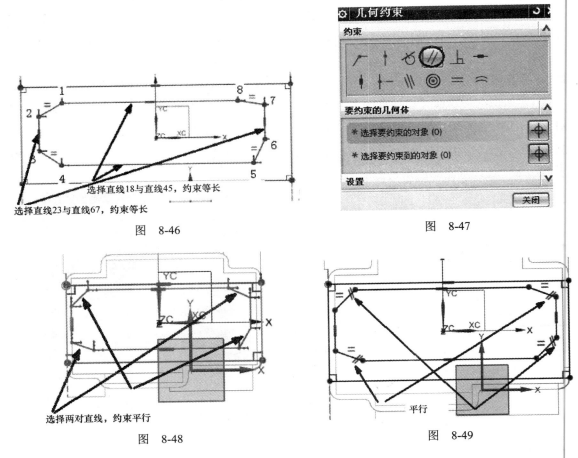

选择直线18与直线45，约束等长

选择直线23与直线67，约束等长

图 8-46

图 8-47

选择两对直线，约束平行

图 8-48

平行

图 8-49

草图约束）图标，使图形中的约束显示出来。

继续进行约束，在【几何约束】对话框中单击 <u>/// </u>（共线）图标，在图中选择直线与实体边线，约束共线，如图 8-50 所示，约束结果如图 8-51 所示。在【直接草图】工具条中单击 ▶ <u>//</u>（显示草图约束）图标，使图形中的约束显示出来。

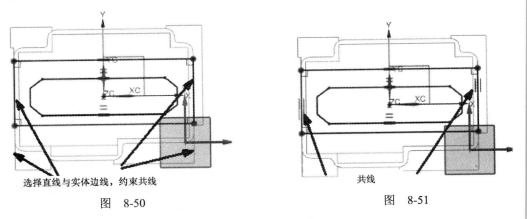

选择直线与实体边线，约束共线

图 8-50

共线

图 8-51

4）标注尺寸。在【直接草图】工具条中单击 ⊬ (自动判断尺寸）图标，按照图 8-52 所示的尺寸进行标注，即 p52=8.0、p53=8.0、p54=57.0、p55=114.0、p56=60.0、p57=30.0、 p58=65.0、p59=130.0、p60=45.0。标注完上述尺寸后，此时草图曲线已经转换成绿色，在窗口状态栏出现草图已完全约束提示。

5）在【直接草图】工具条中单击 完成草图 图标，返回建模界面。

3. 创建拉伸特征

选择菜单中的【插入】/【设计特征】/【拉伸】命令，或在【特征】工具条中单击 （拉伸）图标，弹出【拉伸】对话框，如图 8-53 所示。在软件主界面的曲线规则下拉列表框中选择 相连曲线 选项，选择图 8-54 所示的截面线为拉伸对象，出现如图 8-54 所示的拉伸方向。

然后，在【拉伸】对话框的【开始】\【距离】栏和【结束】\【距离】栏中分别输入"0"和"5"，在【布尔】下拉列表框中选择 求和 选项，如图 8-53 所示。最后，单击 应用 按钮，完成拉伸特征的创建，如图 8-55 所示。

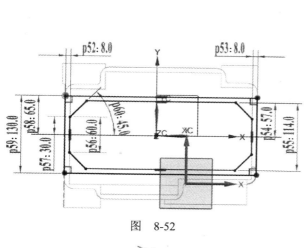

图 8-52

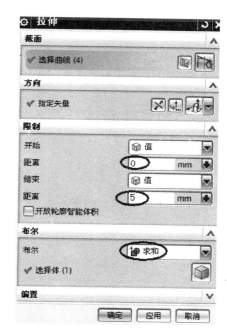

图 8-53

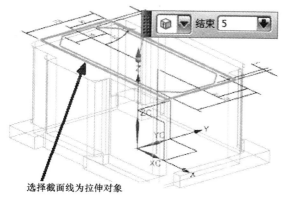

选择截面线为拉伸对象

图 8-54

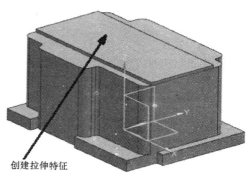

创建拉伸特征

图 8-55

继续创建拉伸特征，在软件主界面的曲线规则下拉列表框中选择 相连曲线 ▼ 选项，选择图 8-56 所示的截面线为拉伸对象，在【拉伸】对话框的【结束】下拉列表框中选择 ⊕ 对称值 选项，在【距离】栏中输入"5"，在【布尔】下拉列表框中选择 ⊖ 求差 选项，单击 确定 按钮，完成拉伸特征的创建，如图 8-57 所示。

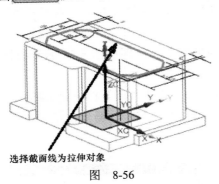

选择截面线为拉伸对象

图　8-56

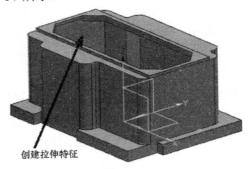

创建拉伸特征

图　8-57

4. 将曲线及基准平面移至 255 层

选择菜单中的【格式】/【移动至图层】命令，弹出【类选择】对话框，选择辅助曲线及基准平面，将其移动至 255 层（步骤略）。

5. 创建边倒圆特征

选择菜单中的【插入】/【细节特征】/【边倒圆】命令，或在【特征】工具条中单击 ⬛ （边倒圆）图标，弹出【边倒圆】对话框，在【半径 1】栏中输入"15"，如图 8-58 所示。在图形中选择图 8-59 所示的边线作为倒圆角边（外轮廓凸角边）。最后单击 确定 按钮，完成圆角特征的创建，如图 8-60 所示。

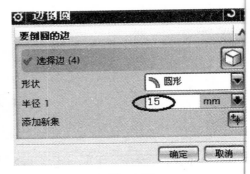

图　8-58

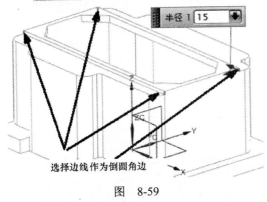

选择边线作为倒圆角边

图　8-59

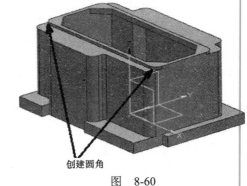

创建圆角

图　8-60

8.4　创建轴承座

1. 草绘轴承座截面一

选择菜单中的【插入】/【草图】命令，或在【直接草图】工具条中单击 ⬛ （草图）图标，弹出【创建草图】对话框，如图 8-61 所示。在图形中选择图 8-62 所示的实体面为草图平面，单击 <确定> 按钮，出现草图绘制区。

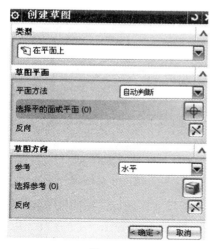

图　8-61

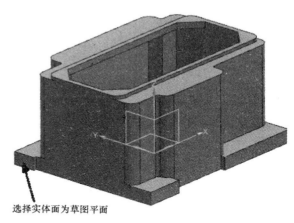

选择实体面为草图平面

图　8-62

步骤：

1）在【直接草图】工具条中单击 （轮廓）图标，在主界面捕捉点工具条中单击 （端点）图标，适时切换 （点在曲线上）图标，在轮廓浮动工具栏中单击 （直线）图标，适时切换 （圆弧）图标，按照图 8-63 所示绘制相连的截面线。

注意：圆弧与相邻直线、圆弧相切，如果一次无法绘制成功这些约束，则可以追加约束。

2）加上约束。在【直接草图】工具条中单击 （几何约束）图标，弹出【几何约束】对话框，单击 （水平）图标，如图 8-64 所示。在图中选择图 8-65 所示的直线，约束其水平，约束结果如图 8-66 所示。在【直接草图】工具条中单击 （显示草图约束）图标，使图形中的约束显示出来。

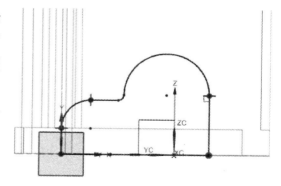

图　8-63

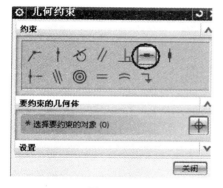

图　8-64

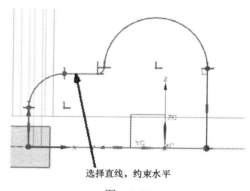

选择直线，约束水平

图　8-65

　　继续进行约束，在【几何约束】对话框中单击 （竖直）图标，在图中选择直线，如图 8-67 所示，约束其竖直，约束结果如图 8-68 所示。在【直接草图】工具条中单击 （显示草图约束）图标，使图形中的约束显示出来。

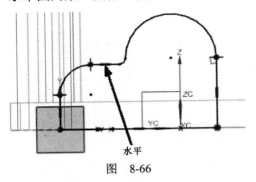

图　8-66

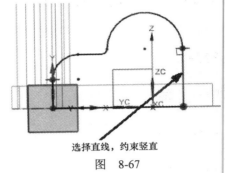

图　8-67

　　3）标注尺寸。在【直接草图】工具条中单击 （自动判断尺寸）图标，按照图 8-69 所示的尺寸进行标注，即 Rp73=40.0、Rp74=35.0、Rp75=5.0、p76=35.6、p77=66.0、p78=25.0。标注完上述尺寸后，此时草图曲线已经转换成绿色，在窗口状态栏出现草图已完全约束提示。

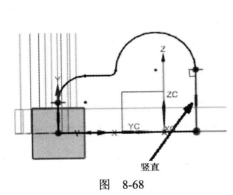

图　8-68

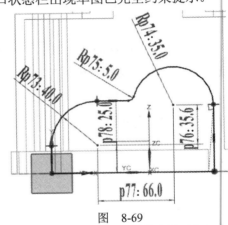

图　8-69

　　4）在【直接草图】工具条中单击 完成草图 图标，返回建模界面。

2. 创建拉伸特征

　　选择菜单中的【插入】/【设计特征】/【拉伸】命令，或在【特征】工具条中单击 （拉伸）图标，弹出【拉伸】对话框，如图 8-70 所示。在软件主界面的曲线规则下拉列表框中选择 相连曲线 选项，选择图 8-71 所示的截面线为拉伸对象，在【拉伸】对话框中单击 （反向）图标，出现如图 8-71 所示的拉伸方向。

　　然后，在【拉伸】对话框的【开始】\【距离】栏中输入"0"，在【结束】下拉列表框中选择 直至下一个选项，在【布尔】下拉列表框中选择 求和 选项，如图

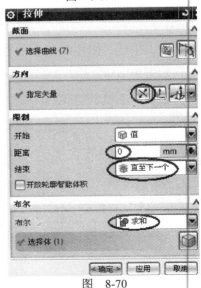

图　8-70

8-70 所示。最后，单击 应用 按钮，完成拉伸特征的创建，如图 8-72 所示。

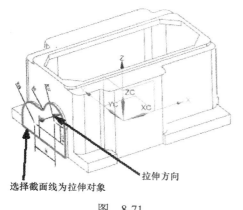

图　8-71

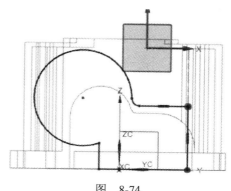

图　8-72

3. 将曲线移至 255 层

选择菜单中的【格式】/【移动至图层】命令，弹出【类选择】对话框，选择辅助曲线并将其移动至 255 层（步骤略）。

4. 草绘轴承座截面二

选择菜单中的【插入】/【草图】命令，或在【直接草图】工具条中单击 图 （草图）图标，弹出【创建草图】对话框，在图形中选择图 8-73 所示的实体面为草图平面，单击 <确定> 按钮，出现草图绘制区。

步骤：

1）在【直接草图】工具条中单击 ↻ （轮廓）图标，再在主界面捕捉点工具条中单击 ╱ （端点）图标，适时切换 ╱ （点在曲线上）图标，在轮廓浮动工具栏中单击 ╱ （直线）图标，适时切换 ⌒ （圆弧）图标，按照图 8-74 所示绘制相连的截面线。

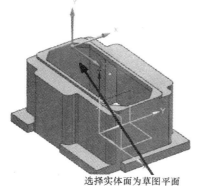

选择实体面为草图平面

图　8-73

图　8-74

2）加上约束。在【直接草图】工具条中单击 ⊿ （几何约束）图标，弹出【几何约束】对话框，单击 ◎ （同心）图标，如图 8-75 所示。在图形中选择图 8-76 所示的圆弧与实体圆弧边，约束同心，约束结果如图 8-77 所示。在【直接草图】工具条中单击 ⊿ （显示草图约束）图标，使图形中的约束显示出来。

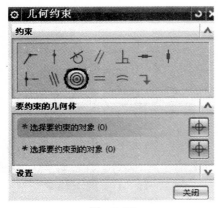

图　8-75

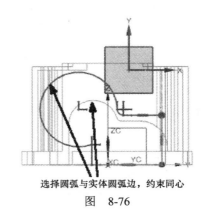

选择圆弧与实体圆弧边，约束同心

图　8-76

3）标注尺寸。在【直接草图】工具条中单击 （自动判断尺寸）图标，按照图 8-78 所示的尺寸进行标注，即 Rp80=35.0、p81=98.0、Rp82=5.0、p83=75.0。标注完上述尺寸后，此时草图曲线已经转换成绿色，在窗口状态栏出现草图已完全约束提示。

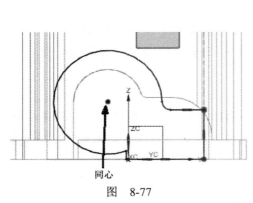

同心

图　8-77

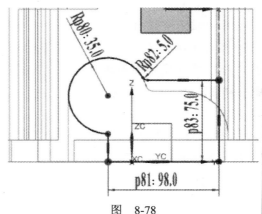

图　8-78

4）在【直接草图】工具条中单击 完成草图 图标，返回建模界面。

5. 创建拉伸特征

选择菜单中的【插入】/【设计特征】/【拉伸】命令，或在【特征】工具条中单击 （拉伸）图标，弹出【拉伸】对话框，如图 8-79 所示。在软件主界面的曲线规则下拉列表框中选择 相连曲线 选项，选择图 8-80 所示的截面线为拉伸对象，在【拉伸】对话框中单击 （反向）图标，出现如图 8-80 所示的拉伸方向。

然后，在【拉伸】对话框的【开始】\【距离】栏和【结束】\【距离】栏中输入"0"和"25"，在【布尔】下拉列表框中选择 求和 选项，如图 8-79 所示。最后单击 应用 按钮，完成拉伸特征的创建，如图 8-81 所示。

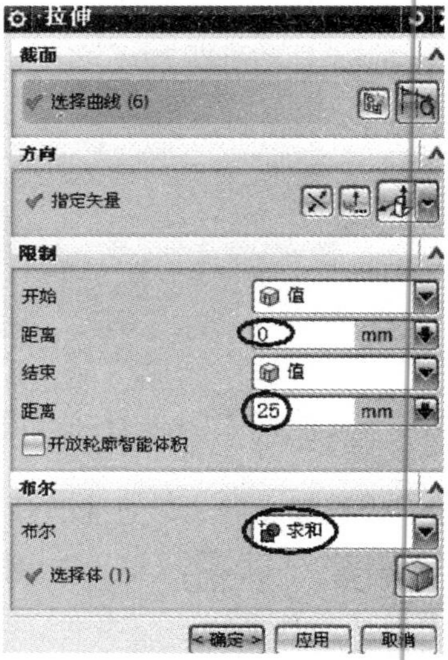

图　8-79

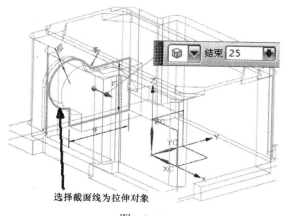

选择截面线为拉伸对象

图　8-80

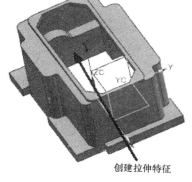

创建拉伸特征

图　8-81

6. 将曲线移至 255 层

选择菜单中的【格式】/【移动至图层】命令，弹出【类选择】对话框，选择曲线并将其移动至 255 层（步骤略）。

7. 创建孔特征

选择菜单中的【插入】/【设计特征】/【孔】命令，或在【特征】工具条中单击 ▣（孔）图标，弹出【孔】对话框，如图 8-82 所示。系统提示选择孔放置点，在主界面捕捉点工具条中单击 ⊙（圆弧中心）图标，在图形中选择图 8-83 所示的实体圆弧边，在【孔方向】下拉列表框中选择 ⚫ 垂直于面 选项，在【成形】下拉列表框中选择 U 简单 选项，在【直径】栏中输入"45"，在【深度限制】下拉列表框中选择 直至下一个 　　　　　▼选项，【布尔】下拉列表框中选择 ⬤ 求差 选项，最后单击 应用 按钮，完成孔的创建，如图 8-84 所示。

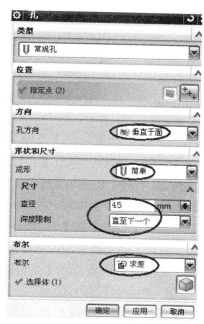

图　8-82

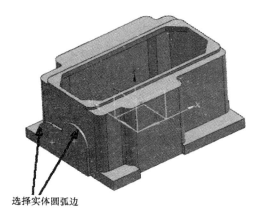

选择实体圆弧边

图　8-83

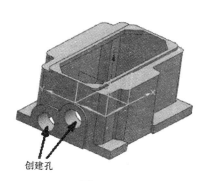

创建孔

图　8-84

8. 草绘轴承座截面三

选择菜单中的【插入】/【草图】命令，或在【直接草图】工具条中单击 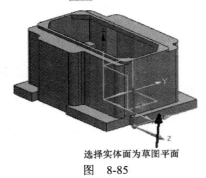 🔲（草图）图标，弹出【创建草图】对话框，在图形中选择图 8-85 所示的实体面为草图平面，单击 ⟨确定⟩ 按钮，出现草图绘制区。

步骤：

1）在【直接草图】工具条中单击 🔄（轮廓）图标，再在主界面捕捉点工具条中单击 ∕（端点）图标，适时切换 ∕（点在曲线上）图标，在轮廓浮动工具栏中单击 ✔（直线）图标，适时切换 ⌒（圆弧）图标，按照图 8-86 所示绘制相连的截面线。

选择实体面为草图平面

图 8-85

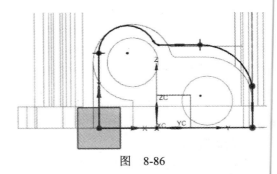

图 8-86

2）加上约束。在【直接草图】工具条中单击 ⊥（几何约束）图标，弹出【几何约束】对话框，单击 ◎（同心）图标，如图 8-87 所示。在图中选择图 8-88 所示的圆弧与实体圆弧边，约束同心，约束结果如图 8-89 所示。在【直接草图】工具条中单击 ⅋（显示草图约束）图标，使图形中的约束显示出来。

继续进行约束，在【几何约束】对话框中单击 ⊙（相切）图标，如图 8-90 所示。在图中选择直线与圆弧，如图 8-91 所示，约束相切；选择图 8-92 所示的直线与圆弧，约束相切，约束结果如图 8-93 所示。在【直接草图】工具条中单击 ⅋（显示草图约束）图标，使图形中的约束显示出来。

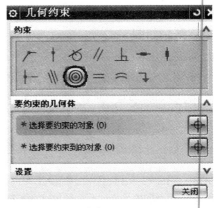

图 8-87

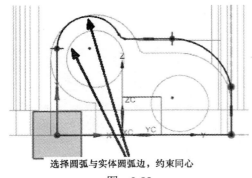

选择圆弧与实体圆弧边，约束同心

图 8-88

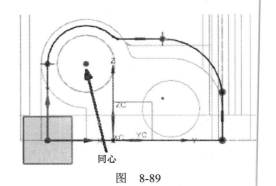

同心

图 8-89

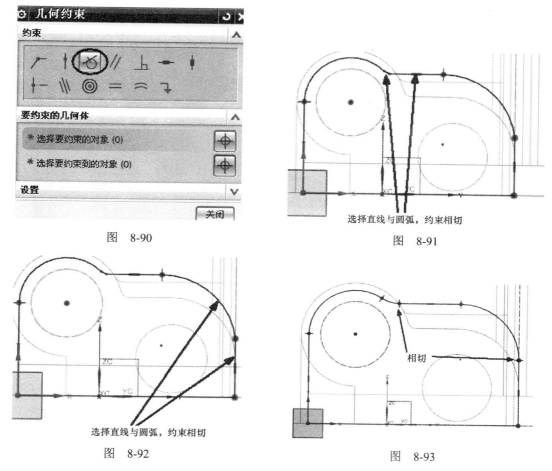

图　8-90

选择直线与圆弧，约束相切

图　8-91

选择直线与圆弧，约束相切

图　8-92

相切

图　8-93

继续进行约束，在【几何约束】对话框中单击\\\（共线）图标，在图中选择直线与实体边线，约束其共线，如图 8-94 所示，约束结果如图 8-95 所示。在【直接草图】工具条中单击▶ ⊥ （显示草图约束）图标，使图形中的约束显示出来。

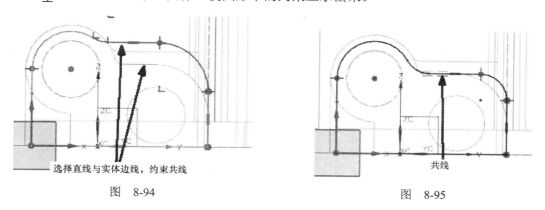

选择直线与实体边线，约束共线

图　8-94

共线

图　8-95

继续进行约束，在【几何约束】对话框中单击◎（同心）图标，在图中选择图 8-96 所示的圆弧与实体圆弧边，约束同心，约束结果如图 8-97 所示。在【直接草图】工具条中单击▶ ⊥ （显示草图约束）图标，使图形中的约束显示出来。

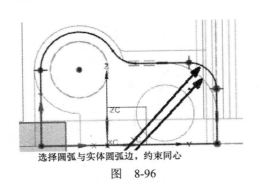

选择圆弧与实体圆弧边，约束同心

图　8-96

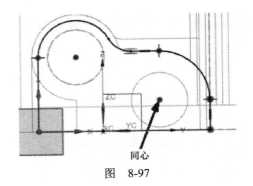

同心

图　8-97

3）标注尺寸。在【直接草图】工具条中单击 ![icon] （自动判断尺寸）图标，按照图 8-98 所示的尺寸进行标注，即 Rp143=5.0、Rp144=30.0。

标注完上述尺寸后，此时草图曲线已经转换成绿色，在窗口状态栏出现草图已完全约束提示。

4）在【直接草图】工具条中单击 ![完成草图] 完成草图 图标，返回建模界面。

9. 创建拉伸特征

选择菜单中的【插入】\【设计特征】\【拉伸】命令，或在【特征】工具条中单击 ![icon] （拉伸）图标，弹出

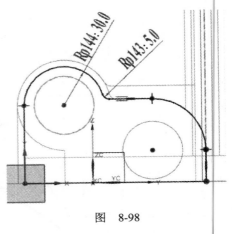

图　8-98

【拉伸】对话框，如图 8-99 所示。在软件主界面的曲线规则下拉列表框中选择 相连曲线 选项，选择图 8-100 所示的截面线为拉伸对象，在【拉伸】对话框中单击 ![icon] （反向）图标，出现如图 8-100 所示的拉伸方向。

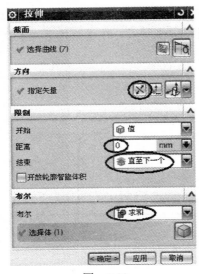

图　8-99

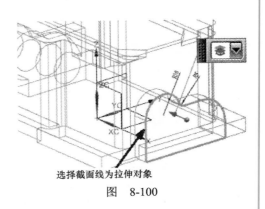

选择截面线为拉伸对象

图　8-100

然后，在【拉伸】对话框的【开始】\【距离】栏中输入"0"，在【结束】下拉列表框中选择 ![icon] 直至下一个 选项，在【布尔】下拉列表框中选择 ![icon] 求和 选项，如图 8-99 所示。最后单击

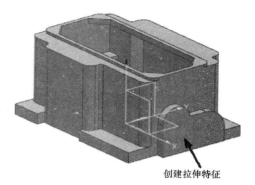

图　8-101

按钮，完成拉伸特征的创建，如图 8-101 所示。

10. 创建孔特征

选择菜单中的【插入】/【设计特征】/【孔】命令，或在【特征】工具条中单击 （孔）图标，弹出【孔】对话框，如图 8-102 所示。系统提示选择孔放置点，在主界面捕捉点工具条中单击 ⊙（圆弧中心）图标，在图形中选择图 8-103 所示的实体圆弧边，在【孔方向】下拉列表框中选择 垂直于面 选项，在【成形】下拉列表框中选择 简单 选项，在【直径】栏中输入 "42"，在【深度限制】下拉列表框中选择直至下一个 选项，在【布尔】下拉列表框中选择 求差 选项。最后单击 应用 按钮，完成孔的创建，如图 8-104 所示。

继续创建孔特征，在图形中选择图 8-105 所示的实体圆弧边，在【直径】栏中输入 "35"，其他参数同上，完成孔的创建，如图 8-106 所示。

图　8-102

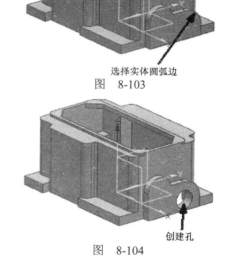

选择实体圆弧边

图　8-103

创建孔

图　8-104

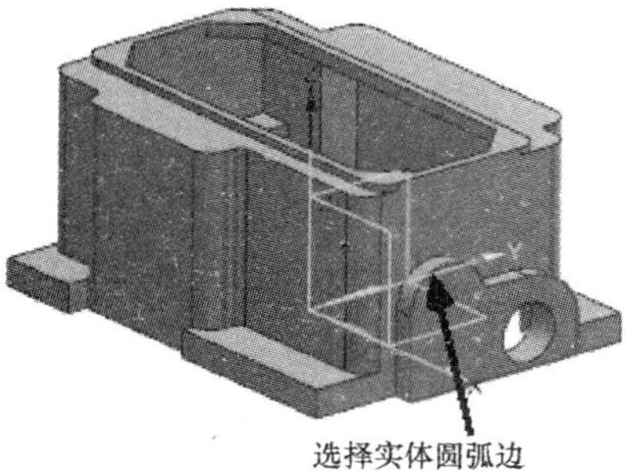

选择实体圆弧边

图　8-105

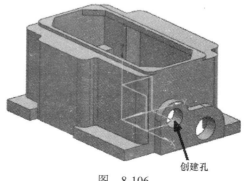

创建孔

图　8-106

11. 将曲线移至 255 层

选择菜单中的【格式】/【移动至图层】命令，弹出【类选择】对话框，选择曲线并将其移动至 255 层（步骤略）。

12. 创建基准平面

选择菜单中的【插入】/【基准/点】/【基准平面】命令，或在【特征】工具栏中单击 □（基准平面）图标，弹出【基准平面】对话框，如图 8-107 所示。在【类型】下拉列表框中选择 ⬚ 自动判断 选项，在图形中选择图 8-108 所示的实体平面，在【距离】栏中输入 "–105"，并勾选 ☑关联 复选框，在【基准平面】对话框中单击 应用 按钮，创建基准平面，如图 8-109 所示。

图　8-107

图　8-108

13. 草绘轴承座截面四

选择菜单中的【插入】/【草图】命令，或在【直接草图】工具条中单击 🔲（草图）图标，弹出【创建草图】对话框，在图形中选择图 8-109 所示的基准平面为草图平面，单击 ◂确定▸ 按钮，出现草图绘制区。

步骤：

1）绘制圆。在【直接草图】工具条中单击 ○（圆）图标，在圆浮动工具栏中单击 ⊙（圆心和直径定圆）图标，再在主界面捕捉点工具条中单击 ⊕（圆弧中心）图标，按照图 8-110 所示在适当位置绘制同心圆。

图　8-109

2）投影曲线。在【直接草图】工具条中单击 🔛（投影曲线）图标，弹出【投影曲线】对话框，选择图 8-111 所示的实体边进行投影，单击 确定 按钮，完成投影曲线的创建。

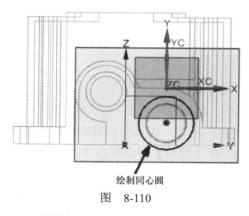

绘制同心圆

图　8-110

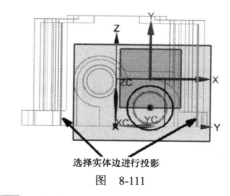

选择实体边进行投影

图　8-111

3）绘制直线。在【直接草图】工具栏中单击 ╱（直线）图标，在主界面捕捉点工具条中单击 ╱（点在曲线上）图标，适时切换 ◎（象限点）图标和 ╱（端点）图标，按照图 8-112 所示绘制五条直线。

注意：绘制的直线要分别水平与竖直，如果一次无法绘制成功这些约束，则可以追加约束。

4）快速修剪曲线。在【直接草图】工具栏中单击 ╲（快速修剪）图标，弹出【快速修剪】对话框，如图 8-113 所示。然后在图形中选择图 8-114 所示的圆弧进行修剪，修剪结果如图 8-115 所示。

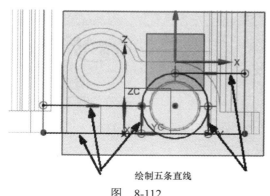

绘制五条直线

图　8-112

图　8-113

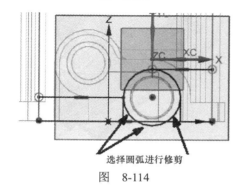

选择圆弧进行修剪

图　8-114

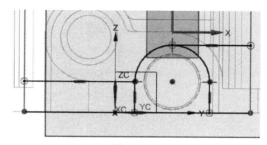

图　8-115

5）标注尺寸。在【直接草图】工具条中单击 ╟╣（自动判断尺寸）图标，按照图 8-116 所示的尺寸进行标注，即 Rp263=35.0。标注完上述尺寸后，此时草图曲线已经转换成绿色，在窗口状态栏出现草图已完全约束提示。

6）在【直接草图】工具条中单击 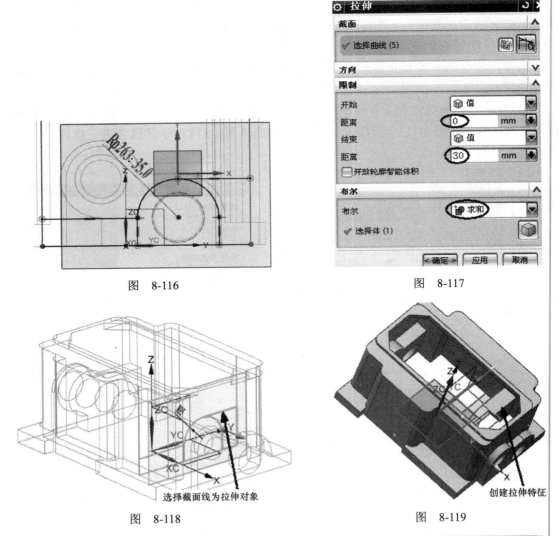完成草图图标，返回建模界面。

14. 创建拉伸特征

选择菜单中的【插入】/【设计特征】/【拉伸】命令，或在【特征】工具条中单击 （拉伸）图标，弹出【拉伸】对话框，如图 8-117 所示。在软件主界面的曲线规则下拉列表框中选择 相连曲线 （在相交处停止）选项，选择图 8-118 所示的截面线为拉伸对象，出现如图 8-118 所示的拉伸方向。然后，在【拉伸】对话框的【开始】\【距离】栏和【结束】\【距离】栏中分别输入"0"和"30"，在【布尔】下拉列表框中选择 求和 选项，如图 8-117 所示。最后单击 应用 按钮，完成拉伸特征的创建，如图 8-119 所示。

图   8-116

图   8-117

图   8-118

图   8-119

选择截面线为拉伸对象

创建拉伸特征

继续创建拉伸特征，在软件主界面的曲线规则下拉列表框中选择 相连曲线 （在相交处停止）选项，选择图 8-120 所示的截面线为拉伸对象，出现如图 8-120 所示的拉伸方向。然后，在【拉伸】对话框的【开始】\【距离】栏和【结束】\【距离】栏中分别输

入 "0" 和 "40"，在【布尔】下拉列表框中选择 求和 选项，单击 应用 按钮，完成拉伸特征的创建，如图 8-121 所示。

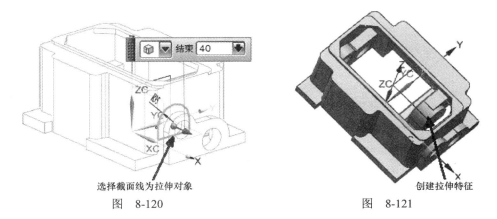

选择截面线为拉伸对象　　　　　　　　　　　创建拉伸特征

图　8-120　　　　　　　　　　　　　图　8-121

继续创建拉伸特征，在软件主界面的曲线规则下拉列表框中选择 相连曲线 （在相交处停止）选项，选择图 8-122 所示的截面线为拉伸对象，出现如图 8-122 所示的拉伸方向。然后，在【拉伸】对话框的【开始】\【距离】栏和【结束】\【距离】栏中分别输入 "0" 和 "15"，在【布尔】下拉列表框中选择 求和 选项，单击 确定 按钮，完成拉伸特征的创建，如图 8-123 所示。

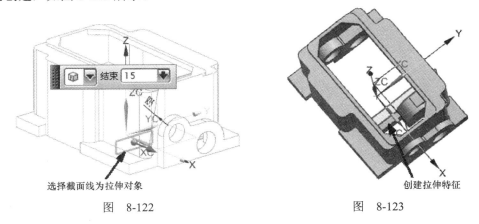

选择截面线为拉伸对象　　　　　　　　　　　创建拉伸特征

图　8-122　　　　　　　　　　　　　图　8-123

15. 创建孔特征

选择菜单中的【插入】/【设计特征】/【孔】命令，或在【特征】工具条中单击 （孔）图标，弹出【孔】对话框，如图 8-124 所示。系统提示选择孔放置点，在主界面捕捉点工具条中单击 （圆弧中心）图标，在图形中选择图 8-125 所示的实体圆弧边，在【孔方向】下拉列表框中选择 垂直于面 选项，在【成形】下拉列表框中选择 简单 选项，在【直径】栏中输入 "44"，在【深度限制】下拉列表框中选择 直至下一个 选项，在【布尔】下拉列表框中选择 求差 选项，最后单击 应用 按钮，完成孔的创建，如图 8-126 所示。

16. 将曲线及基准平面移至 255 层

选择菜单中的【格式】/【移动至图层】命令，弹出【类选择】对话框，选择曲线及基准平面，并将其移动至 255 层（步骤略）。

图　8-124

选择实体圆弧边

图　8-125

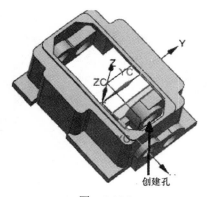

创建孔

图　8-126

8.5　创建底座上的地脚螺钉孔

创建沉头孔特征。选择菜单中的【插入】/【设计特征】/【孔】命令，或在【特征】工具条中单击 （孔）图标，弹出【孔】对话框，如图 8-127 所示。系统提示选择孔放置点，然后在图形中选择图 8-128 所示的实体面为放置面。

进入草绘界面，弹出【草图点】对话框，如图 8-129 所示。

然后，在【草图工具】工具条中单击 （自动判断尺寸）图标，按照图 8-130 所示的尺寸进行标注，即 p428=20.0、p429=35.0。此时，草图曲线已经转换成绿色，表示已经完全约束。

接着，在【草图】工具条中单击 完成草图 图标，返回建模界面，如图 8-131 所示。

图　8-127

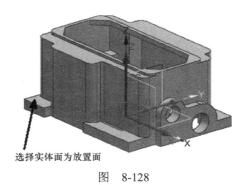

选择实体面为放置面

图　8-128

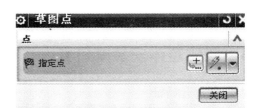

图　8-129

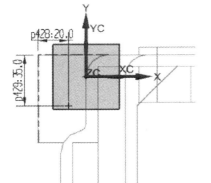

图　8-130

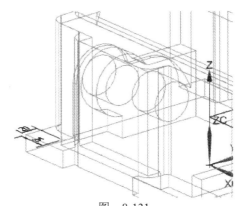

图　8-131

系统返回【孔】对话框，在【孔方向】下拉列表框中选择 垂直于面 选项，在【成形】下拉列表框中选择 沉头 选项，在【沉头直径】、【沉头深度】和【直径】栏中分别输入 "20" "12" 和 "14"，在【深度限制】下拉列表框中选择 贯通体 选项，在【布尔】下拉列表框中选择 求差 选项。最后单击 确定 按钮，完成沉头孔的创建，如图 8-132 所示。

继续创建沉头孔特征。沉头孔参数同上，其定

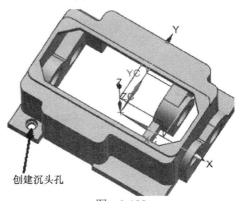

创建沉头孔

图　8-132

位尺寸如图 8-133 所示，完成创建沉头孔，如图 8-134 所示。

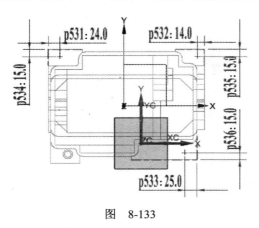

图 8-133

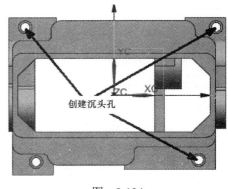

图 8-134

8.6 创建箱体安装螺钉孔

1. 创建孔特征

选择菜单中的【插入】/【设计特征】/【孔】命令，或在【特征】工具条中单击 ⌾（孔）图标，弹出【孔】对话框，如图 8-135 所示。系统提示选择孔放置点，然后在图形中选择图 8-136 所示的实体面为放置面。

图 8-135

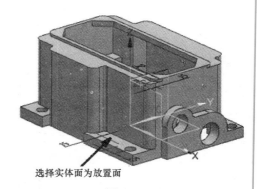

选择实体面为放置面

图 8-136

进入草绘界面，弹出【草图点】对话框，创建另外一个孔的圆心，然后在【草图工具】工具条中单击 ⊬（自动判断尺寸）图标，按照图 8-137 所示的尺寸进行标注，即 p638=15.0、 p639=15.0、p640=25.0、p641=32.0。此时，草图曲线已经转换成绿色，表示已经完全约束。

　　然后，在【直接草图】工具条中单击 ![完成草图] 图标，返回建模界面。系统返回【孔】对话框，在【孔方向】下拉列表框中选择 ![图标] 垂直于面 选项，在【成形】下拉列表框中选择 ![图标] 简单 选项，在【直径】栏中输入"8"，在【深度限制】下拉列表框中选择 贯通体 ![图标] 选项，在【布尔】下拉列表框中选择 ![图标] 求差 选项。最后单击 ![确定] 按钮，完成孔的创建，如图 8-138 所示。

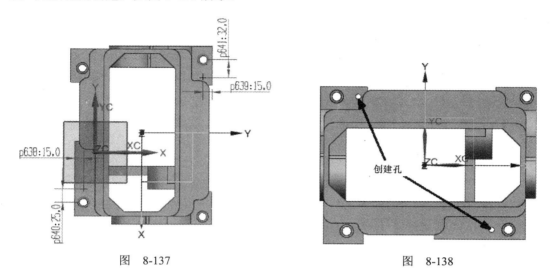

图　8-137　　　　　　　　　　　图　8-138

　　继续创建孔特征。在图形中选择图 8-139 所示的实体面为放置面，进入草绘界面，弹出【草图点】对话框，然后在【草图工具】工具条中单击 ![图标]（自动判断尺寸）图标，按照图 8-140 所示的尺寸进行标注，即 p746=50.0、p747=135.0。此时，草图曲线已经转换成绿色，表示已经完全约束。

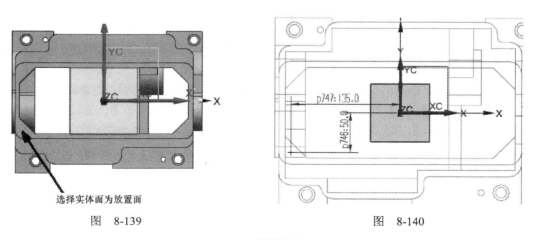

图　8-139　　　　　　　　　　　图　8-140

　　然后，在【直接草图】工具条中单击 ![完成草图] 图标，返回建模界面。系统返回【孔】对话框，在【孔方向】下拉列表框中选择 ![图标] 垂直于面 选项，在【成形】下拉列表框中选择 ![图标] 简单 选项，在【直径】栏中输入"7"，在【深度限制】下拉列表框中选择 直至下一个 ![图标] 选项，在【布尔】下拉列表框中选择 ![图标] 求差 选项，最后单击 ![确定] 按钮，完成孔的创建，如图 8-141 所示。

2. 创建螺纹特征

选择菜单中的【插入】/【设计特征】/【螺纹】命令，或在成型【特征】工具条中单击▤（螺纹）图标，弹出【螺纹】对话框，在【螺纹类型】区域内选中◉详细单选按钮，在【旋转】区域内选中◉右旋单选按钮，如图 8-142 所示。在图形中选择图 8-143 所示的圆孔面，图形中出现螺纹方向箭头，如图 8-143 所示。

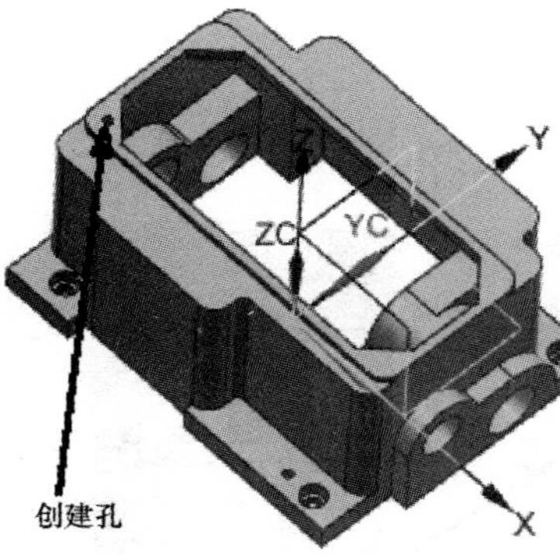

图　8-141

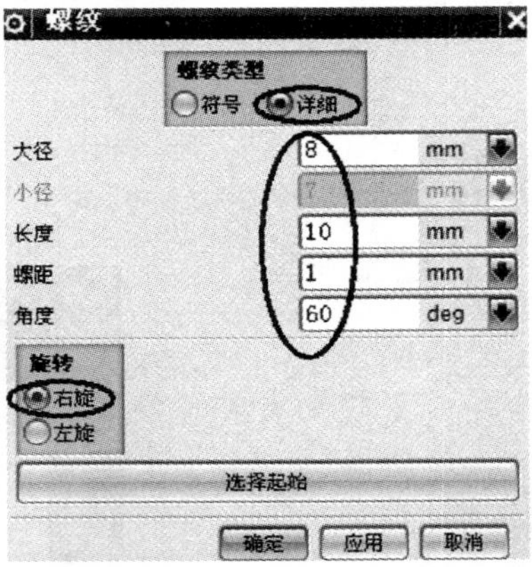

图　8-142

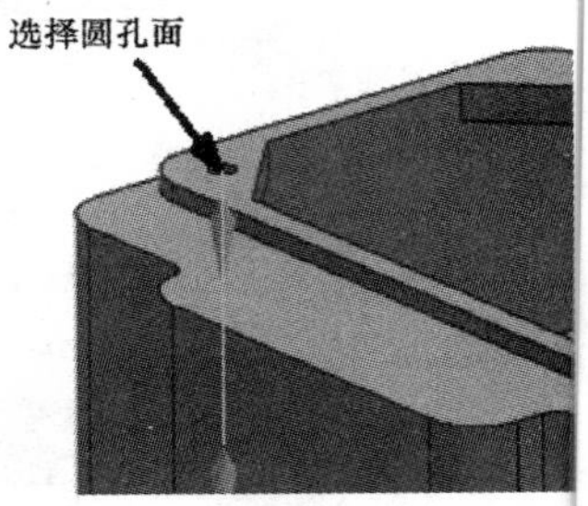

图　8-143

在【螺纹】对话框的【大径】、【长度】、【螺距】和【角度】栏中分别输入“8”“10”和“1”“60”，如图 8-142 所示。最后单击 确定 按钮，完成螺纹特征的创建，如图 8-144 所示。

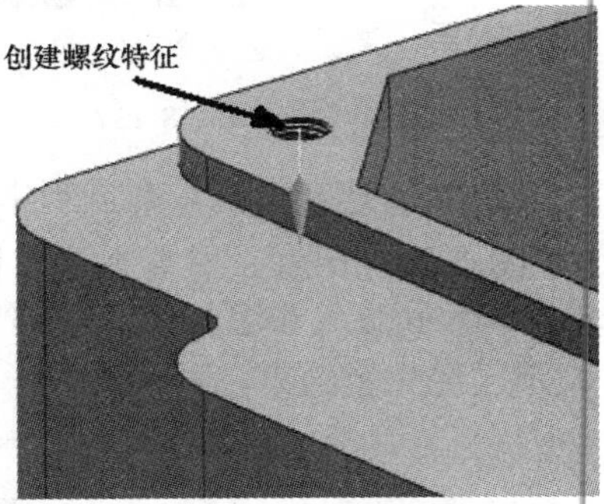

图　8-144

3. 创建阵列特征（矩形阵列）

选择菜单中的【插入】/【关联复制】/【阵列特征】命令，或在【特征】工具条中单击▦（阵列特征）图标，弹出【阵列特征】对话框，如图 8-145 所示。在部件导航器中选择图 8-146 所示的简单孔和螺纹特征，在【布局】下拉列表框中选择⊞ 线性选项。在【方向 1】/【指定矢量】下拉列表框中选择 XC▾ 选项，在【间距】下拉列表框中选择 数量和节距 ▾ 选项，在【数量】和【节距】栏中分别输入“2”和“270”；在【方向 2】区域内勾选☑使用方向 2 复选框，在【方向 2】/【指定矢量】下拉列表框中选择 YC▾ 选项，在【间距】下拉列表框中选择 数量和节距 ▾ 选项，在【数量】和【节距】栏中分别输入“2”和“100”，单击 确定 按钮，完成阵列特征的创建，如图 8-147 所示。

4. 草绘孔的圆心位置

1）绘制圆。在【直接草图】工具条中单击○（圆）图标，在圆浮动工具栏中单击⊙（圆心和直径定圆）图标，再在主界面捕捉点工具条中单击⊙（圆弧中心）图标，按照图 8-148 所示在适当位置绘制同心圆。

2）绘制直线。在【直接草图】工具栏中单击／（直线）图标，在主界面捕捉点工具条中单击／（点在曲线上）图标，按照图 8-149 所示绘制直线。

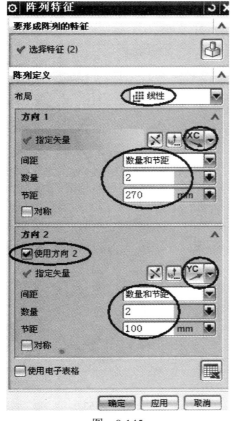

图 8-145

图 8-146

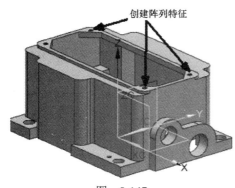

图 8-147

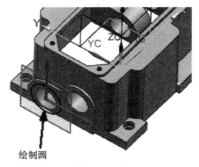

图 8-148

3）加上约束。在【直接草图】工具条中单击 （几何约束）图标，弹出【几何约束】对话框，单击 （点在曲线上）图标，如图 8-150 所示。在图中选择图 8-151 所示的直线和圆心，约束点在曲线上。

4）标注尺寸。在【直接草图】工具条中单击 （自动判断尺寸）图标，按照图 8-152 所示的尺寸进行标注，即 ϕp886=64.0、p887=30.0。

5）在【直接草图】工具条中单击 图标，返回建模界面。

按照上述方法，在模型右侧绘制一个直径为 ϕ64mm 的圆，完成如图 8-153 所示。

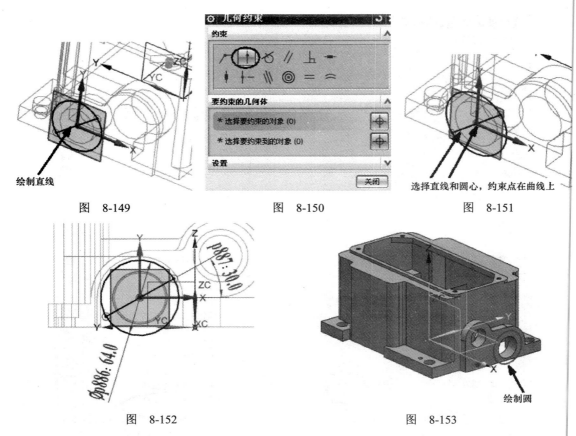

图 8-149　　　　　　　　　图　8-150　　　　　　　　　图　8-151

图　8-152　　　　　　　　　　　　　图　8-153

5. 创建孔特征

选择菜单中的【插入】/【设计特征】/【孔】命令，或在【特征】工具条中单击  （孔）图标，弹出【孔】对话框，如图 8-154 所示。在主界面捕捉点工具条中单击 ✎ （端点）图标，然后在图形中选择图 8-155 所示的两个直线端点。在主界面捕捉点工具条中单击 ◯ （象限点）图标，然后在图形中选择图 8-156 所示的两个象限点。在【孔方向】下拉列表框中选择 ◎ 垂直于面 选项，在【成形】下拉列表框中选择 ▮ 简单 选项，在【直径】栏中输入"7"，

图　8-154　　　　　　　　　　　　　　　图　8-155

在【深度限制】下拉列表框中选择 直至下一个 ▼
选项，在【布尔】下拉列表框中选择 ⓓ 求差 选项。最
后单击 确定 按钮，完成孔的创建，如图 8-157 和图
8-158 所示。

6. 创建螺纹特征

按照步骤 2 的方法，依次在步骤 5 创建的孔内创
建螺纹特征，如图 8-159 和图 8-160 所示。

7. 将曲线移至 255 层

选择菜单中的【格式】/【移动至图层】命令，
弹出【类选择】对话框，选择曲线并将其移动至 255 层（步骤略）。

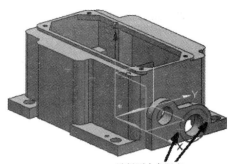

选择两个象限点

图　8-156

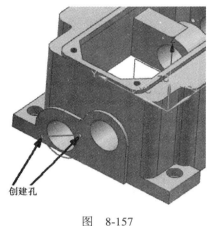

创建孔

图　8-157

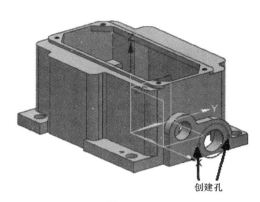

创建孔

图　8-158

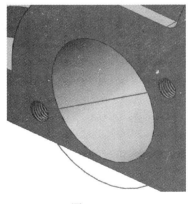

图　8-159

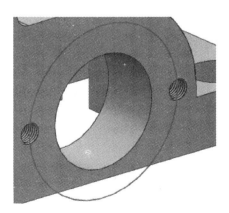

图　8-160

8. 绘制直线

选择菜单中的【插入】/【曲线】/【基本曲线】命令，或在【曲线】工具条中单击 ⚲ （基
本曲线）图标，弹出【基本曲线】对话框，单击 ╱ （直线）图标，取消勾选 ☐线串模式 复
选框，如图 8-161 所示。在【点方法】下拉列表框中选择 ◯ ▾（象限点）选项，然后在图
形中选择图 8-162 所示的圆弧象限点，完成直线的绘制，如图 8-163 所示。

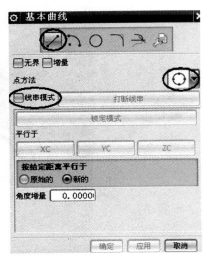

图 8-161

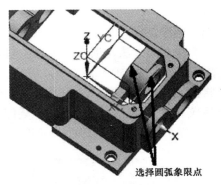

图 8-162

9. 创建孔和螺纹特征

按照本节步骤 1 和步骤 2 的方法，选择直线中点为圆心，创建孔和螺纹特征，如图 8-164 所示。

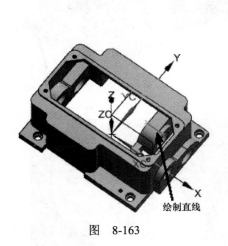

图 8-163

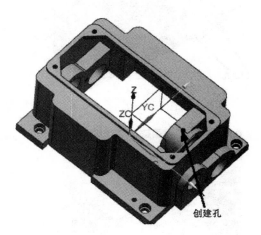

图 8-164

8.7 创建箱体其他细节部分

1. 创建沉头孔特征

选择菜单中的【插入】/【设计特征】/【孔】命令，或在【特征】工具条中单击 ⬚（孔）图标，弹出【孔】对话框，如图 8-165 所示。系统提示选择孔放置点，然后在图形中选择图 8-166 所示的实体面为放置面。

进入草绘界面，弹出【草图点】对话框，然后在【草图工具】工具条中单击 ⤝ （自动判断尺寸）图标，按照图 8-167 所示的尺寸进行标注，即 p1129=90.0、p1130=25.0。此时，草图曲线已经转换成绿色，表示已经完全约束。

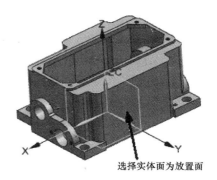

选择实体面为放置面

图　8-165　　　　　　　　　　　　　　　　图　8-166

　　然后，在【直接草图】工具条中单击 完成草图图标，返回建模界面。系统返回【孔】对话框，在【孔方向】下拉列表框中选择 ⊙ 垂直于面 选项，在【成形】下拉列表框中选择 ⦾ 沉头选项，在【沉头直径】、【沉头深度】和【直径】栏中分别输入"10""10"和"8"，在【深度限制】下拉列表框中选择 直至下一个 　　　　🔽选项，在【布尔】下拉列表框中选择 🔌 求差 选项。最后单击 确定 按钮，完成沉头孔的创建，如图 8-168 所示。

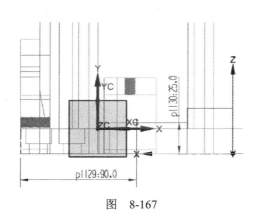

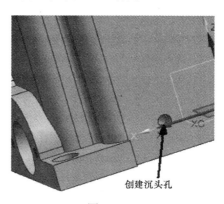

创建沉头孔

图　8-167　　　　　　　　　　　　　　　　图　8-168

2. 创建埋头孔特征

　　选择菜单中的【插入】/【设计特征】/【孔】命令，或在【特征】工具条中单击 📷（孔）图标，弹出【孔】对话框，如图 8-169 所示。系统提示选择孔放置点，在主界面捕捉点工具条中单击 ⊙（圆弧中心）图标，在图形中选择图 8-170 所示的实体圆弧边。在【孔方向】下拉列表框中选择 ↑ 沿矢量 选项，在【指定矢量】下拉列表框中选择 ⱽᶜ 🔽选项，在【成形】下拉列表框中选择 ⦾ 埋头 选项，在【埋头直径】、【埋头角度】和【直径】栏中分别输入

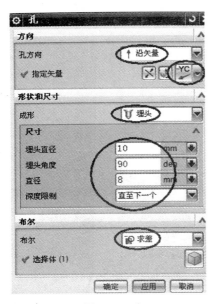

图　8-169

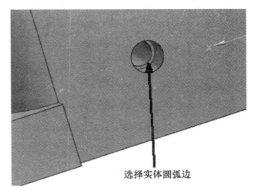

选择实体圆弧边

图　8-170

"10" "90" 和 "8"，在【深度限制】下拉列表框中选择
直至下一个　　　　选项，在【布尔】下拉列表框中选
择　求差　选项。最后单击　应用　按钮，完成埋头孔
的创建，如图 8-171 所示。

3. 创建孔特征

选择菜单中的【插入】/【设计特征】/【孔】命令，
或在【特征】工具条中单击　（孔）图标，弹出【孔】
对话框，如图 8-172 所示。系统提示选择孔放置点，然
后在图形中选择图 8-173 所示的实体面为放置面。

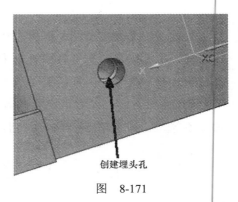

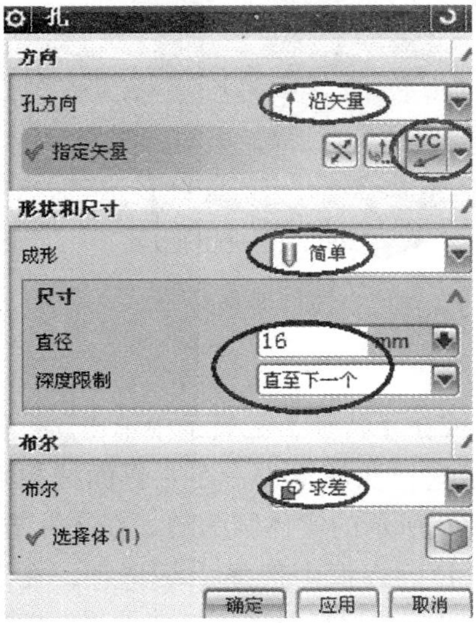

创建埋头孔

图　8-171

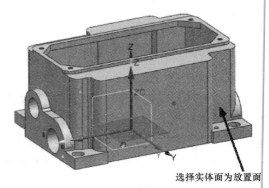

选择实体面为放置面

图　8-172

图　8-173

　　进入草绘界面，弹出【草图点】对话框，然后在【草图工具】工具条中单击 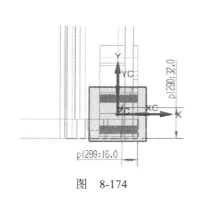（自动判断尺寸）图标，按照图 8-174 所示的尺寸进行标注，即 p1289=16.0、p1290=32.0。此时，草图曲线已经转换成绿色，表示已经完全约束。

　　然后，在【直接草图】工具条中单击 完成草图 图标，返回建模界面。系统返回【孔】对话框，在【孔方向】下拉列表框中选择 ↑ 沿矢量 选项，在【指定矢量】下拉列表框中选择 选项，在【成形】下拉列表框中选择 ∪ 简单 选项，在【直径】栏中输入"16"，在【深度限制】下拉列表框中选择 直至下一个 选项，在【布尔】下拉列表框中选择求差 选项。最后单击 应用 按钮，完成孔的创建，如图 8-175 所示。

图　8-174

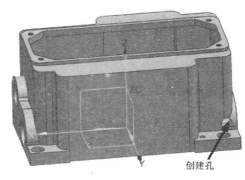

创建孔

图　8-175

4. 创建沉头孔和埋头孔特征

　　按照本节步骤 1 和步骤 2 的方法，设置沉头孔参数，在【沉头直径】、【沉头深度】和【直径】栏中分别输入"16""20"和"8"，在【深度限制】下拉列表框中选择 直至下一个 选项；设置埋头孔参数，在【埋头直径】、【埋头角度】和【直径】栏中分别输入"16""90"和"8"，在【深度限制】下拉列表框中选择 直至选定 选项，定位尺寸如图 8-176 所示，完成如图 8-177 所示。

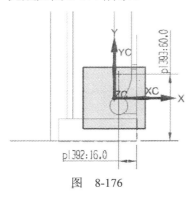

图　8-176

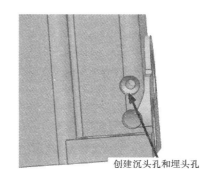

创建沉头孔和埋头孔

图　8-177

5. 将曲线及基准移至 255 层

　　选择菜单中的【格式】/【移动至图层】命令，弹出【类选择】对话框，选择曲线及基准，并将其移动至 255 层（步骤略）。

6. 创建边倒圆特征

　　选择菜单中的【插入】/【细节特征】/【边倒圆】命令，或在【特征】工具条中单击

![icon]（边倒圆）图标，弹出【边倒圆】对话框，在【半径 1】栏中输入"15"，如图 8-178 所示。在软件主界面的曲线规则下拉列表框中选择 相切曲线 ![dropdown] 选项，然后按照图样标注圆角位置，选择实体边并输入相应尺寸，完成圆角特征的创建，如图 8-179 所示。

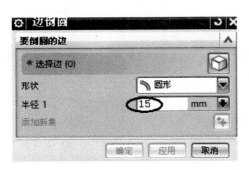

图　8-178

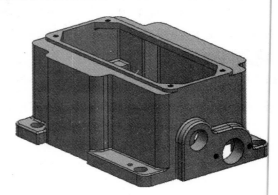

图　8-179

参 考 文 献

[1] 黄贵东，韦志林，范建文. UG 范例教程 [M]. 北京：清华大学出版社，2002.

[2] 夸克工作室. Unigraphics V16 实体域组合应用 [M]. 北京：科学出版社，2001.

[3] 夸克工作室. Unigraphics V16 曲面设计应用 [M]. 北京：科学出版社，2001.

[4] 黄俊明，吴运明，詹永裕. Unigraphics II 模型设计 [M]. 北京：中国铁道出版社，2002.

[5] 林清安. 零件设计基础篇（上）[M]. 北京：清华大学出版社，2001.

[6] 林清安. 零件设计基础篇（下）[M]. 北京：清华大学出版社，2001.

[7] 林清安. 零件设计高级篇（上）[M]. 北京：清华大学出版社，2001.

[8] 林清安. 零件设计高级篇（下）[M]. 北京：清华大学出版社，2001.

[9] 刘申立. 机械工程设计图学习题集 [M]. 北京：机械工业出版社，2000.

[10] 老虎工作室. 机械设计习题精解 [M]. 北京：人民邮电出版社，2003.

[11] 陈小燕. UG 项目式实训教程 [M]. 北京：电子工业出版社，2005.

[12] 单岩. UG 三维造型应用实例 [M]. 北京：清华大学出版社，2005.

[13] 姜勇. AutoCAD 机械制图习题精解 [M]. 北京：人民邮电出版社，2002.

[14] 姜勇，刘小杰. 从零开始：AutoCAD 机械制图典型实例 [M]. 北京：人民邮电出版社，2002.

[15] 黄小龙，高宏. 机械制图实战演练 [M]. 北京：人民邮电出版社，2006.

[16] 吴立军，周瑜. UG 三维造型应用实例 [M]. 北京：清华大学出版社，2005.

[17] 姜俊杰. Pro/Engineer Wildfire 高级实例教程 [M]. 北京：中国水利水电出版社，2004.

[18] 殷国富，成尔京. UG NX 2 产品设计实例精解 [M]. 北京：机械工业出版社，2005.

[19] 葛正浩，樊小蒲. UG NX 5.0 典型机械零件设计实训教程 [M]. 北京：化学工业出版社，2005.

[20] 金清肃. 机械设计课程设计 [M]. 武汉：华中科技大学出版社，2007.

[21] 贺斌，管殿柱. UG NX 4.0 三维机械零件设计 [M]. 北京：机械工业出版社，2008.

[22] 肖爱民，潘海彬. UG 三维机械设计实例教程 [M]. 北京：化学工业出版社，2007.